The Untold History of
the Potato

土豆的全球之旅
一段不为人知的历史

〔英〕约翰·里德——著

江林泽——译

商务印书馆
The Commercial Press

献给碧姬（Brigitte）

目　录

引言

　　我曾经完全不把土豆当回事儿，在早年的记忆中，土豆不过是一种无足轻重的食物，一日三餐，随处可见，偶尔还能为主菜增加分量。当主菜供不应求时，土豆的吸引力才会逐渐浮现出来，这时他们往往会说：没别的了，如果还饿的话，你就再吃点儿土豆吧。

　　令人难忘的土豆食谱完全来自于孩提时代的记忆。周日，和肉块一起烤炙；周一，和冷切肉片一起水煮；周三，捣成泥，以供烘焙农舍派①之用——如果周日剩下的烤肉是羔羊肉或嫩羊肉而非牛肉，就做成牧羊人派；周四怎么吃土豆我不记得了，好像是煮着吃，加上几片火腿和一个鸡蛋；但周五，土豆毫无疑问要配上美味的炸鱼一起吃，毕竟薯条和炸鱼是最好的朋友——就在路边的炸鱼薯条店，在柜台涂上盐和麦芽醋——最美味的吃法，莫过于把炸鱼薯条直接从包装纸袋中拿着吃，这简直是对一周辛勤劳作的最好款待，没有刀叉、没有餐盘，当然也不需要刷碗；在我的印象里，周六的食物则往往朴实无华，好像是烤豆子配吐司，或者威尔士干酪，其目的似乎是为了让肚子给周日的美餐预留足够的空间。

　　1960年代初期，我曾经在位于爱尔兰西海岸的康纳马拉（Connemara）地区待了18个月，尽管土豆是那里的主要作物，但我

---

① 农舍派（Cottage pie）和牧羊人派（Shepherd's pie）都是英国传统食物，其做法为在肉馅上覆盖调制好的土豆泥烘烤而成。二者的区别在于，农舍派的肉馅主要是牛肉，而牧羊人派的肉馅则为羊肉。——译注

仍然没有对其给予足够的重视。当然，我对 1840 年代由于土豆歉收而爆发的爱尔兰大饥荒有所了解，但土豆在其中发挥的作用一点儿也不值得称赞。我确实对我的一个叫科尼利厄斯（Cornelius）的邻居一顿饭能吃掉的烤土豆数量稍感惊讶，但我很快得出结论：这是由于经济因素作祟，绝非个人自愿的选择；而当另外一个叫约翰·科因（John Coyne）的邻居告诉我，人类可以仅靠土豆维生时，我将其观点的粗暴归咎于无知。

1964 年，我认识的每一个康纳马拉的家庭都种了一块土豆田，但当我在 2004 年重访此地的时候，只剩几户真正喜欢栽种这种麻烦作物的家庭还在坚持——人数已经极其稀少，其余家庭则从超市里按需购买土豆，在祖祖辈辈曾经耗费了大量时间和精力去种植土豆的田地里，现在有人栽种了鲜花和蔬菜，有人用来养蜜蜂，甚至还有人改铺了草坪。这些变化极其惊人，经济因素是其背后显而易见的驱动力。康纳马拉的情况比以前好得实在太多了，加入欧盟所带来的种种益处，30 年来大大提升了整个爱尔兰的生活水平，而在曾经一贫如洗的农村地区，这种提升的成效尤为显著。人们开始有钱可花，尽管新鲜土豆仍然是当地人每周购物时必备的特色产品，但土豆加工食品的影子也愈发随处可见——譬如薯片、冷冻薯条，还有方便餐食中的土豆，只要微波一转，各种即食土豆在几分钟内就能摆上餐桌。

1949 年，雷德克里夫·N. 萨拉曼（Redcliffe N. Salman）出版了著作《土豆的历史及其社会影响》（*The History and Social Influence of the Potato*），其中心议题在于阐释土豆是社会状态的指示灯。应该说，仅仅这一书名本身就足以激发任何一个在图书馆书架中徜徉的读者的好奇心，但对我而言，1984 年修订版的出版的确是非常幸运的，其主题与我当时正在开展的人类生态学研究不谋而合：文化和社会制度究竟在多大程度上受到环境和粮食生产系统的影响。

萨拉曼的著作至今仍未过时，其关于土豆种植者的研究章节提供了大量引人入胜的重要信息，包括土豆独特的生物学特性、土豆在植物科学早期发展中的作用、土豆对经济史的贡献，以及土豆为那些以其为主食的人们所带来的福祉。包括我在内的许多人过去都认为，土豆不过是欧洲人自古以来一直享用的一种毫不起眼的食物，然而真相与此相差甚远。土豆起源于南美洲，大约 8000 年前，安第斯山区的前印加人将其驯化。16 世纪末，土豆和其他西班牙征服南美的战利品一起被带到欧洲，此后其种植范围逐渐扩大，最终于 19 世纪完全确立了其在欧洲的农民和工人家庭中的主食地位。起初，土豆的价值遭受了广泛质疑，在《不列颠百科全书》（*Encyclopaedia Britannica*）的一个早期版本中，土豆在爱尔兰历史中所扮演的角色被定义为一种"令人沮丧的食物"，而且当时绝大多数读者都会同意这种评价。但是，随着工业革命的步伐不断加快，赞美土豆的言论迅速流行开来。1861年，比顿夫人（Mrs. Beeton）在其闻名遐迩的《家务手册》（*Book of Household Management*）中写道，土豆是一种"价值连城的食物"，并特别注明，"没有任何一种其他作物……能够使普罗大众获取如此之多的好处"。与此同时，冒险家、传教士和各个殖民地政府还在不断将土豆引入非洲以及印度、中国、澳大利亚和新西兰等国。时至今日，土豆已经为全世界的人们所食用和感激——对人类而言，土豆实在是一种再合适不过的食物了。

然而，在其厚达 685 页的巨著的末尾，萨拉曼还宣称，"土豆可以——而且通常也的确如此——扮演双重角色：一方面，是一种营养丰富的食物；另一方面，则是一种在混合社会中剥削弱势群体的武器"。我不记得有人把困扰英国阶级社会的剥削行为直接归咎于土豆，但这种看法的确与我对二战结束后几次家庭谈话的记忆相吻合，当时，工党政府因其广泛改善劳动人民生活水平的承诺而受到支持。同时，我从其他来源收集的材料也倾向于支持萨拉曼的上述观点。另外，这些材料也纠正了我在康纳马拉产生的对土豆营养价值的误解，还明确了 17 至 19 世纪爱尔兰和整个欧洲历史进程的生态背景。但一切到这儿还没有结束。

1999 年，著名历史学家威廉·H. 麦克尼尔（William H. McNeill）在《社会研究》（Social Research）杂志上发表了一篇题为"土豆如何改变世界历史"（How the Potato Changed the World's History）的研究论文。麦克尼尔是一位备受尊敬的历史学家，他于 1963 年出版的最具影响力的著作《西方的兴起》（The Rise of the West）对传统史学理论产生了强烈冲击，因为这部著作首次从人类不同文明的相互影响这一角度来考察世界历史，而非如既往研究般将各个文明视为隔绝独立的政治实体。与之相似，环境史之所以能够成为一门独立学科，也与麦克尼尔于 1976 年出版的《瘟疫与人》（Plagues and Peoples）所做出的重要贡献有着密切联系。

当一位如麦克尼尔般地位崇高的历史学家居然毫不含糊地宣称，是土豆改变了世界历史的时候，你就可以确定，土豆不该是一种"不被当回事儿"的东西，相反，它应该得到最充分的关注。简而言之，这就是我写作本书的动机。

致谢

将世界历史上所有与土豆相关的故事汇总在一起，在很大程度上有赖于他人的努力，作为本书的作者，我必须对此表示由衷的敬意与深切的感激。首先，感谢那些研究成果已在本书注释和参考书目中列出的科学家和历史学家们；其次，感谢那些为科学研究和我的调查提供便利的相关机构；再次，感谢那些可以方便快捷地查阅资料的图书馆。当然，在写作过程中，所有我所接触过的农民、科学家、历史学家、管理人员、行政人员和图书馆的工作人员等，都慷慨而热情地为我奉献了宝贵的时间、已知的线索以及尽其所能的帮助。他们的贡献往往是潜移默化、日积月累的，尽管可能无法独立呈现于本书的某段叙述之中，但对于项目整体而言则不可或缺。我向所有人表示感谢。

我还要对已故的杰克·霍克斯（Jack Hawkes）和理查德·莱斯特（Richard Lester）表达特别的感谢，他们在我研究的关键阶段给予了我积极的鼓励和热情的款待；我同样要感激斯特夫·德哈恩（Stef de Haan），他允许我使用其目前仍在进行当中的关于秘鲁安第斯山脉万卡韦利卡（Huancavelica）地区的研究成果；感谢比亚埃尔莫萨（Villa Hermosa）的拉莫斯（Ramos）一家，在收获土豆的过程中，是他们让我获得了宝贵的经历与见识。

对于那些曾经在 1960 年代初期十分大度地容忍了我长达 18 个月的摄像侵扰的康纳马拉家庭们，我总以特别的热爱与感激铭记于心——在本书中，我尤其要感谢在那里汲取的有关土豆的相关知识与经验。

无论在利马总部还是万卡约（Huancayo）研究中心，国际土豆中心（CIP）都为我提供了慷慨大方的热情接待与设备援助。苏格兰作物研究所（SCRI）保存了来自英联邦各地的土豆品种，这里的科学家同样为我的探索提供了有益支持，帮助我增进了对相关问题的基本认识。CIP 和 SCRI 的图书馆使我得以利用大量稀见与专业文献，同样，对本书而言，英国皇家园艺学会的林德利（Lindley）图书馆也是不可或缺的资料来源。另外，正像我一直注意到的，上述图书馆和其他图书馆之所以能够大有作为，多亏了爱岗敬业的图书馆馆员们的高效工作——让我们向各地图书馆馆员表示衷心的感谢。

遵循其姓名出现在我的笔记本中的时间顺序，我特别感激：Christine Graves、Maria Elena Lanatta、Paul Stapleton、迎宾处的Martin、Cecilia Ferreyra、Hugo Li Pin、Carlos Ochoa、Keith Fuglie、William Roca、Merideth Bonierbale、Juan Landeo、Marc Ghislain、Enrique Chujoy、Sylvie Priou、Alberto Salas、Gordon Prain、Oscar Ortiz、Hubert Zandstra、Pamela Anderson、Andre de Vaux、Ana Panta、Maria Scurrah、Roberto Quiroz、Elias Mujica、Sarath Ilangantileke、Yi Wang、Carlos Arbizu、Greg Forbes、Victor Otazu、Yi JungYoon、Seo HyoWon、Oscar Hualpa、Luis Salazar、Maria-Ines Rios、Brian W. Ogilvie、Harold J. Cook，斯特凡的助手们：Anna、Marlene&Armando、Michelangelo Samaniego、Edward&Phillada Collins、Bob Holman、Sarah Stephens、Peter Gregory、John Bradshaw、Gavin Ramsey、Finlay Dale、Dave Cooke、Paul Birch、Brian Fenton、Hugh Jones 以及 Robert Rhoades。对上述所有人致以我

的感谢。

　　Ravi Mirchandani 和 Pat Kavanagh 对本书进行了全盘规划，确保这一课题从提出设想到最终出版始终处于正轨之中，同时，全书写作始终受到 Jason Arthur、Caroline Knight、Gail Lynch、Alban Miles 和 Mark Handsley 的密切关照。我的一位老朋友 Chris Lovell 以其无与伦比的杰出天赋绘制了书中插图，谢谢你！

图片列表

第1部分

南美洲

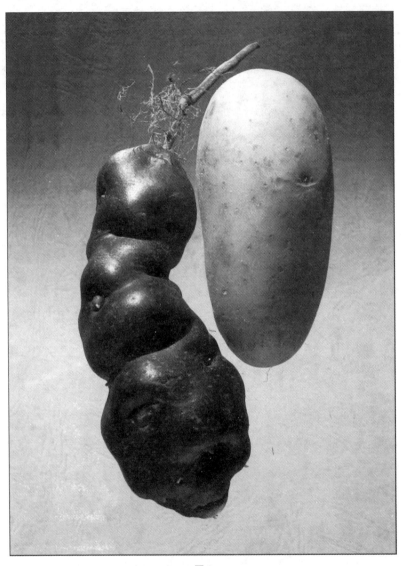

图 1

第1章　从安第斯山脉到火星

　　当宇航员走出地球轨道，去进行殖民火星的冒险时，新鲜收获的土豆将成为他们日常饮食中的一大特色。[①] 由于地球与火星之间的往返旅行需要耗时三年，携带足够的现成食物不切实际，得益于美国国家航空航天局（National Aeronautic and Space Administration，简称NASA）自20世纪80年代以来一直在开发的"生物再生生命支持系统"（Bioregenerative Life Support System，简称BLSS），机组人员可以自己种植蔬菜。[②] "BLSS"是一种自我维持系统，它可以将一季农作物的收获循环利用于下一季农作物的生产之中；同时，它也可以为宇航员供应萝卜、洋葱、生菜、西红柿、辣椒和草莓，使其能够享用名副其实的新鲜沙拉。[③] 但不管在太空还是在火星，土豆都会是至关重要的菜谱主角。无论谷物还是豆制品都比不上它的慷慨大方：土豆是目前人类已知的全部营养成分的最好集合。

　　提供食物还不是土豆能够给予人类星球探险家的全部。在太空中，持续的氧气供应同样必不可少，因此，生长中的植物能够进行吸收二氧化碳并释放氧气的光合作用，更使土豆成为无价之宝。土豆的这种双重作用的确是一种巧合：在宇宙飞船的封闭环境中，一片面积足以供应宇航员日常食用所需的土豆田，同样能够在释放维持生命必

[①]　Wheeler, 2006.

[②]　Wheeler et al., 2001.

[③]　Davies, He, Lacey and Ngo, 2003.

不可少的足够氧气的同时，清除他们排放的所有二氧化碳。[1]

土豆具有能够在太空中和火星上保持人类生存和健康的潜力，这在 NASA 的示范中得到了证明，但对于那些对土豆了如指掌的人来说，这只不过是土豆的非凡价值与灵活用处的又一范例。这些司空见惯却脚踏实地的植物块茎理应成为人类太空冒险的重要组成部分，这也是对其价值的崇高表彰。数万亿美元和数十亿工时的花费是否空掷，以及人类最具雄心和最为复杂的事业能否成功，最终将取决于宇航员种植土豆的能力。

4

如果说土豆的未来可能会延伸到火星，那么它的起源则牢牢根植于安第斯山脉。地球上最古老的土豆品种在那里肆意生长 —— 数以百计，却又杂乱无章、无法辨识，尤其难以发现其食用价值：土豆的枝叶不能食用，因为其中充满了毒性强烈的糖苷生物碱 —— 龙葵素，大多数土豆品种的块茎不但同样具有毒性，而且体积很小。所以我们很难想象，最初究竟是什么因素，能够鼓励人类去尝试改良土豆。然而，人类最终还是进行了这样的试验。考古证据显示，早在 8000 多年前，可供食用的栽培土豆即已出现。[2] 从那时起，安第斯山脉的农民已经培育了数百个可供食用的土豆品种 —— 事实上，他们已经为日常栽种的不同种类的土豆取了超过 1000 个名字，每个品种多以其

....

[1]   Wheeler, 2006, p. 84.

[2]   http://www.potato2008.org/en/potato/origins.html. 亦可参阅：Donald Ugent, Tom Dillehay, and Carlos Ramirez, 1987. Potato Remains from a Late Pleistocene Settlement in Southcentral Chile. *Economic Botany*, 41(1), pp. 17-27; Spooner, D. M. and W. L. A. Hetterscheid, 2005. *Origins, evolution, and group classification of cultivated potatoes.* 以及 *Darwin's Harvest: New Approaches to the Origins, Evolution, and Conservation of Crops.* T. J. Motley, N. Zerega, and H. Cross (eds.), pp. 285-307. Columbia University Press, New York。

优异的生产率、可口性、耐温性、抗病虫害能力和贮藏质量而得名。尽管许多品种的名字具有相同含义，但人们普遍认为，安第斯地区目前至少种植了 400 个截然不同的土豆品种。

根据适合生长的不同海拔高度，安第斯山脉的土豆品种可以被划分为三类。在海拔 3000 米到 3500 米之间，降水和温度相得益彰，被命名为 "papamaway" 的土豆品种往往能够获取不错的产量；在海拔 3500 米到 4000 米之间，是相对耐寒的土豆品种 "papapuna" 的生长空间；如果海拔超过 4000 米，则只有抗霜性极强的 "papa ruki" 能够保持茁壮成长。

没有一个农民家庭能够种植全部 400 种的土豆，每个家庭通常会从当地常见的 30 种、40 种或者 50 种土豆品种中来挑选合适的种类，这种选择往往会随个人喜好而变化。每个农民都对不同种类的土豆有坚定不移的顽固看法 —— 在特定环境中，哪些品种可以期待高产、哪些可以抵御霜冻和病害、哪些可以保存时间最长、哪些易于烹饪，而哪些又最为可口。每个农民家庭的成员都可以随机从商店中挑选 25 个土豆品种，然后轻而易举地说出其中每一种类的名称与特征。这并不像听起来那么难，因为当地所谓 "原生土豆"（native potatoes）和我们平时所熟知的土豆大不一样。它们普遍有着各种各样的形状和颜色：形状包括长而细、矮而胖、锥形、球形、肾脏形和六角风琴形；颜色则涉及从白到黑的全部维度，包括各式色调的红色、黄色和蓝色；其花纹同样形形色色，包括圆点、条纹、溅花、眼镜状斑纹和密布的斑点。

正如农业学家和人类学家所证实的那样，人类在高耸入云的安第斯山脉地区的生活和生存与土豆息息相关。[1] 我们从位于秘鲁安第斯山脉高处的万卡约出发，在经过一个发卡弯之后，公路开始下行，抵达位于谷地的万卡韦利卡城，当时这段道路还在修缮之中。随后，我们沿着一条远离喧嚣的小径，向上穿过一片被羊群啃噬过的牧草极短的牧场，经过一块正在成熟、高度齐肩的燕麦田，越过一座低矮的石墙，再向上走，就可以抵达一片分散的田野和住宅区，这也是此行的目的地——比亚埃尔莫萨。这里山坡十分陡峭，而且对于那些不习惯在海拔 3500 米以上的地方生活的人来说，甚至连呼吸都会感到困难。尽管困难重重，但是玛琳（Marlene）依然坚持用克丘亚（Quechua）语[2]和阿曼多·拉莫斯（Armando Ramos）保持了稳定而持续的沟通，态度十分温和。玛琳表示，通过对话，她可以了解到有关拉莫斯家庭的最新情况以及当地发生的重大事件。时值 5 月下旬的土豆收获季，玛琳来此记录作物的详细情况，以研究土豆在低收入社区中起到的作用。这项研究是在国际土豆中心（其更广为人知的名字是缩写 CIP）的主持下进行的。国际土豆中心成立于 1971 年，是一个受国际社会资助的独立科学研究组织，其任务是在发展中国家加强粮食安全与减少贫困。国际土豆中心总部设在秘鲁首都利马，并在万卡约城设立了一个大型研究和田野工作站。对土豆在其故乡安第斯山脉的遗传资源进行调查与保护，是国际土豆中心的另外一项研究计划，玛琳开展的相关研究正在为该计划做出贡献。

....

[1] Brush, S. B., 1977. *Mountain, Field and Family: The Economy and Human Ecology of an Andean Valley*. Philadelphia, University of Pennsylvania Press. Brush, S. B., 2004. *Farmer's Bounty, Locating crop diversity in the contemporary world*, New Haven, Yale University Press.

[2] Wheeler, 2006, p. 84.

阿曼多把我们领向他的宅院——三座建筑排列成半包围的马蹄形，并在中间围成了一个开放式的庭院。庭院右侧是一座低矮简陋的土坯小屋，房顶上铺盖了稻草；正面是一座相对较大的泥砖房子，屋顶覆盖的是波形瓦片；庭院左侧则是一座结构相似的双层小楼，但屋顶却是波状钢板。"庭院周边建筑屋顶的进化历程是否象征着家庭财富的不断增加？"有人饶有兴味地提问。"并非如此。"29 岁的阿曼多回答道，之所以需要建造这座双层小楼，完全是为了在几年前自己结婚时提供额外的住房。其他的建筑早就已经在那儿了。瓦房现在是一个仓库，阿曼多正领着我们进去的稻草小屋则是一个厨房。

小屋没有窗户，凭借从门口射入的一丝微弱的光，稍远一些的小屋内部也染上了模糊的亮色。阿曼多 22 岁的妻子艾迪（Aidé）坐在小屋尽头的壁炉旁边，照料着他们三个孩子中最小的那个。在光线的映衬下，她的脸庞像铜一样闪耀着光芒；而她黑色的头发和衣服却和身后的墙壁和影子所形成的深沉黑暗融为一体。我们坐在沿着小屋两面墙壁排列的长凳上，旁边堆满了麻袋和羊皮。随后，阿曼多接过了他的小女儿，而艾迪则端出一份份炖肉，并在客人中传递着一大碗煮土豆——这是对拜访者来说十分新奇的原生土豆，它们形状各异、芽眼较深、颜色多样，而一旦人们用略显笨拙的手指将它们的表皮剥去，其味道则一样可口。

阿曼多对我们说，今年整个地区土豆的收获时节都推迟了，他的土豆田也还没有完全成熟，但是，由于他的父亲有一块土豆田比大多数人提前移栽了几个星期，目前这块土豆田已经可以收获，而他正等待着我们的到来。我们又沿着山坡走了一段时间，其间经过了混合黏土和稻草的土窑，阿曼多的房子所用的泥砖正来自于此；经过了一匹在仅余残茬的燕麦地中进食的马，它正低声嘶鸣着试图接近刚好位于拴绳之外的几捆诱人的谷物；经过了为拉莫斯一家提供日常用水的泉源和一汪清澈动人的小湖；最后我们抵达了田地，60 岁的胡安·拉莫斯（Juan Ramos）、他 59 岁的妻子索菲亚（Sofia），以及他们的几个子孙正在那里收获土豆。

去年 11 月初，胡安就在屋后的一块田地里种植了 50 种到 60 种土豆。尽管不合时令的霜冻使土豆在生长初期遭受了损害，但是它们最终挺了过来。胡安解释道，这是由于在种植的不同品种的土豆中，有些足够坚韧的品种不但自己可以抵御霜冻，而且其高度足以向较弱的兄弟倾斜，从而为其提供保护。这块土地很小，仅有 20 道田垄，每道田垄大概 20 米长，但是，如果以这一地区每公顷田地平均可以收获 5 到 6 吨土豆的产量来估算，胡安和他的家人预计当天可以收获大约两吨土豆。他们对收成的理解是极为直观的，绝不会喋喋不休地讨论什么土地面积、收获重量和平均产量。胡安很满意他们的 ayachos（一种具有叶片状刀刃的短柄锄头，使用方式类似十字镐）所刨出的土豆块茎的大小。收成本来可能会差得多。"山那边的邻居收获的土豆就像羊粪一样小"，他狡猾地一笑，"但是看看这些：大得像公牛的睾丸！"

胡安告诉了我们 12 个不同种类的土豆的克丘亚语名字——他只在田垄中挖了 5 米就刨出了它们。从某种程度上来说，所有土豆的命名，都和它们块茎的颜色和形状有关。其中包括 Waka qallu——牛舌头，Quwi sullu——小豚鼠，Puka pepino——红黄瓜，Papa Ilunchuy waqachi——因剥皮困难而会使新娘哭泣的土豆。他切开了一些块茎，向我们展示内里红色和紫色的肉质，以区别不同的土豆品种，但是，相较现切的土豆，他切土豆的手反而给我们留下了更深刻的印象——那是一双辛勤劳作的手，有着扭曲的指甲和厚厚的老茧，就像文森特·梵高在 1885 年创作的《吃土豆的人》中描绘的那样，仿佛他在作画时早就已经亲眼目睹了一切。

对于任何想给自己的准婆婆留下深刻印象的女孩来说，处理 Papa Ilunchuy waqachi 的表皮都会是一项严峻的考验，但事实上，在安第斯山区——或者在任何秘鲁的乡村地区——能够勉强糊口本身就已经是一种考验。秘鲁是世界上地貌最为复杂和极端的国家之一，其地表只有 3% 的面积适于种植粮食作物，这一数据在美国是 21%，在欧洲甚至超过了 30%；与此同时，秘鲁的全部国土由泾渭分明的三块不同地理区域组成——干旱贫瘠的沿海平原、白雪皑皑的安第斯山脉和郁郁葱葱的热带雨林，这种极端的地形状况，进一步加剧了秘鲁耕地面积不足的状况。

的确，从地形和气候等自然方面来看，秘鲁是一片极端而又矛盾的土地。沿海地区几乎从不下雨，热带雨林的雨水却又过分丰沛，横亘于平原与雨林之间的安第斯山区的降水则变幻莫测。然而，与降水量极为矛盾的是，由于沿海狭窄的荒漠地带（其仅有 90 公里宽，却长达 1800 公里）被大约 50 条由安第斯山脉流入太平洋的河流所贯穿，这片不毛之地反而成了秘鲁农业生产力最高的地区。每秒钟有超过一百万公升的水流自安第斯山脉的西麓飞流而下，其冲积而成的河谷如同条条绿蛇，穿过单调而灰暗的荒漠，而在绿蛇的旁边，无数的灌溉水道汲取着水分，将其输送到周边的农场和广阔的糖、棉种植园。由于河流所发挥的显著作用，这片降水量最少的地区对国民生产的贡献要比雨水充足的热带雨林地区大得多。和地理位置一样，安第斯山区的生产力介于沿海和雨林之间，但是，由于安第斯山区几乎包含了这个国家所有依靠降雨灌溉的农田，并且是秘鲁包括土豆在内的粮食作物的主要来源，其地位尤显重要。

8   1000 万名秘鲁人生活在海拔 3000 米以上的安第斯山区，占秘鲁全国总人口的 36%，其中大多数是克丘亚人的后裔。12000 年前，这些猎人和采集者们在山区建立了人类文明，正是他们驯化了土豆，也正是他们缔造了印加帝国。尽管拜西班牙征服者及其所带来的疾病所赐，克丘亚人的数量一度骤然下降至不足全盛期总人口的 10%，但是，其后裔却像一只触底反弹的股票，凭借自身坚忍不拔与不屈不挠的生存能力，安然渡过了由于人口数量下降而可能导致的遗传瓶颈，并一直延续至今。

安第斯山区一带的主要城镇大都位于河谷之中，但即使是像库斯科（Cuzco）、阿亚库乔（Ayacucho）、万卡约和万卡韦利卡等中心城市所在的河谷，海拔也已超过了 3000 米，同时，当地绝大多数人口居住的农业社区往往位于河谷之上的山坡和高原，那里的海拔甚至还要更高。安第斯山区的自然环境极其严酷，由于海拔高，其承受的太阳辐射十分强烈，但温度却往往较低；飘雪冰霜的恶劣天气在某些季节相当频繁，但降水量却阴晴不定；同时，以人类的视野来看，在一切恶劣的自然条件中，当地的氧气浓度要远远低于海平面地区是最为致命的一点。刚刚来到安第斯山区的人总是会因呼吸困难而感到浑身不适，其中有很多人还会被严重的头疼和恶心所折磨。初来乍到的人们往往极易疲劳，睡眠质量却又糟糕，甚至可能引发令人不安的阵发性精神障碍。尽管在一段时间之后，外来者的身体会在一定程度上适应这里的环境，但想要完全习惯则不啻为痴心妄想。即使在安第斯山区生活多年，外来移民也始终无法与生长于斯的克丘亚人的劳动能力相媲美。

在胡安的田地里，土豆的收获还在继续。三次、四次、五次——随着短锄（ayacho）一次次有力的挥动，土壤表面板结的硬壳被敲碎，然后，将土豆干枯的茎秆连根拔起，用力一抖，一个个土豆就滚落出来，再将其整齐地堆放在清理干净的田垄上。土豆的收获过程就是如此循环。胡安和他的侄子挥舞着锄头，他的妻子和阿曼多则负责采掘土豆，阿曼多的表妹艾丝特尔（Estelle）跟在后面，把堆放于田垄上的土豆再搁到一块塑料布上。她每次收集大概 15 公斤土豆，将其整齐地排列在塑料布一角，然后再把塑料布打成一个包裹，以便搬运到田边的土豆堆中。艾丝特尔来来回回地运送着土豆，锄头一次又一次深入干燥而又坚硬的土地中；胡安一家不时会停下来喝一大口水，但很少说话；胡安偶尔还会嚼上一团新的古柯叶——这玩意儿他从日出东方一直嚼到暮色西沉。艾丝特尔 4 岁的儿子刚刚一直在院子里追赶着小鸡，这时他来到了自己母亲的身边，并且迅速在收获完毕的土地上陷入了梦乡。他睡着时四肢摊开，正面对着明亮的太阳，直到他的母亲拿起一件夹克盖在了他的脸上。他的母亲此时已经汗流浃背，气喘吁吁——就在短短一个小时内，她从地里收集并搬运了 150 公斤土豆。

在胡安一家收获土豆的同时，就在田垄下方几百米的公路上，推土机和挖掘机也在不停地运转着，并且已经从其试图加宽的发卡弯处挖出并运走了许多土方。整个早晨，锄头敲打土地的传统之音与现代机械的轰鸣与吼叫此起彼伏而又相得益彰。有人可能会说，这就像一曲混搭的现代音乐，但实际上，这更像一个有力的暗示：在当代世

9   界，人力劳动所能取得的成就是多么微不足道。当然，尽管所耗甚多，而且进展缓慢，但人力劳动仍然有其价值。安第斯山区的大部分土地甚至早在耕畜和轮子传入之前就已开始了农业种植，同时，这里复杂的地形也使得大量农田无法利用机械进行生产。即使对于当地那些有能力购买与保养拖拉机或耕牛的人家来说，拖拉机或者耕牛也绝不可能抵达如此高耸陡峭的田地，更不要说在上面耕耘犁作。

因此，单纯由人类肉体的力量创造而成的成千上万块整齐的方形田地，遍布在安第斯山脉高地的每个角落，在这个艰难的过程中，能够辅助人力的工具只有铲棍（taclla）。铲棍是一种形似铁锹的踏犁，在其犁轴处装有一道细窄的锋刃和一个手柄，能够减轻深翻土壤时的劳作。据说，当印加帝国在15世纪和16世纪初期大肆扩张时，印加人发明了铲棍，迅速成为提高农业生产力的一种手段。而随着铲棍的出现，印加人在安第斯山区创造了一项新的强迫劳役制度，这项制度不仅使帝国可以控制境内绝大多数劳动力为国家建设服务，而且开创了一项臭名昭著且绵延良久的恶政。安第斯山区过去的传统习俗，是要求每个家庭与其同村村民在彼此之间开展合作，根据大家的相互需要付出劳动并接受帮助，但印加人将这种互帮互助的风俗正式制度化为一种强制性义务劳役。这种制度被称为"米塔"（mita），其名称最初源于克丘亚语，意为"一轮"或"一季"。

印加帝国的米塔制度要求每个男人和女人每年必须为国家提供一定数量的义务劳动，经过周密安排，在一年当中的任何时间，始终有七分之一的民众在为国家服役。民众为国家在崇山峻岭中开辟道路，为国家开采黄金白银，为国家收获农作物，为国家照料牲畜，为国家织布缝衣，乃至为国家出生入死。也正是在米塔制度的运作之下，印加取得了令人叹为观止的伟大成就：一个从哥伦比亚延伸到智利的庞大帝国；多达 1000 万的人口 —— 占当时北美洲和南美洲总人口的40%；超过 4 万公里已经铺设好的道路；还有大规模的灌溉和梯田工程 —— 这都是米塔制度的产物。

印加帝国所取得的各项建设成就颇有值得称赞之处，其留下的宝贵遗产不仅可以在马丘比丘（Macchu Picchu）和其他遗址之中随处可见，而且在部分侥幸逃过西班牙掠夺者魔爪的当地金银工艺制品之中同样非常明显。但是，米塔制度对民众劳动力的压榨同样为后代带来了沉重的负担。作为一项强迫劳动的传统，其影响绵延不绝，甚至直至不久之前。胡安·拉莫斯愤怒地谈到过去自己在种植园的辛勤劳作，现在已经属于他的这片土地在当时也归种植园所有。直到 1970年代的土地改革，这种无偿劳动才宣告结束，他也因之获得了自己的土地。与父亲和祖父一样，胡安也出生在桑切斯（Sanchez）种植园，"种植园主对待我们如同奴隶"，胡安表示，在种植园的劳作完全没有工资，能够获得的仅仅是一片能够建房造屋的小小空间，以及部分农地的使用权。胡安大方地承认，那些农地的质量不错，但由于沉重的劳动负担，胡安从未获得足够的时间来充分耕种这些土地。

胡安表示，"我们当时在种植园里像奴隶一样劳作"。然而大家避免提及的是，他现在的劳作状态似乎仍然与奴隶毫无二致。他就站在那里，瘦削而憔悴，天色已经过半，但仍然有一大半农作物没有收获。他的外貌和举止传达出了一种不容置疑的坚忍不拔：劳作必须得完成。我不禁发出疑问：难道在他之前的岁月，生活比这还要艰辛得多吗？他轻蔑地指向河谷之中的万卡韦利卡城，那是一座建立在16 世纪所发现的富汞矿之上的小城，"在过去，在那里工作要糟糕得多"，他重复了好几次，"糟糕得多，糟糕得多"。

1532 年，为了赎回被俘的神圣太阳王阿塔瓦尔帕（Sun King, Atahuallpa）的性命，印加人被迫同意向西班牙征服者弗朗西斯科·皮萨罗（Francisco Pizarro）和他的同胞们提供满满一屋子金银。印加人言行一致，他们给西班牙人运来了 11 吨工艺精巧的金银制品，而这些精美的工艺品立刻被熔化运回了西班牙本土。这笔财富是如此巨大，以至于在其突然涌入欧洲之后，甚至引发了金融体系的强烈波动。但皮萨罗仍然决定，阿塔瓦尔帕无论如何也要被处决。西班牙人还在寻找更多的财富，特别是产出这些财富的矿藏。

1545 年，在距离印加帝国首都库斯科城东南方向大约 1000 公里的波托西（Potosí）地区，一座由于火山运动而形成的储量丰富的银矿山被发现，迅速吸引了西班牙人的注意。这座矿山大约 800 米高，其价值曾长期不为人知，但随着其侧翼地表不断受到侵蚀，隐藏的巨大财富最终暴露于世界之中。在矿藏的加持下，波托西成为一个繁荣的市镇。仅 1592 年一年，当地银矿就生产了超过 400 吨精炼银，尽管此后的年产量再未达到这一水平，但在 1600 年到 1800 年之间，每年从波托西运往世界各地的白银依然达到了 100 吨左右。

在对银矿石进行提纯的过程中，汞是一种必不可少的成分，正是借助汞能够和金属颗粒混合并形成合金的特性，纯银才得以与其他矿石分离，波托西也才能维持如此之高的纯银产量。尽管众所周知，印加人此前曾将朱砂——也就是硫化汞——作为一种装饰手段，但直到 1563 年，万卡韦利卡的汞矿才被发现。虽然这一矿场距离波托西超过 1300 公里，但仍然比之前唯一可用的欧洲矿源要近得多。和波托西一样，在汞矿开发之后，万卡韦利卡同样变成了一个繁荣的城镇，并被誉为"独一无二、不可替代，世间无与伦比的瑰宝"。有赖于丰富的矿产资源，波托西和万卡韦利卡甚至一度被形容为"支撑秘鲁和西班牙王国的两极"。[①]

　　由于产出的汞对波托西的纯银生产具有重要的推动作用，万卡韦利卡不仅被公认为西班牙经济生活中至关重要的一环，而且是西班牙人保持富裕和繁荣的重要基石 —— 无论在秘鲁还是在欧洲。"汞是不可或缺的"，一位行政官员写道，其滋养着西班牙的经济，就像水源灌溉着农田一样。这座城镇的重要价值很快开始显现。18 世纪末，万卡韦利卡有大约 5000 人口，其中只有 560 人是西班牙人或美西混血儿，其余都是克丘亚印第安人 —— 尽管人口并不多，但汞矿的收益足以在当地支持 9 座教堂、3 座修道院、1 所医院和 1 所小学的建设，并养活 21 名教士和来自多明我会、方济各会和奥斯定会[②]的 18 名修士；直到 1767 年被逐出西班牙帝国的领土之前，耶稣会修士同样在万卡韦利卡建立了 1 所学院和 1 所小学。

　　但是，万卡韦利卡坐落于海拔超过 3000 米的狭长谷地中，正如可以预料的那样，在这个丰饶富庶而又与世隔绝的矿业小镇中，占据支配地位的特征是安逸的世俗享受而非虔诚的宗教苦修。这里的上层精英们过着愉快而舒适的生活，他们的大部分食物都由来自低处谷地和海岸地区的羊驼商队提供，其中不乏各式各样的鱼类和新鲜水果等美食佳肴；当地的上流人物们每年还会花一小笔钱买南美烧酒 ——

11

---

① 　Whitaker, 1941, pp. 3-4.

② 　多明我会（Dominican）、方济各会（Franciscan）、奥斯定会（Augustinian）和耶稣会（Jesuits）均为天主教修会。——译注

这是一种由当地修会酿造的烈性白兰地。但在花天酒地的同时，当地精英们却仅仅付给开采汞矿的印第安人极为微薄的报酬，事实上，正是印第安人从矿场中开采的矿物，为他们提供了维持铺张生活的宝贵资源。在万卡韦利卡，赌博是一种流行的消遣，性滥交非常普遍，乐师们则随时随地准备好为"chachúa"伴奏——这是一种在当时被称为"极其淫荡"的舞蹈。简而言之，挥霍无度、喧闹浮躁而又放浪形骸的气氛几乎渗透到了万卡韦利卡社会的方方面面，甚至对当地矿场的运转和地方政府的管理都产生了重要影响。[①]

汞矿的矿场位于万卡韦利卡以南大约 5 公里处，其海拔比城市要高出 350 米。矿石被开采出来以后，数千头羊驼和骆驼将其运送到城镇边缘的熔炉之中——这是整套采矿和冶炼工序中唯一不经印第安人之手的作业。对于印第安矿工来说，矿井中的环境几乎是致命的。为了寻找与开采储量最丰富的矿层，他们必须离开相对宽阔的井巷，进入仅能勉强通过的狭窄坑道，而将矿石从矿层中掘出，仅仅是他们工作的第一步。为了将矿石运到地表，矿工们仍然要付出艰辛的努力，他们必须翻越归途中的重重阻碍，并在无数摇摇欲坠的梯子上来回攀爬，最后才能重见天日——这项任务是如此艰巨，以至于只有矿井中品位最高的富矿石才值得运出，其余质量较差的矿石则被杂乱地丢弃于坑道之中，这又使运输矿石的通道变得更加崎岖。矿工们所面临的辛劳和风险还不止于此。在矿井中，为了开采和搬运矿石，矿工们不得不使用照明，而在蜡烛和火炬照亮了矿工前行之路的同时，其生成的浓烟同样充满了整个矿井，这些烟雾甚至会与矿石中富含的

12

① Whitaker, 1941, pp. 82, 12-13.

硫磺形成化学反应，散发出一种"令人无法容忍的恶臭"。当时的一篇报道称，"如此之多的矿工被封闭于矿井之中，进行从不间断且永无止境的劳作，身边充斥着排泄物和垃圾"，毒烟和疲惫的多重打击将引发矿井中出现"对人类健康极端有害的严重的空气污染和相关传染病"。但最糟糕的还在后面，矿井中恶劣的通风条件与极高的坑道温度，会导致矿石中的汞元素挥发，这在矿场之中形成了名副其实而又一语双关的"汞中毒的温床"：矿工们钟情于高品位的富矿；但矿石中汞元素的含量越高，其挥发后造成汞中毒的可能性也就越大。

矿工们每呼吸一次就遭受一次汞的毒害，不仅如此，他们皮肤上的每一个毛孔也都在吸收汞。同时，由于他们每周有 6 天时间被迫要在井下劳作，他们也几乎没有机会洗掉这种汞污染。在远离矿井的日子，这种紧紧包裹于皮肤的汞污染会不可避免地蔓延到矿工们的生活空间之中，并且传染给他们所接触的每一个人。

在这种恶劣的环境中，即使是最强壮的矿工迟早也会因汞中毒而死。根据当时一位负责人的记录，这种被称为"万卡韦利卡症"的疾病的最初症状是咳嗽，随后，病魔就会"转移到骨骼中"，由于其侵入骨髓，会造成受害者的四肢出现颤抖。这种疾病产生的影响是极为复杂的：许多患者沉溺于酒精，为的是缓解心理和生理上双重的压抑与不安；疾病会导致全身颤抖，患者甚至难以自如行走和饮食——事实上，由于抖动过于剧烈，许多饱受汞中毒困扰的患者失去了自主进食的能力，而只能像婴儿那样被人喂食。据说，想要避免死于汞中毒，一个矿工最多只能在万卡韦利卡工作 6 个月；而一旦被确诊为"万卡韦利卡症"，患者的寿命最多只剩 4 年。在过去，试图治疗这种疾病的努力往往无果而终，当患病的矿工开始小口咳血（和汞）

时，医生会切开他们的血管，寄希望于大量出血能够排出体内毒素，从而恢复体液的平衡。但是，这种虚弱疗法往往只能将病患更快推向死亡的大门。

由于面临着这种宿命般的无可奈何，万卡韦利卡的矿工们习惯于每周向方济各会捐出一小笔钱，以换取修士们为其在死后提供一个基督教葬礼的承诺。尽管让人难以置信，但根据一名官员在 1604 年提供的报告，当重新掘开那些死去矿工的坟墓时，墓中发现了许多由水银形成的小坑，而这些水银正是从矿工腐烂的尸体中浸出的。①

当地西班牙统治者对绝大多数万卡韦利卡矿工所注定承受的这种死亡命运是非常清楚的，但他们更为担心汞供应不足可能会限制波托西的白银产量，进而削弱秘鲁和西班牙的经济。出于这种考虑，尽管矿井中也曾进行过改善工作环境的尝试，但保持产量的重要性始终处于压倒一切的优先地位。为了保障汞和银的产量，印第安人的生命被消耗在矿井之中，而由于根深蒂固的种族歧视，这种交换看上去似乎是完全可以接受的。1595 年 3 月，当地一位矿主代表佩德罗·卡马戈（Pedro Camargo）在给西班牙国王的信件中表达了他对印第安人的看法：

他们是不信仰上帝的野蛮人；在他们的土地上，充斥着邪神崇拜、酗酒无度和其他令人发指的丑行与罪恶……在我看来，这些印第安人在矿井中工作，不仅是他们对上帝的首次侍奉，也与他们自己的利益息息相关。因为正是在矿井中，他们才得以和西班牙人相处，

---

① 这些段落主要转引自 Brown, 2001。

学习教义、聆听福音……从而磨平了他们的兽性。①

　　不难看出，由于种族歧视观点的无限延伸，在矿井中从事无望的工作似乎反而对印第安人产生了向文明靠拢的积极影响。在这种荒谬认识的作用之下，当时的一位评论人士甚至力图证明，当地将死刑判决折算为矿井苦役是完全合理的，当然，其理由并不是承认到矿井中服役实际上就意味着死亡，而是认为这种劳作可以使死刑犯们在矿井中接受教化、迎来新生，而这完全是出于政府的一颗仁爱之心。②

　　但是，诡辩骗不了任何人。尽管披上了花言巧语的面纱，但万卡韦利卡仍然理所当然地被当地人称为"死亡之矿"和"公共屠场"。只有在印加帝国的米塔制度提出的强制劳役要求下，万卡韦利卡的矿井才能运转下去。

　　1570 年代，西班牙派驻当地的总督弗朗西斯科·德·托莱多（Francisco De Toledo）对传统的印加米塔制度进行了调整，使其更加适应西班牙对汞和银生产的需要。他命令周边的省份必须轮流供应劳动力，以维持矿区生产的正常进行。而作为对汞矿开采的危险性的让步措施，托莱多宣称，在万卡韦利卡汞矿劳作的矿工一轮只需工作两个月，相较之下，在波托西银矿工作的矿工一轮将持续 12 个月。从表面上来看，这项举措的出台似乎有利于万卡韦利卡矿工，但其实际上的破坏性要远远大于建设性。在这项政策的作用下，一个汞矿矿工每年必须轮班数次，而波托西的银矿矿工则只需 7 年轮值一次。

....

① 转引自 Brown, 2001, p. 494。
② Whitaker, 1941, p. 87.

起初，托莱多一度下令，在万卡韦利卡矿场劳作的矿工数量应维持在 900 人，但这一数字很快就被迫提升到超过了 3000 人。在随后的数十年间，由于印第安人死亡人数的不断增加，以及他们通过各种方式以逃避米塔制度的征召，矿场可以使用的印第安劳动力总量大为减少，矿工数量也随之下降。1630 年，来此访问的贵宾钦琼伯爵（the Count of Cinchón）留下了如下记录：

> 他们（西班牙殖民者）违背了印第安人的意愿，用暴力将这些可怜人从家中强行带走，并用铁枷和锁链将其连成一条望不到头的长队，然后再将他们置于矿井劳作的危险之中……为了免受这种灾难，印第安人的母亲们甚至宁愿致残或弄瘸自己的孩子，使其不符服役要求，以保护他们。

当地盛产的土豆为印第安人提供了能够填饱肚子、有益健康而且营养丰富的食物。毫无疑问，这种充足的饮食供应为西班牙人对秘鲁土著的长期剥削提供了保障。当然，这绝不是无知无觉的土豆的错；但悲哀的是，无论在其引进和种植的任何地方，无辜的土豆都在客观上助长了这种剥削。土豆喂饱了万卡韦利卡和波托西的矿工，而通过向矿场供应土豆，西班牙殖民者们保证了矿场的正常运转，也因此变得愈加富有。[1] 命运的讽刺之处在于，这种土豆供应也挽救了部分印第安人，使他们避免了被迫在矿场中劳作致死的厄运。由于不断增长的采矿业增加了对土豆的需求，为了满足这些需求，西班牙新移民也

---

[1]　Cieza de Léon, 1553/1864, pp. 143, 361.

开始寻求更多的土地与劳动力。对于遭受米塔制度威胁、随时要去矿区服务的印第安人来说，放弃自己的土地、加入正在不断壮大的种植园的劳作队伍是一笔合算的买卖 —— 种植园可以为他们提供安全保障。在种植园主的运作下，米塔制度要求印第安人提供的义务劳役可以被折抵为现金 —— 当然，这笔现金必须要靠印第安人用劳动偿还种植园主。[①] 两害相权，在种植园中劳作无疑是较轻的一端，但实际上，对印第安人而言，他们不过是以在种植园中奉献终生替代了危害生命的米塔制度。

在山谷之上的干旱高地中，种植园成倍增加，和胡安一家耕种的地方类似，种植园占据的都是万卡韦利卡周边最适合放牧牲畜和种植土豆的区域。整个种植园的领地范围通常极为广阔，但在一段时间内用以种植作物的土地往往只有其中一小部分，长期休耕是种植园大部分土地的常态。在种植园中，劳工及其家庭能够得到一块勉强可以维生的份地，有权在种植园的土地上饲养自有牲畜，同时，他们还可以保有包括衣服、古柯叶等在内的数量有限的个人物品。作为交换，他们则必须在种植园中劳作。[②]

劳工家庭们大都居住在低矮无窗的茅草土屋里，就像阿曼达一家现在用作厨房的那间屋子一样，他们所承担的劳役复杂而繁重。首先，每个劳工家庭都必须在自己的牧地上照料种植园的部分牲畜，每6 个月或 12 个月还得接受一次检查，以确保喂养精心、令人满意；除了全年无休的日常照料之外，劳工家庭每年还需承担的两项主要畜 　15

---

① 　Whitaker, 1941, pp. 21, 26.

② 　Mallon, 1983, p. 19.

15 牧工作是修剪羊毛和宰杀肉畜，每项任务大概费时一月。其次，在畜
    牧生产之外，劳工还得承担种植工作，完成从犁地、播种、除草到收
    获的全过程，保证种植园土豆和谷物的产量不过是基础；照料种植园
    主的家庭菜园也很重要；更不要忘了为能够产奶和负责驮运的牲畜供
    给饲料。再次，劳工们还要负责把种植园的全部出产运送到市场和仓
    库——得用自家的羊驼和骡子，如果途中出现丢失或者受伤等问题，
    种植园主不负其责。最后，成年的劳工家庭成员每年还要在种植园主
    家中充当为期一个月的仆役。① 而只有在上述劳役全部完成的基础上，
    劳工们才能开始经营自己的生活。

       在种植园中，劳资关系极不规范。由于种植园主和劳工之间从
    未签署任何书面合同，这就使得劳工们在种植园中的工作内容和工作
    时间模糊不清，彼此矛盾与完全对立的解释大行其道。在劳资双方之
    间，纠纷和恶感普遍存在。尽管不乏事例证明，劳工和种植园主也可
    能产生友好相处和彼此扶持的积极关系，但从整体来看，当地劳资关
    系的主流完全印证了胡安的评价：在种植园中，劳工们被当作奴隶一
    样对待。

       因此，印加人赖以建立帝国的米塔制度在帝国灭亡后并未垮台，
    而是持续存在于当地的汞矿和银矿生产之中，并且被移植到种植园
    经济中。甚至在经历了西班牙对秘鲁长达 3 个世纪的统治之后，这一
    制度仍然屹立不倒。1821 年 7 月，秘鲁独立，但米塔制度并未就此
    消亡，主要由混血人种组成的秘鲁土著精英全盘继承并延续了西班
    牙的遗产。尽管对这些新贵中的许多人而言，克丘亚语是他们的母

----

① Jacobson, 1993, p. 296.

语，他们也不讳言秘鲁人的身份，但其西班牙姓氏仍然暗示了他们握有像殖民贵族一样生活和行事的权利。长期的殖民统治对新贵们造成的影响是深远的，他们渴望被冠以象征西班牙贵族地位的姓氏"唐"（Don），他们也找不到任何理由去改变西班牙遗留下来的国家运转模式，尤其是其中极为有效的、关于获得与分配劳动力的方面。

到那时为止，种植园仍然是秘鲁农业生产的中流砥柱，其顽强的生命力，部分依赖于强迫劳役这种自古有之的制度，同时也与土豆这一秘鲁赠予整个世界的礼物密不可分 —— 尽管其价值长期未获承认。在安第斯山区的种植园中，土豆是劳工们赖以为生的主要食物。

和中世纪欧洲的封建庄园类似，秘鲁的种植园经济同样支撑了当地一小撮上流阶级的奢华生活。但其不同之处在于，秘鲁的社会经济发展相对缓慢，从而无法像欧洲那样彻底消灭这些庄园。这种压迫与剥削的制度一直运转良好，直至 20 世纪依然存续。在第一次世界大战期间，为了制作足量军装，欧洲各国对羊毛的需求显著提升，而作为羊毛的主要产地，秘鲁羊毛制品的价格大幅上扬，从而加速了当地许多种植园主的财富积累，这反而进一步巩固与强化了这种种植园剥削经济。但在战后，由于外部市场不断缩小，秘鲁的经济活力也日益萎靡不振，当地种植园主对发展农业的热情随之消减。种植园还在运转，但仅仅是维持旧日模样；其生产规模不再扩大，甚至导致整个国家的农业产量不断下滑，从而愈发难以满足民众日益增长的粮食需求。种植园主们仍然占有大量土地，但随着农业成本的不断增加，其从土地中获取的利润大打折扣。当地政府对劳工的最低工资做出了规定，尽管这一数字非常低微，但仍然很少有种植园真正付诸实施。事实上，根据一位农学家的报告，如果安第斯山区种植园中的工人们都

16

领取法定工资 —— 即使是最低标准，那么没有种植园能够保持盈利；而如果工资进一步提升到能够维持一定生活水平的地步，绝大多数种植园将难以避免破产的窘境。据其总结，在当前条件下，只有印第安人强迫劳役的米塔制度才能够维持种植园的正常运转。[1]

从 1969 年到 1977 年，秘鲁政府颁布了一系列土地改革方案，其所带来的巨大变革，最终打破了种植园主对整个国家的农业和劳工进行束缚的封建枷锁。根据上述方案，高原地区所有面积超过 30 公顷的地产（在沿海地区，这一数字是 50 公顷），其所有权均以生产合作社的形式转归劳工所有。作为交换，土地的旧主人则得到相应的经济补偿，但补偿的具体数额则以之前提交的纳税申报单为准，从而巧妙地确保了土地的估价与补偿尽可能低。[2]

当回忆起那时进行的改革时，胡安仍然言辞尖刻。据其描述，为了逃避国家对土地的强行征收，当时的地主们一度尝试将其全部地产分割为不足 30 公顷的小块，但最终为全国范围内的强烈抗议所吓阻。然而，地主们仍然变卖和处理了种植园的牲畜和设施。"如果可以的话，那些种植园主甚至连土壤也会从大地上拿走"，胡安表示，"只给我们留下石头"。

胡安为我们指出了以前种植园的大致范围：上方的山脊中开垦出的农田、10 公里外的山谷对面的坡地、从这儿前往万卡韦利卡城路上的一连串农场、正对着裸露的石灰岩山乌拉华卡（Urahuaca）的他自己的土地，以及处于我们视线范围之内的阿塔亚（Attaya）、安塔

---

[1]　转引自 Jacobson, 1993, p. 314。

[2]　Fitzgerald, 1979, p. 108.

科察（Antaccocha）、哈拉瓦萨（Harawasa）和查卡利亚（Chacariya）等居民区，所有这些地方，以及目不能及的其他更多区域，过去都是归属于桑切斯家族所有的一个种植园的组成部分。现在，这些地方被重新编组为一个农民自治社区，这个社区就以从前的种植园的名字命名：比亚埃尔莫萨。

在这个社区里，海拔最高的一片土地是公共用地，仅供放牧牲畜和栽培土豆之用，按照大家一致同意的顺序，每户人家轮流在此耕种。在公共土地上，没有人能为所欲为；个人自由仅仅适用于海拔较低的私有土地之上。在社区里，私人田产之间的边界十分清晰，但居民们很少通过法律形式进行土地登记——他们对解决彼此之间可能产生的任何争端都充满自信，无需求助于任何书面文件和法律知识。①

每个居民区都有一位经选举产生的主席，任期两年，其职责在于主持相关村庄事务的民主讨论与决议，在社区中，如果某一问题无法在居民之间达成共识，就要诉诸投票表决。但是，由于担任主席需要耗费大量时间，这一职位看似光鲜，农民却普遍兴味索然，因此，按照规定，在选举中获票最多的人必须承担这一使命——无论其是否情愿。同时，如果两年的主席生涯让某些当事人的内心发生了微妙的变化，认为自己高人一等，或者应该得到其他村民的更多敬意——他大可放心，他的村民们也会制订相应的计划，让他吃一点儿苦头。

在历经长达数个世纪的压迫之后——起初是印加帝国的米塔制度和采矿劳役，随后是西班牙和秘鲁的种植园主——世代耕种于安第斯山区的农民们绝不会允许在他们之中重新萌生凌驾于他人的优越

———————————————————————

① de Haan, *Bonierbale, Burgos and Thiele*（出版中）.

感。在当地，由村庄组成的社区本身就象征着法律，根据政府授权，社区依靠目击证人的证言或者其他无可辩驳的证据，就可以对犯罪嫌疑人进行控告、定罪甚至施以绞刑。胡安表示，2001 年，也可能是2000 年，他所在的社区绞死了两个人。他不能确定具体的年份，但其罪行则确凿无疑 —— 敲诈勒索。多年以来，这两个人一直在强迫村民支付额外的钱财。

应该说，尽管这一罪行令人愤慨，但似乎还够不上判处死刑的标准。如果一个人仅仅因为敲诈就被绞死，那么在两天前强奸了一个女孩的罪犯又该遭受怎样的处置？胡安表示，如果他在现场被抓住，他就会被当场打死。这是一种粗暴的正义，但现在为时已晚。由于他没有被当场抓获并打死，按照规定，他只会被驱逐出村庄和社区，尽管可能得长途跋涉，才能找到一个不知道或不关心其所作所为的地方。毋庸置疑，流放总比绞死强，但其前景仍然是黯淡的 —— 在一个戒心深重的社会环境中，陌生人总是更有可能被猜忌怀有恶意。

比亚埃尔莫萨是当地 500 多个农民社区中的一个，这些社区占据着过去归属种植园的土地，目前控制着整个万卡韦利卡省的农业生产。总体而言，这 500 多个社区由 86000 个农民家庭组成，每个家庭的平均人口是 5 人。尽管当地近三分之二的经济活动人口[①] 占有的农田面积不足 3 公顷，但仍有高达 97% 的劳动力仍然将种植业和畜牧业作为维持自身和家庭生计的主要手段。残酷的统计数字为我们解释

18

---

① 经济活动人口（economically active population），是指在一定年龄以上，有劳动能力，参加或要求参加社会经济活动的人口。——译注

了为什么万卡韦利卡被称为秘鲁 24 个省份中最穷的一个：按照世界银行的贫困标准，当地 70% 以上的人口可以被认定为"极度贫困"；农村地区有 52% 儿童处于长期营养不良状态；根据 2006 年的统计，当地农村地区的婴儿死亡率达到 11.2%——几乎是秘鲁全国婴儿平均死亡率 3.25% 的 4 倍，这一数据仅仅略好于饱受战火兵燹之创的塞拉利昂的 14.52%。①

当地极端恶劣的生存环境，是造成这种极度贫困和营养不良现象的根本原因，可以说，在人类繁衍生息的所有区域中，独立强韧而又自食其力的安第斯农民们赖以艰难谋生的这片土地的环境是最糟糕的。他们所开发利用的土地中，只有一小部分位于海拔 3000 米以下——仍然是英国最高峰本尼维斯山（Ben Nevis）高度的 2 倍以上，绝大多数土地的海拔达到 4500 米——比落基山脉（Rocky Mountains）的任何一座山峰都要高。如果有其他选择的话，是否还会有人自愿选择住在安第斯山区值得怀疑。也就是说，当地农民之所以居住于此的主要因素，是强制要求和缺乏其他选择——尽管如此，我们不该忘记这一地区仍有其吸引力：这里有牧场，也有土豆。

1946 年，胡安·拉莫斯出生于桑切斯庄园。据其自述，他在土豆堆里长大，没有接受过任何正规教育，并像奴隶一样辛勤劳作，但他始终铭记着父辈和祖辈曾经经历过的那些艰难岁月，并深信这个世界在其有生之年会越来越好。在更高的社会视角之中，经济学家和政治家们始终在喋喋不休地强调，如果不对现行体系进行彻底

₁₈

---

① de Haan, *Bonierbale, Burgos and Thiele*（出版中）。另见 http://www.geographyiq.com/ranking/ranking_Infant_Mortality_Rate_aall.htm。

变革，那么其不仅难以为继，而且注定要完全崩溃。但种植园里地位最低的劳工同样对此心知肚明——不是由于他们对现行体系的经济和政治缺陷有多么深入的理解，而是出于一种对无法避免之事的听天由命，但是他们选择乐观看待：事情已经没办法更糟了，所以现在可能会好起来。

"是的"，胡安表示，现在的日子已经比他成长的那段岁月要轻松，和其祖辈和父辈的生活相比更要强得多。那么未来呢？他为子孙后代感到忧心忡忡。"没有多余的土地了"，他说。就在不久之前，当地还有足够的土地，能够允许他让一块地休耕七八年，然后再在上面种植土豆，但时过境迁，目前他和家人正在辛勤收获的那块土豆田，在上次收获之后仅仅休耕了 3 年。从石灰岩山的山顶向下观察，你就能够发现问题所在：6 个家庭的宅院错落有致地分布在一串田地和牧场之中，而在过去，这些土地只需养活一户人家。"我们还能做些什么呢？"胡安不禁产生了疑问："我和我的兄弟们结婚时都需要土地和房屋，父亲将他的一部分家产给了我们；我也为我的儿子阿曼多做了同样的付出。但他可能没有足够的土地再分配了，他必须得为他的孩子做点儿别的事儿。"

1948 年 4 月，美洲国家组织正式通过了《美洲人的权利和义务宣言》(*Declaration of Human Rights and Duties*)，这比联合国通过《世界人权宣言》(*Universal Declaration of Human Rights*)还要提前半年。和美国《独立宣言》一样，《美洲人的权利和义务宣言》将获得幸福视为每个人的一项基本权利。[1] 秘鲁是该宣言的签约国之一，

----

① http://www.hrcr.org/docs/OAS_Declaration/oasrights2.html.

但当胡安被问及一生中获得了多少幸福时，他感到很困惑。幸福是什么？什么使人幸福？"健康的牲畜"，他谨慎地回答道，"还有丰收的土豆"，随后他立刻补充："钱！最大的幸福就是工作。没错，一份工作能让我们幸福。这个农场已经没法儿再养活更多的人了，但是如果有了工作，我们就有钱买土豆了。"

图 2

第2章 土豆究竟是什么

一个土豆最主要的成分是占其重量 79% 的水，而除此之外的其 他组成部分，则是极为优秀的全方位营养集合体。土豆中碳水化合物和蛋白质的比例十分完美，任何一个食用了足量土豆的人，都能在满足自身热量需求的同时摄入充足的蛋白质。而除了碳水化合物和蛋白质之外，土豆还富含各种人体所需的维生素和微量元素。以维生素 C 为例，仅仅 100 克土豆，就能够提供每日维生素 C 推荐摄入量的几乎一半，据说在 1897 年前后的克朗代克淘金热[①]（Klondike gold rush）中，由于大量淘金者死于坏血病，维生素 C 含量十分丰富的土豆甚至一度能够交换等重的黄金。[②] 土豆同样含有丰富的维生素 B 族和钙、铁、磷、钾等微量元素。另外，土豆中钠元素的含量相对较低，而钾元素和碱性盐的含量则较高，这不仅使得土豆完全符合时下流行的无盐饮食的标准，而且有助于控制摄入食物的酸度。

与谷物相比，尽管土豆的蛋白质含量看似较低，但质量却相对较高，在土豆所富含的主要蛋白质中，存在着大量维持生命不可或缺的人体必需氨基酸，这些氨基酸无法依靠人体自身合成或转化，而只能从现成食物中摄取。此外，在一项用以评估食物蛋白质营养价值的

----

① 1897 年，大量淘金者前往加拿大育空地区的克朗代克河附近寻找金矿，引发淘金热，但大多数人空手而返。——译注

② Heiser, 1969, p. 42.

"生物价"[1]（biological value）指标方面，土豆的得分是73，仅次于鸡蛋的96，略高于大豆的72，但远高于玉米的54和小麦的53。

土豆中所含的碳水化合物主要是淀粉，尽管淀粉的名声似乎不是很好，但这一指责实际上并不恰当，和当代餐桌上随处可见的糖类与脂肪相比，淀粉其实是一种更为健康的卡路里来源。和根深蒂固的普遍观念相反，土豆中的碳水化合物不会使人发胖，各式各样的油炸薯条和薯片在烹饪过程中形成的脂肪才是造成这一误解的罪魁祸首。同时，由于土豆中的碳水化合物在人体中释放能量的过程相对稳定，人体对其进行吸收的速度也相对缓慢——而不是像糖类和脂肪那样实现热量的快速分解与吸收——这更有利于身体健康。

另外，土豆还是一种极为高产的植物。和其他农作物相比，土豆可食用部分的重量占其植株总重量的比例要高得多。譬如，一株成熟的谷类作物，其可食用谷粒的重量仅仅相当于植株总重量的三分之一；而一株成熟土豆结出的可食用块茎的重量，甚至可以超过植株总重量的四分之三。这意味着，在同样的一块固定区域中，土豆可以产出比其他任何作物都多的能量。因此，种植土豆实际上是将植株、土地、水源和劳动力转化为营养丰富而又美味可口的食物的一种最有效的手段。

但是，土豆最有价值之处，莫过于其提供的均衡营养。在对照实验中，被试者仅以土豆和一点儿人造黄油为食，他们不仅能够连续数月保持积极向上的生活状态，而且无论体重增减与否，其健康状况都

---

① 生物价是一种评估蛋白质营养价值的方法，其通过计算人体在摄入某种食物蛋白质后自身保留氮量和吸收的总氮量的比值，从而得出每100克食物来源蛋白质转化成人体蛋白质的质量。这一数值越高，意味着食物所含蛋白质营养价值越高。——译注

十分良好。① 必须承认，这一实验要求参加者每天食用 2 到 3 公斤的土豆，这种单调的食谱显然无法使生活优渥的发达国家的国民保持热情与期待，但对于很多场合而言，土豆杰出的营养价值仍然使其可以成为拯救生命的希望。

那么，红薯又是什么呢？由于名称的相似性，尽管其美味程度不一，红薯和马铃薯 —— 也就是土豆的学名 —— 之间往往被认为存在极为密切的亲缘关系。但实际上，它们之间连远亲也算不上。红薯和牵牛花同属旋花科，而土豆则和番茄、烟草、辣椒、碧冬茄和龙葵等同属茄科。二者名称的混淆由来已久。在大航海时代中，哥伦布和他的船员们在加勒比地区发现了当时被称为 "batatas" 的红薯，在 1490 年代早期，这一风靡整个加勒比地区的主食即以该名传入欧洲；而在七八十年后，当真正的土豆同样穿过大西洋登陆欧洲时，其最初的安第斯名字则是 "papa"。由于红薯和土豆都生长于地下，二者看起来也十分相似，它们的名称不可避免地发生了混淆；而这一时期抄本和印刷物中遍布的错误与混乱的拼写，进一步加剧了二者名称的模糊性。在当时的文献中，我们可以发现诸如 "batatas" 和 "patatas" 的混合拼写方法；在 1514 年出版的一本著作中，更详细描写了在加勒比海达连湾（Darien）周边肆意生长的野生 "botato"。②

尽管土豆和红薯在本质上完全不同，但在栽培方式方面则具有同样特征：二者都是无性繁殖的作物。也就是说，在栽培土豆和红薯时，种植者们种下的并不是种子，而是植物本身的一部分。就红薯而

① Salaman, 1985, p. 124.
② Salaman, 1985, p. 131.

23 言，栽种的是带有生长点的幼茎或藤蔓，将其埋入地下后，这些幼茎
中的生长点将不断分化出新的根、茎和叶。而对于土豆来说，栽下的
则是其块茎，尽管看起来有些奇怪，但块茎同样是茎的一部分。

仔细观察土豆的外貌，尤其要关注它的芽眼。在每个土豆芽眼的
中心，都有一些细小的嫩芽，在芽眼之上，还有弓形的芽眉，这些芽
眉总是向上生长，和其他植物的茎一样，土豆的块茎同样头尾分明。
所谓土豆的芽眉，是鳞片状小叶发育、凋萎、脱落后残留的叶痕。芽
眉之下的芽眼，实际上就是土豆的生长点，当土豆块茎被栽下之后，
土豆的主茎和主根正是从这些生长点开始生长发育。简而言之，土豆
是一种从其植株的地下茎 —— 专有名词叫匍匐茎 —— 脱颖而出的古
怪而膨大的茎芽。因之，从植物学的角度来看，我们将土豆归类为块
茎作物（tuber），而不是红薯那样的块根作物（root）。

因此，土豆这种我们几乎不假思索即进行煮、煎、炒、烤，并最
终吃掉的美味而重要的食物，并非植物的种子，也不是块根或果实，
而是在地下发育壮大的植物的茎。然而，从土豆自身的角度来看，其
快速生长的地下茎的最重要的功能，只是繁殖的一种储备手段。事实
上，土豆的繁殖方式并非仅靠块茎的无性繁殖，其同样可以通过开花
结籽进行有性繁殖。而无论其地上植株开花结籽与否，土豆的地下块
茎都将按时生长发芽，最终生成新的土豆，在这一过程中，每一子代
都将是亲本的精确复制，植物在有性繁殖时可能出现的基因重组及进
而造成突变的情况，在土豆的无性繁殖中均不会出现。简言之，块茎
植物是无性繁殖的复制品。同时，块茎植物的另一优点在于，其块茎
能在地下存活数月之久，而且始终保持繁殖能力；而像红薯那样的块
根植物，其根系腐烂的速度则要快得多。

　　然而，尽管土豆可以依靠块茎繁殖，但在其进化历程中的绝大多数时间里，开花结籽一直是其最主要的繁殖方式。直到人类的先民们开始种植土豆的野生祖先，其才不得不主要依赖块茎来进行繁殖——尽管这一繁殖方式效果良好。应该说，土豆是一种特别的植物，其源自整个世界最为偏远、最不适宜物种生存的地区之一，如今却遍布在全球的各个角落，从阿拉伯的沙漠到亚马逊和非洲的热带雨林，甚至包括斯堪的纳维亚半岛、亚洲和美洲最为寒冷的边缘地带，概莫能外。从安第斯山脉起源至今，土豆已经走过了漫长的道路，那么，这一历程启程于何时何地，又是如何开始的呢？

　　梳理一种植物的起源和进化历程从来不是一件容易的事情，尤其是当唯一可供利用的证据仅仅是其现存的近亲物种时。研究者们发现，由于土豆源于一个出现相对较晚，而且仍在积极进化的生物种群，在这类种群中，不同品种之间的界限往往难以区分，因此，要探究土豆的培育史格外困难。[1] 此外，土豆还拥有大量目前仍然存在的、以"环境可塑性"著称的野外近亲，其数量之繁多，要远远超过其他任何一种粮食作物。[2] 这就意味着，尽管从不同生存环境中收集的土豆样本看似截然不同，但如果将其全部置于相同条件下培育，这些植物最后都会产出同样的土豆。

　　在 1990 年出版的经典著作《土豆：进化、生物多样性和遗传资源》（*The Potato. Evolution, Biodiversity and Genetic Resources*）中，J.

24

---

[1]　Hawkes, 1990, p. vii.

[2]　Ochoa, 1990, p. xxix.

G. 霍克斯教授列举了 169 种野生土豆。这些不同种类的野生土豆有一个显而易见的生物学特征：在数量较多、变异性极强的异系繁殖土豆和数量较少、变异性较低的同系繁殖土豆之间，存在着极为明显的差异。尽管并非绝对，但这一差异普遍存在。[①] 这种差异为野生土豆的种类多样性和分布广泛性提供了最好的解释。每一代异系繁殖的野生土豆都在获取新的特性，并重组自身基因，使土豆能够传入并适应新的环境，进而在各式各样的生存条件下茁壮成长。与此同时，野生土豆自身具有的随机突变性也产生了数量相对较少的同系繁殖土豆。通过同系繁殖，土豆进一步强化了自身适应当前环境的特性，从而使其得以在此扎根立足。而在这一过程中，土豆通过块茎生长以进行无性繁殖的能力就显得尤为重要。

这种开放与保守的奇妙结合，使野生土豆得以在相当广阔的地理区域内生根发芽。根据霍克斯教授的相关研究，野生土豆遍布整个美洲。从美国的西南边陲到墨西哥的几乎每一个州，再到危地马拉、洪都拉斯、哥斯达黎加和巴拿马，北美洲的野生土豆无处不在。而在南美洲，除了圭亚那之外，每个国家均有野生土豆的存在，尽管其主要生长于委内瑞拉、哥伦比亚、厄瓜多尔、秘鲁、玻利维亚和阿根廷等国所共享的安第斯山脉周边地区，但在秘鲁的沿海荒漠和智利的中南部高原，以及阿根廷、巴拉圭、乌拉圭和巴西东南部的平原地区，同样可以发现野生土豆的身影。近年来，野生土豆的分布情况已经得到了更加精确的记录和绘制。[②]

....

① Simmonds, 1995, p. 466.

② Hijmans, R. J. and D. M. Spooner, 2001. *Geographic Distribution of Wild Potato Species*. Amer. J. Bot. 88:2101-2112.

从来没有任何一种野生土豆能够扩张到全部地区，虽然部分种类的野生土豆分布已经相当广泛，而其他种类则仅仅局限于较小的地理区域或者独特的生态空间之中。但是，从整体来看，除了低地热带雨林之外，各式各样的野生土豆几乎已经完全渗透了整个美洲的每一片自然领域，甚至为数不少的已为人类所开发的生活空间也不例外。极强的适应性是野生土豆能够取得这一成就的关键：在较为广阔的海拔、温度和湿度范围内，野生土豆始终能够保持茁壮成长，这种韧性，没有几种植物可以望其项背。有些野生土豆品种能够长期耐受零度以下的寒冷侵袭；有些品种则能够适应炎热、干燥和半荒漠化的复杂环境；还有一些品种能够在湿度极高的亚热带和温带的山地雨林中持续生长。在墨西哥和美国，很多野生土豆品种遍布于松树和冷杉林中；在南美洲的森林中、在夏绿林地中，甚至在极为干燥的仙人掌栖息地中，野生土豆同样随处可见；当然，在安第斯山脉，野生土豆更加繁盛，无论在山脉、高原还是谷地之中。

和世界上绝大多数事情一样，在植物学中，简单的东西总是先于复杂的东西出现。这意味着，如果我们将现存植物样本中从古至今逐步积累的复杂特性梳理清楚，并且根据复杂特性的获得过程，将这一植物特性的积累历程划分为不同阶段，那么，我们就完全可能厘清一种植物的进化历程，进而对其追根溯源。这些研究，充分利用了植物科学已经取得的方方面面的进步：从植物的结构和特性，到叶子和花朵的形状；从多产与不育等问题的解决，到每个细胞的染色体数目和DNA 测序。尽管如此，由于土豆自身具有的多样性特征，寻找其起源及进化过程仍然是一件非常复杂的工程。即使在经过了 50 年的潜心研究之后，霍克斯教授也不得不承认，他对马铃薯起源的研究尽管最终宣告结束，但其中不乏少许"有一定根据的猜测"成分。[1]

时至今日，随着科学技术的不断进步，分子水平的分析逐渐成为可能，这对于消除霍克斯教授研究中不得不偶尔诉诸的"猜测"因素，无疑大大前进了一步。尤其是随着 DNA 测序技术的发展，一个由植物学家大卫·斯普纳（David Spooner）领导的研究小组已经能够成功追踪所有现代土豆品种的起源，结果显示，现代土豆最初起源于一个被称为"茄科块茎植物群"（Solanum brevicaule complex）的种群，其中包括大约 20 种在形态学上极为相似的野生土豆品种，这一种群最早为秘鲁农民所栽培，迄今已有超过 7000 年的历史。[2]

现代土豆最简单和最原始的现存近亲祖先，是小型附生植物 Solanum morelliforme，作为一种气生植物，其名称源自和龙葵（morel）颇有几分相似的叶形。这种植物有十分简单的叶子、形状类似星星的小花和极为细小的果实，其通常出现于墨西哥南部地区浓密的树荫下、被青苔覆盖的墙壁和岩石上，以及密布苔藓的橡树枝桠上，从不生长于地面上。[3] 霍克斯教授的研究结论表明，和上述野生物种颇为相似的土豆先祖大约在 3700 万年至 4000 万年前出现于美国西南部、墨西哥或危地马拉，并于大约 350 万年前巴拿马地峡形成时迁徙进入南美洲。此后，随着土豆不断进化与适应，最终于南美洲提供的独特生态区位中茁壮成长，自身特性日益多元，分布地域不断扩张。部分土豆品种囿于被霍克斯描述为"移民竞赛"的竞争之中，在

26

① Hawkes, 1990, p. 52.

② Spooner, D. M., K. McLean, G. Ramsay, R. Waugh, and G. J. Bryan, 2005. 由多位点 AFLP 技术基因分型可知，现代土豆是一种单一驯化作物。Proc. Natl. Acad. Sci. USA. 102: 14694-14699.

③ Hawkes, 1990, p. 75.

秘鲁和玻利维亚建立了获取多元特性的中心；而另外一部分品种则继续扩大在阿根廷和周边国家的覆盖面积。

这就是野生土豆，一种适应性极强、特性丰富、活力旺盛而又分布广泛的植物，在自然环境中茁壮成长简直易如反掌。那么，那些经过驯化而为人类所培育的土豆又是什么样子的呢？它们究竟来自何方？

据信，在为数众多的野生土豆品种中，只有不到 10 种在人类驯化土豆的过程中发挥了作用，而这些品种主要分布于秘鲁和玻利维亚两国与的的喀喀湖（Lake Titicaca）相邻的地区。距今大约 8000 年前，正是在这里，人类开始尝试利用土豆杰出的适应能力来实现一个对其进行改造的小目标：改善土豆块茎的大小及其可口程度。这一工作本身并不困难，其主要过程不过是一季又一季的选择看似符合要求的土豆块茎，并培育其成长。

尽管这一培育方式易于解释，人类的最初动机仍然是一个彻头彻尾的谜题。野生土豆的块茎通常较小，品尝起来也很苦，而且含有可能有毒的龙葵素。为什么人类会在野生土豆身上花费如此之多的精力？尽管其所作所为令人困惑，付出最终获得了回报，在人类的聪明才智和土豆的适应能力的共同作用之下，人类最终培育出了多达 7 种可供栽培的土豆品种。[①] 必须指出，这一成果并不意味着土豆驯化的彻底完成，有毒物质仍然存在于全部土豆品种的叶子和部分品种的块茎之中，野生土豆丰富的多样特性也同样得到了保留；与此同时，在最初 7 个品种的基础之上，人类又培育了数量繁多的土豆品种，

....

① Hawkes, 1990, p. 175.

其颜色形状各不相同。而在所有品种之中，一种块茎膨大、潜力突出的品种得到了特别的关注，我们将其称为"茄属块茎"（Solanum tuberosum），也就是现在我们所说的土豆的学名。

S. tuberosum 有两个亚种。第一种是 S. tuberosum andigena，这一品种只有在纬度接近赤道，且海拔达到 2000 米以上的地区才会产生块茎，那里全年的白昼相对较短；尽管这一亚种在低海拔地区的温暖环境中同样生长得非常旺盛，但是，长时间的日照反而会抑制块茎的形成。土豆的第二个亚种是由第一个亚种发展而来的，当早期人类栽培者们从土豆的发源地的的喀喀湖湖畔逐渐开始向南移居时，他们根据在迁移路途中所面临的环境，通过不断的选择与种植，逐渐创造出了一个新的土豆亚种 S. tuberosum tuberosum；经过改良之后，这一新的亚种即使在智利南部低海拔地区的漫长白昼中也能生成块茎。

27　　时至今日，土豆的第一个亚种和其他 6 种栽培土豆仅仅在安第斯山脉地区得以大规模种植，其分布范围之所以相对狭小，最初是由于它们仅在安第斯山脉长势喜人，随后则又加上了出口政策的严格限制，只有出于受到严格控制的收集和实验目的，上述土豆品种才得以离开国门。土豆的第二个亚种同样在安第斯山脉有所分布，由于其在海拔较低的地区也能茁壮成长，安第斯山区的人们称其为"改良"土豆；这第二种土豆，就是目前众所周知、举世闻名的土豆，这一亚种在不同地区以许多不同品种形式在生长，但追根溯源，这些品种最初都来自于这一单一品种。

1570 年代，西班牙人首次将土豆第二亚种的块茎引入欧洲。这些早期引入的土豆可能来自安第斯山区和智利的沿海地区，但由于数量极少，其仅仅携带了南美洲野生和栽培土豆丰富的多样特性中的

一小部分。[1] 因此，土豆今日的广泛分布更加引人注目。目前，全球
已有 149 个国家种植土豆，从北纬 65 度到南纬 50 度、从海平面到海
拔 4000 多米，处处可以发现土豆的身影，随着种植面积的大幅扩张，
土豆已经成为仅次于小麦、玉米和水稻的全球第四大粮食作物。上述
成就的取得，充分反映了土豆对自然环境的强大适应能力，无论是热
带和亚热带高原地区短暂的夏季白昼，还是温带低地地区较长的夏季
白昼，以及热带和亚热带低地地区较短的冬季白昼，土豆都能甘之如
饴。土豆的广泛分布，同样反映了其对各种生长条件、温度和水资源
的高度适应能力。但在土豆不断扩张的过程中，其强大的适应性也暴
露出了不利的一面，作为一个单一的品种，经过人类进行的过度改良
与培育，土豆的生存愈发依赖其栽培者，其对自然的抵抗能力极其脆
弱。正如霍克斯教授曾经阐释的那样，土豆的高产栽培品种"可能由
于长期生活在人类培育的环境中，显然已经丧失了在自然环境中生存
的能力"[2]。

在离开发源地之后，土豆的栽培品种失去了自我进化的机制，只
能依靠种植和食用土豆的人类才能获得逐步改良；而由于土豆在这一
过程中丢弃了大量遗传特性，其失去了本应继承的抵抗力，导致自身
时刻面临着病虫害的威胁。今天的土豆，实际上是全世界最为脆弱的
作物之一。为了保护土豆免受宿植病原体的侵害，一些地区的农民必
须在一季里喷洒十几次甚至更多的农药，否则这些病原体将会迅速毁
掉一整片种植土豆的农田。尽管全球每年用于开展土豆病虫害防治相

---

[1] Bradshaw, Bryan and Ramsey, 2006, pp. 51-52.

[2] Hawkes, 2003, p. 189.

关研究的费用已经达到数百万美元，但用于保护土豆作物本身的花费更超过了 20 亿美元，而且这一数字还在持续上升之中。[①] 可以说，如果没有人类的干预，现有土豆的栽培品种几乎必然会面临灭顶之灾，它们会在疾病的困扰下逐渐消亡，最终无法维持能够独立生存发展的种群数量。

① Lang, James, 2001, *Notes of a Potato Watcher*. Texas A & M University Press, College Station, p. 163.
引自 International Potato Centre Annual Report 1993, Lima 1994, pp. 1, 12。

第 3 章　驯化

乍看之下，土豆栽培种与其野生亲戚之间最为显著的区别是块茎的尺寸和可口程度大不一样，显然，人工栽培的土豆块茎更大，也要更好吃一些。但实际上，这种表面上的区别仅仅是二者更为深层的差异的必然表现，也就是说，土豆和大部分植物一样，栽培种要比其野生同类的形态更为多样。西兰花、球芽甘蓝、卷心菜、花椰菜、羽衣甘蓝和大头菜可能看起来并不相似，但它们实际上都是由同一种甘蓝经过人工培育之后出现的品种，而且能够通过进一步杂交产生更多的变种。土豆也是这样，尽管我们栽种土豆块茎的目的是为了产出更多的粮食，但很多品种的土豆仍然易于开花结籽，以便进行下一步的杂交。平均来说，番茄类水果含有大约 200 颗种子，如果能够发芽生长，那么其中的每一颗都有可能在原有物种的基础上生成一个新的品种，这一新生品种可能与它的任何一个亲本都极为不同，而且可能具有新的特性，如果这些特性被认为很有价值，就会赢得植株本身特别的关注，进而传递到下一代中。

对野生植物来说，自然选择会迅速淘汰那些不能完全适应当下生存条件的新生品种；但在农夫的田地里，这些无法适应自然的怪胎却得到了宠爱，并被逐步培育为成熟的品种。事实上，当下绝大多数植物的栽培品种都是生物学上的"怪物"，它们根本无法在野外独立生存。例如，我们现在种植的土豆栽培品种，其块茎已经失去了野生祖先的苦涩味道，从而将自身置于可能被肆意捕食的风险之中，直至走

図3

向灭绝。

　　土豆块茎中的苦味来自于野生土豆中普遍存在的糖苷生物碱化合物。[1] 这种特殊味道堪称植物的第一道防线，其目的在于警告自然界中的潜在消费者们，它们打算食用的这种东西可能是有毒的。事实上也确实如此，对人类而言，土豆中的龙葵素堪称食物中毒性最强的成分之一，有能力对人类的消化系统和中枢神经系统造成损害。[2] 整个土豆植株的所有部位几乎都能发现这种龙葵素，甚至在超市和菜贩如今出售的土豆块茎中，这种毒素也有一定程度的存在。贝尔法斯特女王大学的科学家进行的一项研究已经表明，即使是"家园守卫"（Home Guard）、"火箭"（Rocket）和"英国女王"（British Queen）等种植广泛且大受欢迎的土豆品种，在块茎生长的最初几周内，其所含龙葵素的浓度也十分危险；事实上，只有在土豆的生长周期末期，块茎趋于成熟，茎叶已经凋落，这一有毒成分的浓度才会降至危险线以下。因此，甚至时至今日，当农民、科学家和社会各界都已开始重视这一问题之时，上述研究报告仍然表明，"许多人类中毒甚至死亡的原因，与其食用龙葵素浓度高于正常值的土豆块茎密切相关"，显然，食用土豆的危险性不言而喻。[3] 那么，在 8000 年前，那些驯化并栽培土豆的早期人类，又是如何处理这个问题的呢？

　　从毒性强烈的野生土豆变成美味可口的栽培土豆，意味着土豆

30

---

① Gregory, 1984.

② Hall, 1992.

③ Papathanasiou, Mitchell and Harvey, 1998, p. 117.

块茎中龙葵素的浓度降低了 15 到 20 倍。[①] 鉴于龙葵素的苦味是土豆用以抵御自然捕食的重要手段，这种大幅度的下降不太可能由植物的自然进化所导致。事实上，自然选择的主要形式，就是通过有洞察力的捕食者将不适应环境的物种消灭殆尽，为了避免这种状况，植物本身会从育种库中自发地淘汰掉任何一种便于食用的品种。因此，改良土豆的最初驱动力必然是人类的主观意图而不是植物的自然进化，这一进程是逐步推进而非一蹴而就的，换句话说，土豆的改良，是依靠那些知道自己在做什么的人类按照自己的打算而逐步实现的。

当然，也存在这样一种可能性，无毒土豆的发现，是由于农业时代之前的狩猎采集者们的不懈努力，最终从大量的野生土豆中发现了无毒的突变品种。但是，如果数量较为稀少的无毒土豆是这样发现的，那就意味着人类在此之前必须要品尝绝大多数的有毒土豆，仅从数量上来看，这种回报与付出显然不成正比。此外，人类的采集活动，本质上也是自然选择的一种表现形式，从这个角度来看，人类每挖出一块毒性小、可食用的土豆块茎，实际上都降低了无毒品种在土豆子代中数量增加的可能性，从而导致无毒土豆愈加减少。

因此，无毒土豆的培育显然不是采集者们的意外收获，在找到消除土豆潜在毒性的方法之前，土豆不过是一种难以预测的危险植物。这就产生了一个悖论：野生土豆中所含龙葵素的过高的毒性水平，使得农业时代之前的狩猎采集者们除了将其作为偶尔得之的食物来源之外，不太可能对其进行开发利用，进而增进对土豆这种植物的了

----

① Johns, 1989, p. 509.

解；但是，如果人类对土豆缺乏深入了解，那么也就很难成功驯化土豆。或许这并非一个悖论，而是更像《第22条军规》^①（*Catch-22*）中所描述的那种无法摆脱的困境：在驯化土豆之前，人类无法充分利用土豆；但在对如何利用土豆具有丰富的认识与经验之前，人类同样无法驯化土豆。对于那些尝试解释人类农业甚至文化起源的学者来说，类似"鸡生蛋还是蛋生鸡"这样的难题，困扰了他们整整几代人。

31

查尔斯·达尔文（Charles Darwin）以及和他同时代的人都相信，那些最初遇到野生土豆的早期人类的狩猎采集者们是不可能驯化土豆的。达尔文认为，早期人类的游牧生活阻止了他们建立固定的群居社区，而耕作和农业的起源往往正是在这些群居社区周边生根发芽：

> 无论是广阔的平原地区，还是茂密的热带丛林，或者是海岸地带，对于建立文明来说，在任何地方开展的游牧活动都是不利的。在观察火地岛野性未褪的原住居民时，我突然意识到，拥有部分私人财产、具备固定的住所，以及在一个领袖的领导下结成的许多家庭的联盟，这是建立文明不可缺少的必要条件，而要达成上述条件，几乎必然意味着要耕作土地。正如我在其他地方所指出的，人类开始耕作的第一步，很有可能是出于意外，譬如一棵果树的种子无意中掉到了一

---

① 《第22条军规》是美国作家约瑟夫·海勒创作的长篇小说，该小说以第二次世界大战时期的一支美国空军飞行大队为描写对象。小说提出了著名的"第22条军规"理论，只有疯子才能获准免于飞行，但这一申请必须由本人提出；但本人一旦为此提出申请，恰好证明申请者是一个趋利避害的正常人，仍然无法逃避飞行。——译注

片荒地之上，产出了一种不同寻常的可口品种，才引发了人类对耕种的兴趣。[1]

尽管达尔文深信，定居生活和农业发端是建立文明的先决条件，但他同样并不讳言，已经发现的证据还不足以证明他的假说，他总结道："人类是如何迈出由野蛮转向文明的第一步的，目前要解决这一问题仍然非常困难。"[2]

在经过了漫长岁月之后，人们可能希望达尔文提出的未解之谜目前已经找到了答案，但是非常遗憾，尽管已有大量研究致力于此，明确的解答仍然付之阙如。如果当代仍然存在的少数原始部落的狩猎采集者们的生活和他们的史前先祖有足够的相似之处，那么，原始人类最终开始耕作土地的原因不可能是食物短缺，也绝非每天都要被迫外出觅食的生活压力。事实上，在任何时候，原始人类都能够为每个同伴收集到足够的食物，而且这项工作甚至不必全员出动即可完成，正如人类学家马歇尔·萨林斯（Marshall Sahlins）所指出的，早期人类所处的生活状态实际上是一种"原始富裕社会"[3]。

萨林斯的这一理论，是基于对澳大利亚原住民生活方式的相关研究。萨林斯认为，要让一个人感到富足，可以有两条路径：他真的拥有很多；或者，他的欲望相对寡淡。在 18 世纪晚期欧洲人首次抵达澳大利亚的时候，整个澳洲大陆大约居住了 30 万原住民，但没有一株被驯化的植物。事实上，澳洲原住民已经在拥有和欲望之间达成了

---

① Darwin, 1871, p. 167.

② Darwin, 1871, p. 167.

③ Sahlins, 1968.

完美的平衡：他们不仅饮食良好、身体健康，而且有充足的时间参与社交、文化和休闲活动。

生活在非洲喀拉哈里沙漠（Kalahari desert）里的昆布须曼人（Kung Bushmen）也是如此。在外来影响愈发无法抵抗之前，昆布须曼人拥有足够的食物和闲暇时光，过着一种令人满意的舒适生活，完全没有现代社会已经习以为常的过度欲望与压力之扰，而在其活动范围之内，也同样没有一株被驯化的植物。事实上，研究人员发现，昆布须曼人的食谱中包含 84 种可供食用的野生植物，其中包括 29 种水果、浆果和瓜类，以及 30 种植物的根茎和球茎，更不要说营养价值极其丰富的当地特产蒙刚果（mongongo nut），由于产量丰富，而且安全可靠，蒙刚果占据了昆布须曼人饮食总量的半壁江山。昆布须曼人每年都采摘多达数吨的蒙刚果以供食用，但自然腐烂的数量还要更多。因此，当被问及为什么他的族人不从事农业时，一名昆布须曼人的如下回答也就不足为奇了："有这么多蒙刚果，我们为什么还要种地呢？"[1]

再想想小麦的故事。如今，经过人工培育的小麦养活了半个人类社会，而其野生先祖则在"新月沃土"（Fertile Crescent）——从古代美索不达米亚经由安纳托利亚（Anatolia）和黎凡特（Levant）一直延伸到古埃及的中东历史区域——存留至今，那里也正是西方农业文明的发端。1966 年，农学家杰克·哈兰（Jack Harlan）对生长于安纳托利亚东部的野生小麦的产量进行了调查。他发现，仅仅使用一把类似石器时代的采集者们可能用过的那种粗糙的镰刀，其主要结构是

------

[1]　Lee, 1968, p. 33.

一个木制手柄上镶嵌着燧石刀片，每个小时就可以毫无困难地收获超过 1 公斤净谷。而且，这种谷粒之中含有大约 23% 的蛋白质，而其当代后裔的蛋白质含量仅为 12%—16%。[①]

哈兰的调查结果显示，在这种环境中，一个由 4—5 人组成的家庭，仅需几周劳作，就可以收集到足供一年之用，而且更有营养的粮食。这意味着，生活在野生小麦和大麦产地的早期人类，本应毫无驯化和种植这些粮食作物的动机。[②] 然而事实证明，的确有人这么做了。

关于究竟是谁，以及为什么要开始农业生产的讨论，通常始于这样一种观点：随着人口增长，需要养活的人口变多；而由于需要养活的人口增加，必然迫使人类寻找增加食物产量的有效方法。当然，农业生产可能是解决这一问题的答案，但对于已经处于沉重的人口压力之下，而且没有任何食物种植经验的早期人类而言，事情往往不是那么简单。此外，考古证据显示，在世界各地的农业生产方兴未艾的时代，不事耕稼的早期人类反而比第一代农民要更加健康，和农民相比，早期人类不仅身材更加高大、牙齿更加坚固，而且不会遭受那些因为长期聚居而肆意蔓延的地方性流行病的侵袭。

那么，如果不是由于人口压力导致了农业的出现，是否有可能是出于幸运的意外呢？正如达尔文所假设的："一种野生而且品质极其优良的原生植物，可能会吸引那些经验丰富而又充满智慧的早期人类的注意，从而将其移栽，或者播下这种植物的种子。"[③] 这当然是有可

① Harlan, 1992, p. 14.

② Wenke and Olszewski, 2007, p. 237.

③ Darwin, 1868, p. 325.

33

能的，但是，我们同样很难想象，早期人类会把这一农业的意外开端视作一项事业，而不仅仅是茶余饭后的小小爱好。要知道，将一种植物从偶尔驯化发展为全面培育，需要付出大量的劳动，而在传统的食物来源仍然可供采集的情况下，人类很可能不会愿意连续不断地付出这种劳动。

另外一个有说服力的观点则认为，农业的起源，是那些使人类可以获得更多动物蛋白的技术不断进步的必然结果。对于人类而言，我们必须要捕获动物和鱼类，为了让这一工作更加轻松，我们制造了独木舟、小船和木筏，以及猎网、长矛和弓箭，工具和技术的发明是这一过程的副产品。在这些工具和技术的帮助下，人类开始对自然进行无意识的改造，最终使其逐渐成为适合农业发展的环境。插入地面的木棍翻动了土壤；用以困住动物的大火改变了植被类型；对某些种类植物的偏爱也是如此。例如，生长于美拉尼西亚（Melanesia）的西米棕榈（sago palm）最初分为有刺和无刺两个品种，而仅仅是由于无刺棕榈更加便于人类处理和利用，人类就开始清除有刺棕榈的幼苗，最终导致无刺棕榈成为唯一的幸存者。与之类似，西非油棕（West African oil palm）之所以能够苗壮成长，是由于最初认识到其价值的人类将周边的植物逐渐清除，以确保油棕不会被其他植物覆盖或者抑制生长。[①]

在对当代世界仍然存留的少数狩猎采集者的生活方式进行考察之后，农学家杰克·哈兰最终得出了结论：事实上，除了不在田地上辛苦耕作之外，这些原始人类的现代后裔所做的事和农民并无二致。他

[①] 这些关于早期农业发展的段落主要参考 Harlan, 1992, chapters 1, 2 and 3。

们用火清理或者改变植被，从而得以在扩大部分植物的生长面积的同时，限制其他植物的滋生；他们对一年的季节循环和植物的生长周期有充分认识，深知在何时何地可以付出最少的劳动而收获最多的果实；他们收获草籽，并且可以对其进行脱粒和筛选，最终将其磨成面粉；他们去除植物中的有毒成分以供食用，还利用所提取的毒素杀死猎物；他们不仅纺纱织布，而且可以制作细线、绳索、提篮、独木舟、盾牌、长矛和弓箭；他们制作和演奏乐器；他们歌唱、朗诵、跳舞和讲述故事；他们祈求风调雨顺、产量提升和丰收有余。所有这些都充分反映于当代世界仍然存在的狩猎采集者们的日常生活中，而我们没有任何理由认为，在农业时代开始之前，他们的先祖没有这种充分利用自然环境的能力。

也就是说，农业生产的开始与发展几乎不需要任何额外的知识或新的技术，而只需要付出更多的劳动。世界各地的人们开始走上农业之路的初心可能是多种多样的，但无论在什么地方，其结果都是唯一的：人口数量的膨胀。耕作土地需要更多的劳动，但也会产出更多的粮食，这都会导致人口的增加。因此，无论人口压力是不是推动人类开始农业生产的真正驱动力，但从那以后，整个人类社会都在一条唯一的道路上渐行渐远：追求人口数量和生产能力的最大化。

今天，全球人口已经超过 60 亿，我们可以清醒地认识到，如果没有农业生产提供的食物供应，我们中的大多数人都活不了多久，尽管在人类诞生至今 300 万年的岁月长河中，农业生产的历史不过是 1 万年左右的微不足道的片段。经过数千代人的不断进化，我们曾经成为过整个世界的有机组成部分，不仅为自然做出贡献，而且受益于其带给我们的财富，或者说，在付出的同时，索取相应的回报。但是到了今天，我们很少付出，却仍然一味索取。我们中有一半以上的人生活在城市里，甚至看不到我们赖以为生的食物在何处生长。而且，在农业时代之前，人类曾经从中获益良多的丰富多样的生物资源多样性，目前已经减少到屈指可数的程度。我们的先祖曾经食用几十种不同的植物，时至今日，我们庞大而又复杂的文明历史却仅仅建立在 6 个经由人工栽培的植物家族之上：小麦、大麦、小米、水稻、玉米和土豆。不可否认，其他植物可能对某些人类群体的生存繁衍发挥了至关重要的作用，家养动物也一直是世界各地的人类获取蛋白质和能量的重要来源，但是，整体而言，上述 6 种植物才是推动人类文明不断前进的最为重要的发动机。

农业的出现及其影响固然令人印象深刻，但其中的一点特征尤为值得我们注意：农业生产是快速而又独立地出现在世界各地的，也就是说，在一个极为短暂的时间范围内，全球各地的人类不约而同地走上了农业生产的道路。

大约 1 万年前，整个世界居住的全部人口，都是不事耕稼的狩猎采集者。然后，几乎同时，整个世界的人类纷纷开始种植作物。在短短数百年时间里，农业经济开始在世界各地迅速兴起：中国种植水稻，南亚和西亚种植小麦和大麦，墨西哥种植玉米，安第斯山脉则种植土豆。我们往往将这一转变称为"农业革命"，但事实上，这是一场人类革命：改变的不是农业，而是人类本身。这是全球范围内的一场风暴，其发展速度和不约而同令人惊讶：在整个世界的不同角落，几乎同时发生了一件相同之事，但彼此之间却是完全独立的。这看上去似乎是某种全球性的力量在起作用，无论是否有意为之，这种力量营造出了一种迫使敏感的狩猎者和采集者们不得不做出改变的环境。

不然的话，被分隔于中国、安第斯山脉和安纳托利亚地区的早期人类，怎么会骤然间同时放弃他们数千年来赖以为生的生活方式，最终转而开始耕种土地呢？

全球性的力量？那么，全球气候变化算不算一种全球力量呢？的确，当科学家经过调整完成对地球气候历史的重建之后，其详细结果显示，地球气候变化的周期循环确实已经严重到能够在全球范围内影响人类文明的走向。[①]

目前已有证据表明，大约在 22000 年前到 16000 年前之间，扩张的冰川覆盖了北半球的大部分地区，全球气候也发生了剧烈变化。在这一阶段的绝大多数时间里，气温降低，海水结冰，随着全球海平面不断下降，海岸地区愈加扩张。这一时期，森林逐渐延伸，覆盖了很多沿海地区；草原则向内陆腹地扩张。随后，全球气候转入温暖期，气温上升，冰川则开始消退。冰川的融化直接导致了海平面上升，尽管每年上升的幅度仅为 7—8 毫米，但海洋仍然缓慢却无情地淹没了全球各地的海岸线。大约在 14500 年前到 11000 年前之间，逐渐变暖的气候还伴随着相对较高的降水量，但在之后的 1000 年里，整个地球的自然环境变得愈发干旱。

在观察以大约 10000 年前的气候变化为参照的考古记录时，研究人员察觉到，在这一时期，人类、植物和动物之间的相互作用模式发生了变化，这可能有助于解释彼时之所以出现农业的原因。例如，约旦河谷和中东地区更加干燥的气候和变化更为剧烈的季节更替，促进了当地一年生谷物和豆类的生长与蔓延；与此同时，干旱的夏季和其

----

① 这些段落总结了学界对这些问题的既往研究，相关资料出自 Wenke and Olszewski, 2007, pp. 239-241。

他食物来源的缺乏，又迫使人们为即将到来的歉收季节提前采集和贮藏食物。要贮藏食物，就意味着要建立安全的根据地，由此，人们开始逐渐习惯定居的生活方式。而对于定居社群来说，由于他们在采集和贮藏中已对植物世界有了深入的认识，并且已经为进一步开发和利用植物制造了工具，那么，再向前迈进到农业实践，只不过是很小的一步罢了。

　　但是，将气候变化视为 10000 年前人类开始农耕生活的动力的观点，目前仍然存在一些无法解答的问题。首先，这种气候的异常并非在一夜之间突然发生，甚至不是在十多年时间里快速变化的，而是经过了漫长的演变过程。气候的小小变动在岁月流逝中日积月累，最终可能使得人类已经习惯于这种年复一年的细小差异积累而成的极端气候状况，换言之，早期人类甚至不太可能注意到气候居然发生了变化。其次，在过去的几十万年里，类似的气候变化也发生过很多次，但都没有推动农业的产生。最后，农业革命几乎同时发生于世界各地极端不同而又十分复杂的环境中，从东南亚潮湿的低地，到中东干旱的平原，以及安第斯山区寒冷的高地，概莫能外，这让我们不禁怀疑，仅仅气候变化本身，怎么能够在如此多变的环境和条件中造成同样的结果呢？

　　我们对此一无所知。显然，生态、气候、文化和人口等因素的交织，对农业的发端产生了至关重要的影响，其中究竟孰轻孰重，可能是一个永远无法解开的难题。和达尔文所处的时代相比，我们现在可供利用的相关信息无疑有了显著增加，但是，达尔文对农业起源问题所作的结论却同样适用于当下："目前要解决这一问题仍然非常困难。"当然，尽管无法厘清农业文明发展的整体规律，我们依然可以从个案研究中有所收获，研究人员发现，在每一个地区的人类由狩猎和采集转向农业生产的过程中，都有寥寥几种主食推动了当地新生而稚嫩的农业文明的接续发展。而在安第斯山脉，扮演这一关键角色的主食正是土豆。

当然，安第斯山区的先民们所依仗的并非只有土豆。事实上，这种我们正在对其出身来历和培育历程进行追根溯源的珍贵块茎作物，仅仅是安第斯山区的农民们驯化过的 25 种块根和块茎作物之一。时至今日，上述作物中至少还有 10 种仍在种植和销售，其中包括秘鲁胡萝卜、菊薯、毛卡（一种类似紫薯的作物）、姜芋、豆薯、玛卡、美洲落葵、块茎酢浆草和块茎金莲花，当然还有土豆。即使放眼整个世界，我们也无法找到第二个地方，同样拥有如此数量繁多而又种类多样的已被驯化的块根和块茎作物，这些植物共同组成了一个在生态学上极为独特的高海拔物种群。在这种环境中，一个值得考虑的问题油然而生：在如此广泛的备选对象中，土豆是如何脱颖而出，最终成为农民驯化的优先选择的呢？

当地的自然环境是影响选择的决定性因素。上述作物之所以能够产生块根和块茎，仅仅是由于它们生存繁衍并不断进化的主要地域时常经历漫长而持续的干旱季节。在极为苛刻的自然条件下，它们需要在地下储备足够的淀粉，以保证自己能够挺过旱季，并在雨季到来时迅速成长。在数百万年的漫长岁月中，这些植物几乎是安第斯山区的唯一居民，在与生俱来的强大适应能力的作用下，它们从森林的边缘开始不断增殖扩张，最终一路延伸到阿尔蒂普拉诺（Altiplano）高原附近，由于这里的岩石土层极为稀薄，没有任何多年生草本植物能够在此生存。①

　　尽管这些高地荒凉的植被与风景可能无法吸引早期人类采集者的过多注意，但在这片土地上繁衍生息的原生美洲羊驼的庞大数量肯定会指引狩猎者来到这里。对于人类而言，一旦踏上这片土地，要发现泥土之下埋藏的丰富食物不过只是一个时间问题。这些已经成熟可供采集的块根和块茎植物为早期人类的食谱带来的好处是可以想象的，尤其在任何食物都极为缺乏的旱季。有赖于大量可供食用的植物的发现，这些山地在人类之中一下子赢得了慷慨的名声，原先激烈的狩猎探险逐渐变成了温和的采集计划，而由于植物生长的周期性，采集工作自然而然地变成了一项值得纪念的年度活动，甚至直至今日，各类作物的收获季，仍然是当地居民举办各色盛典、开展庆祝活动，以及对安第斯山区作物的丰收表达感激之情的重要时机。

　　经过长期的采集实践之后，早期采集者们应该已经充分意识到，如果他们明年仍然想要满载而归，今年就必须在土地里留下足够的"种子"。因此，对于采集者而言，在翻动土地寻找食物的时候，每挖出三四个块茎或块根就留下其中一块，逐渐成为一种惯例。与此同时，让刚刚收获过的土地休养生息数个季节再来采集食物的明智之举也被践行。最终，这些采集者们实际上变成了农民，他们仔细选择并且精心培育那些在自己照料的野地中发现的最为美味且产量最高的作物的子代。换言之，就是将上述植物由野生状态逐步驯化为可供人类栽培的品种。

　　在这一驯化过程的开端，由于一度没有发现处理其所含毒素的

----

① Hawkes, 1989, pp. 482-483.

有效方法，土豆本来不应扮演十分重要的角色，但是，由于土豆自身具有的一种独特优势，使得时人对它的追捧甚至要超过其他全部安第斯山区的块根和块茎作物的总和：土豆易于保存。对于其他安第斯山区的块根和块茎作物而言，如果没有在采集之后的短暂时间里迅速食用，就会出现皱缩、软化甚至腐烂的情况；土豆则截然不同，它们可以被贮藏起来，并且保存长达数月不会变质。因此，当其他食物因季节变迁而出现供应短缺时，土豆仍然能够使人类维持生计。

要想驯化野生土豆，只有依靠年复一年、持续不断地从其不同品种中选择和培育苦味较轻的子代，从而将其所含毒性降低到人类可以接受的水平。但值得注意的是，土豆的早期开发者们也发现了一些处理土豆有毒成分的方法，并且时至今日仍在运用。

38   在一项将人类植物学和化学生态学结合开展的综合研究中，由生物化学家蒂莫西·约翰斯（Timothy Johns）领导的一个团队发现，生活在的的喀喀湖周边地区（土豆也正是在这一地区被首先驯化的）的艾马拉人（Aymará）经常食用的几个土豆品种含有毒性浓度很高、危险系数极强的龙葵素。艾马拉人说，他们喜欢这种苦味，但是，他们同样知道，如果食用了过多的苦味土豆，就会引发胃痛和呕吐，甚至可能患上严重的疾病。为了避免这种情况的发生，艾马拉人代代相传的解决办法是，在食用苦味土豆的同时，掺上一些专门收集而来的特殊黏土。果然，实验室的分析报告显示，艾马拉人服用的这种黏土中含有特殊成分，能够与土豆中的龙葵素相结合，从而确保潜在的致命毒素在未经消化的情况下就能通过人体，不至于影响健康。[1]

....

① Johns, Timothy, 1996, *The Origins of Human Diet and Medicine – Chemical Ecology*, University of Arizona Press, Tucson.

科学家们在对南美洲的猴子和鹦鹉进行观察的过程中已经注意到了这种食土的现象，这些动物在摄入正常食物的同时，往往还要配上少量的泥土，所以，当地人类可能是在野外看到了动物的这种有目的的举动，并通过模仿而养成了这一习惯。但是，就像一些人喜欢在吃薯条时蘸番茄酱而其他人并不喜欢一样，毕竟不是人人都能忍受泥土的芬芳，出于改善味道的需求，当一些地方的人们仍在继续吃土的同时，在安第斯山脉海拔 4000 米以上地区栽种土豆的人们已经开发出了更为有效的清除毒素的方法。这些高山之上的人们充分利用了漫长的旱季给这一地区带来的极度严寒的夜晚和阳光灿烂的白昼，在对土豆进行了有效的冻干处理（freeze-dry）之后，这些块茎已经变成了白而硬的冻干土豆，这种土豆制品被称为"丘诺"（chuño），不仅完全无毒，而且能够长期储存。

对土豆进行冻干处理的过程包括如下步骤：首先，在最初的 3 至 4 天时间里，将土豆暴露于当地夜间的低温环境中，而为了避免阳光直射导致发黑，白天还要将土豆遮盖起来；其次，将土豆置于浸池中或河床上，用流动的冰水浸泡 30 天；再次，将土豆重新置于寒冷的夜间户外以使其冷冻，并于次日剥去其表皮，挤出块茎中含有的绝大多数水分；最后，当上述工序全部完成之后，将土豆全部摊开，任由阳光直晒 10 至 15 天，再剥去残留外皮，用手将几乎完全脱水的块茎揉合到一起。这样，具有独特的白垩色外观、质地轻盈而又坚实的冻干土豆"丘诺"就制作完成了。

不难看出，制作"丘诺"是一项漫长而又复杂的工作，但其为安第斯山区的人们提供了一种重要的食物来源。在可能长达数月甚至数年的食物短缺的时节，冻干土豆的存在可以使当地人食用的炖菜稍微浓稠一些，从而填饱肚子。的确，冻干土豆的历史十分悠久，考古学家已经在距今大约 2200 年前的蒂亚瓦纳科遗址中发现了"丘诺"的存在，尽管目前尚未找到任何食用冻干土豆的相关记录，但是，这一发现显然已经证明了"丘诺"具有超长的保存时限，且其生产工艺传承已久。

第4章 来自何方

1831年，查尔斯·达尔文搭乘英国皇家海军贝格尔号（Beagle） 军舰开始了其注定流芳百世的科学考察之旅，在此次为期5年的环球航行中，达尔文对物种起源问题形成了很多新的思考。1835年1月初，当贝格尔号停泊于智利乔诺斯群岛（Chonos Archipelago）时，达尔文在当地的岛屿上发现了土豆。在日记中，他做了如下记录：

在海滩附近的贝壳砂质土壤中，野生土豆在这些岛屿上肆意生长，其最高的植株高达4英尺。此地土豆尺寸普遍较小，但是我发现了一块椭圆形块茎，直径达2英寸。这里的土豆在各个方面都与英国土豆十分相似，甚至有着相同的气味。而在烹煮之后，当地土豆收缩更为明显，水分充足，口感清淡，而且没有任何苦味。毫无疑问，这些土豆是当地的原生品种，生长于南纬50度附近，印第安人称其为"阿奎纳"（Aquinas）。[1]

达尔文认为，他在乔诺斯群岛发现的是野生土豆，但事实上，由于这种土豆没有传统的苦味，已经说明了其出自人工繁育的背景。的确，根据现代植物学和遗传学的相关研究成果显示，乔诺斯群岛的土豆几乎肯定是来自美洲大陆的人工培育土豆的后代。周边地区的渔民

---

[1] Darwin, 1860, p. 303.

图 4

将这些原本无人居住的岛屿用作开展季节性捕鱼活动的补给基地，而在此逗留期间，他们主要依靠鱼类和土豆为生，其在岛上遗留的部分块茎，最终使土豆得以茁壮成长。[1] 我们可以通过分析发现此地土豆的来历。但是，这些偶尔来访的渔民究竟是什么人呢？

达尔文与位于美洲最南端的火地岛（Tierra del Fuego）居民的第一次接触，使其深感震惊：

> 这无疑是我所见过的最奇特、最有趣的景象。我无法相信，野蛮人和文明人之间竟然可以有如此之大的差别，而由于人类具有更高的发展上限，这种人与人之间的差别甚至比野生动物和家养动物之间的差别还要大。
>
> 这些贫穷而可怜的人在成长过程中往往发育不良，他们丑陋的面孔上涂抹着白色油漆，皮肤肮脏而又油腻，头发活像一团乱麻，声音十分刺耳，而且动作手势也很粗俗暴力。入夜之后，尽管外面风雨交加，但有五六个赤身露体的人仍然几乎毫无遮蔽地睡在潮湿的地面上，像动物一样蜷曲着。看到这样的人，你很难说服自己相信，你和他们竟然是同类，是同一个世界的居民。
>
> 透过浓密的迷雾和无尽的风暴，我们可以看到他们所谓的村庄，仅仅是一堆由荒凉的石块、高耸的丘陵和无用的森林所组成的破烂。可供他们居住的土地，不过是海岸上的石堆，为了寻找食物，他们只能被迫持续不断地从一个地方流浪到另一个地方，尽管海岸无比陡峭，但是他们只能依靠简陋的独木舟来移动和搬迁。他们完全无法理

41

---

[1]　Ochoa, 2001, p. 129.

解拥有一个家庭和归宿的感觉，更加难以体会亲情给予彼此的温暖，在他们的家庭结构中，丈夫之于妻子，就像残忍的主人之于疲惫的奴隶。……更高层次的精神力量所能发挥的作用是极其微小的：在这片野蛮之地，我们能用想象力来描绘什么呢？我们能用理性来比较什么呢？我们又能用判断力来决定什么呢？

当看到这些未开化的野人的时候，我们不禁要问，他们来自何方？究竟是出现了何种诱惑，或者发生了何种变化，才能迫使一个部落的全部成员离开宜人的北方，沿着被称为美洲之脊的科迪勒拉山系一路南下，最终抵达了这片堪称整个世界最不适合人类居住地区之一的土地？

达尔文对火地人的外貌特征、生活方式和言行举止感到极为震惊，据其描述，火地人"就像戏剧舞台上出现的恶魔"，他们不仅纵容不法行为、视偷窃为家常便饭，而且彼此争斗不休、对同类极为残忍。尽管其行为方式如此野蛮，火地人的数量却似乎并未减少。对于这一现象，达尔文视幸福感为因素之一，"他们对自己的生活感到足够幸福，无论这种幸福究竟属于什么种类，都使其生命值得延续"；同时，除了幸福感之外，火地人也拥有足够多的能够维持其生命的物质资料，包括鱼类、贻贝、帽贝、浆果、真菌，当然还有土豆。达尔文在对火地人的生活进行总结时指出："自然对生物习性的改变力量是无所不能的，而且这种改变的影响具有遗传性，因此，在自然的塑造下，火地人已经逐渐适应了这片悲惨国度的气候和产出。"换言之，是自然选择的法则，确保了火地人能够很好地适应他们所生存的环境。[1]

----

[1] 前段引文出自 Darwin, 1860, pp. 205-206, 210-211, 213, 215。

对于克里斯托弗·哥伦布（Christopher Columbus）和其他那些 　42
把欧洲势力引入加勒比海和美洲的先驱探险家们而言，发现自己漂洋
过海并最终抵达的陆地上存在着大量显然已经在此生活了一段较长时
间的人类，并不是一件非常值得惊讶的事情。毕竟，冒险者们最初航
行的目的地，是传说中的东方古国印度或者日本。但是，一旦欧洲人
逐渐意识到自己并非位于古老的东方，而是处在一个彻头彻尾的新大
陆中，面对着与陌生国度之间令人惊叹的文化差异，以及诸如美洲驼
和三趾树懒之类的奇异生物，欧洲知识界迫切希望能够更加了解这片
土地和它的人民。在欧洲的中世纪时期，《圣经》是全部重要问题的
最终权威解答，而这本标准答案甚至完全没有提到美洲这一"第二大
陆"的存在，自然就更无从解释它的居民姓甚名谁，以及这些居民来
自何方了。

在埃及文化和美洲文化之间存在显而易见的相似之处，譬如在
尼罗河流域和墨西哥地区都可以发现金字塔。而这种相似之处甚至引
发了一种关于美洲文明起源的奇妙联想，在毁天灭地的大洪水退去之
后，受上帝指引建造方舟的诺亚的儿子之一不知何故找到了通向大西
洋西岸的道路，最终在美洲建立了人类文明。当然，关于美洲文明的
源起，还有其他各种各样的观点，有人认为，美洲原住民是亚特兰蒂
斯（Atlantis）以及其他一度兴盛但最终湮灭的失落文明的幸存者的
后代；还有人认为，美洲原住民源自《圣经》中记载的古代以色列王
国受到亚述帝国侵略后消失的 10 个支派。① 的确，到 17 世纪初，这

----

① 根据《圣经》记载，古代以色列王国由 12 个不同支派组成，而在北国以色列被亚述帝国摧毁
之后，其中的 10 个支派消失于历史记载之中，对其踪迹存在各种各样的观点和猜测。——译注

份关于美洲文明起源可能性的清单已经长到足以出版一套卷帙浩繁的
理论综述，但是，其最终结论仍然只能含糊地说明，美洲文明可能有
多个来源，因为没有任何一种单一的理论能够对整个新大陆上所流行
的丰富多彩的风俗和语言形成统一的解释。①

　　这种含糊其辞的答案很难让耶稣会会士何塞·德·阿科斯塔
（José de Acosta）感到满意，从 1572 年到 1588 年，他一直在秘鲁境
内的安第斯山脉地区生活和工作。对于阿科斯塔而言，为什么在一个
迄今为止不为人知的大陆上存在生物，需要一个合乎逻辑的解释；而
作为一名虔诚的基督徒，《圣经》则是其用以寻找答案的主要工具。
和那个时代的绝大多数人一样，阿科斯塔深信，《圣经》是一部对历
史事实的编年记录，千真万确而又不容置疑。因此，既然作为《圣
经》开篇之作的《创世纪》中记载了整个地球为大洪水所淹没之事，
并指出除了诺亚（Noah）带上方舟的动物之外，其他生灵都在大洪
水中被灭绝了，那么，新大陆的居民自然只能是诺亚方舟最终停泊于
亚拉腊山时上岸的幸存者的后代。毋庸置疑，这一推断足够合乎逻
辑，但更多疑问随之而来："兽类和鸟类迁徙的路线在哪里？它们是
如何从一片大陆来到另一片大陆的？"阿科斯塔首先排除了游泳的可
能性；其次，他认为人类、兽类和鸟类也不太可能通过坐船抵达新大
陆；因此，迁徙只能通过陆地进行，他在 1590 年写道：

43　　　据我推测，那片新大陆并非完全与另一片大陆相隔绝，我始终坚

---

① Rubies, 1991, p. 225.

信，这两片大陆的某些部分是彼此相连的，或者至少是非常接近的。[①]

阿科斯塔认为，通向新大陆的陆桥，要么是从东方的欧洲延伸而来，要么是来自西方的亚洲，这一论断为生物可能的迁徙路径提出了答案，但也立刻引发了其他新的问题：为什么人类和动物要不辞辛劳地穿越陆桥去往新的大陆？为什么新大陆上的某些动物和其他地方的动物截然不同？有人可能认为，像阿科斯塔这样极富聪明才智而又精力充沛的人，一定能够在《圣经》中找到这些问题的答案，但在此时，阿科斯塔并未陷入宗教解释的陈词滥调之中，而是选择通过科学观察的逻辑思考取而代之，这一创举使其领先于整个时代长达两三个世纪。

阿科斯塔注意到，对于某些动物来说，不同地区之间的宜居程度存在很大差异，根据这一现象，阿科斯塔得出结论，如果动物处于并不适合自身生存的环境之中，它们要么移居他处，要么坐以待毙。因此，一旦离开诺亚方舟，那些无法适应亚拉腊山（Mount Ararat）周边环境的物种就会开始迁徙，以寻找最为适宜自身特定生理需求的地区，而在找到一片能够顺利生存、繁衍和大量扩张的土地之前，它们绝不会停下自己的脚步。这就是为什么美洲驼和三趾树懒只在南美洲存在的原因，虽然南美距离亚拉腊山很远，而且二者之间也没有发现这些生物存在的痕迹，但是根据阿科斯塔的理论，只有南美洲的独特环境才是最为适合它们的居处，而在抵达这片命定之地之前，美洲驼和三趾树懒们永不止步。

[①] 引自 Ford, 1998, p. 28。

在这一分析框架中，阿科斯塔不仅为基督教神学家们提供了一个关于人类和奇异生物在新大陆存在的合理解释，而且定义了生物地理学（biogeography）的基本原则。

尽管"生物地理学"一词直到 19 世纪末才开始使用，但是，阿科斯塔在解释南美动物存在之谜时所确立的相关原则，早已成为随后对世界各地动植物的起源和差异开展科学调查的重要出发点。简而言之，这些原则共同构成了一个观点：可能是上帝创造了生灵，但环境条件对生灵的后续发展产生了极为重要的影响。生物地理学的上述原则指导了查尔斯·达尔文在贝格尔号环球之旅中的科学考察活动，在此次旅程中，达尔文充分收集了大量科学证据，为其最终创立进化论奠定了基础。

另外，何塞·德·阿科斯塔关于亚洲和北美之间存在可供通行的陆桥的猜想同样得到了证实，到 1781 年，托马斯·杰斐逊（Thomas
44 Jefferson）已经能够对新大陆的人口流动路径进行明确分析，而且这一论断至今未被推翻：

> 詹姆斯·库克船长（Captain Cook）从位于亚洲东端的堪察加半岛航行到加利福尼亚的旅程已经充分证明，即使亚洲和美洲的确并不相连，那其间隔也只是一条狭窄的海峡。因此，来自亚洲的居民完全可以方便地进入美洲，而且，美洲印第安人和东亚人种的相似之处，更进一步激发了我们的想象：前者可能是后者的苗裔。[①]

....

① Jefferson, 1781, p. 226.

对杰斐逊和其他所有人来说，很明显，一旦人类跨过后来被称为白令（Bering）海峡的陆桥进入新大陆，他们必然会逐渐向下流动，并且不断扩散，从而最终占领从阿拉斯加到火地岛的整个美洲，这一过程就像是他们被置于我们十分熟悉的墨卡托（Mercator）世界地图上，在重力的作用下被逐渐拉向位于地图下端的南方。在距今 6 万年到 1 万年前，亚洲的部分人类利用一次或多次的温暖无冰期越过了白令陆桥，而在抵达新大陆之后，前所未有的无限前景一下子在他们面前铺开：这是一片 4000 万平方公里的处女地，占整个地球表面适合人类居住的总面积的三分之一。当然，早期的人类开拓者们还意识不到这一点，作为游牧猎人，他们只是继续坚持着自己过去一直在做的事情：不断前行，并对前方未知的世界一定会比过去所处的环境更好充满信心。这些人类先驱的前进路线并不规律，而在持续前进的过程中，规模达到扩张边缘的部落逐渐分化出新的族群，经过不断的分裂、再分裂和分散，人类最终占据了这片新的领土。

20 世纪 30 年代，考古学家在美国新墨西哥州克洛维斯镇（Clovis）附近的一处考古遗址中发现了散落于灭绝动物骨骸中的石刀和用以抛射的尖锐石器，这些石器与散布于北美各地的其他考古遗址的出土成果颇为相似，考古学家将其统称为克洛维斯文化。而在克洛维斯文化的一系列遗址中，最为古老的可以追溯到 11200 年前。由于这一年代和当时已知的陆桥形成年代极为吻合，这使许多人开始相信，第一批人类移民一定是在 11200 年前不久抵达新大陆的。因之，作为新大陆上存在人类的最早证据，克洛维斯文化的重要地位得到了牢固确立。

然而与此同时，考古学家在南美洲同样发现了克洛维斯风格的人

45　工制品，这一发现固然使这一工艺在历史上的传播范围实现了从北极到火地岛的有效扩张，却也提出了一个新的问题：所有北美洲克洛维斯文化遗址的年代都集中于距今 11200 年至 10800 年前，而在南美洲的最南端发现的克洛维斯文化遗址的年代则是距今 11000 年前。从最初的跨越陆桥，到在火地岛上制造工具，在如此短暂的 300 年到 500 年时间里，人类能够占据整个西半球吗？ ①

这似乎是不可能的，但是，只要没有出现强有力的反对证据，遍布整个美洲的克洛维斯文化这一包罗万象的概念仍然占据着支配地位。事实上，随着时间推移，克洛维斯文化逐渐成为一种不容置疑的宗教信仰，而非科学结论。在 20 世纪晚期，当考古学家们在美洲范围内寻找早于克洛维斯文化的人类存在的证据时，彼此之间争论不休，甚至产生了不小的敌意。正如一位与此密切相关的权威人士所说，的确有许多在年代上看似早于克洛维斯文化的竞争者们不断涌现，试图向这一理论提出质疑，但"只是由于过度挑剔的审查标准而销声匿迹"②。竞争对手的纷纷失败，使得整个考古学界对任何声称早于克洛维斯文化的考古发现都产生了高度怀疑。当然，几乎没人能够完全排除发现人类存在的更早证据的可能性，但绝大多数考古学家实际上并不愿意把这种主张当真。竞争者们提供的证据无法做到完美无瑕：可能是年代不够确定，也可能是地质环境混乱，或者是文物值得怀疑。显然，如果一处遗址想要打破克洛维斯文化的藩篱，它必须是无懈可击的，这就意味着，它不仅要发现明确的文物或人类骨骸，而

----

① 　Dillehay, 2000, p. 5.

② 　Meltzer, 1997, p. 754.

且所处地质和地层环境必须无可挑剔，还要通过绝对可靠的放射性碳测定法来确定其具体年代。不言而喻，要同时达到上述目标，条件极为苛刻。

作为一名考古专业的毕业研究生，托马斯·迪里黑（Thomas Dillehay）曾经接受了大量的训练去相信克洛维斯文化是新大陆人类的第一文化，而且从未对此产生怀疑。因此，当对智利南部蒙特沃德（Monte Verde）一处考古遗址的出土文物进行放射性碳测定时，面对距今超过 12000 年的测定数据，迪里黑至少可以说是"大吃一惊"。如果克洛维斯文化是新大陆第一文化，而创造这一文化的人类最早要到 11200 年前才到达北美洲，并可能于 800 年后抵达南美洲，那么，距今 13000 年前，位于南美洲南端的蒙特沃德怎么可能存在人类？为专业成见所束缚的迪里黑首先对测定结果产生了怀疑：测定的年代一定是错的；要么就是这处遗址受到了侵蚀或洪水的干扰，导致不同年代的文物混在了一起；另外，在这处遗址中也没有发现作为克洛维斯文化重要特征之一的矛尖。[①]

蒙特沃德考古遗址之谜始于 1976 年，当时迪里黑正在智利南方大学从事教学和考古研究工作。当地人在为牛车清理道路时发现了乳齿象的一枚巨大牙齿和其他骨头，一名学生将其带给了迪里黑。由于在这些骨头上发现了可能是人类割肉时留下的痕迹，迪里黑认为有必要进行一次探索性的发掘。在接下来的一年时间里，迪里黑和他的团队发现了更多具有明显切割痕迹的骨头、为炭灰和烧焦的食用植物所覆盖的土灶，以及部分石器，所有上述发现都埋藏于同一个薄薄的地

46

----

① 　Dillehay, 2000, p. xv.

质层中。由于出土材料中包括乳齿象的残骸，迪里黑认为这一遗址的年代或许可以追溯到冰川时代晚期，即距今 11000 年至 10000 年前，因为这一地区的乳齿象主要存在于这一时期。

由于这一遗址的年代似乎十分古老，迪里黑在开展发掘和研究时十分谨慎，尤其是考虑到任何早于克洛维斯文化的考古发现通常都会遭受严厉的怀疑，他也必须慎之又慎。在接下来的 10 年时间里，他领导着一支由 80 多名专业人员组成的团队，在蒙特沃德进行发掘和研究工作。他们在当地发现了各式各样的木器、骨器和石器，还有兽皮和肉块的碎屑、人类的脚印、原始的炉灶，以及食用和药用植物的碎片，所有这些原始遗存都散落于一座木屋地基的残骸内外。在进一步的发掘工作和放射性碳测定法的联合作用下，"最终证明该遗址是一处确凿无疑的人类居住点，距今至少已有 12500 年的历史"。

迪里黑和他的同事们对这一结论深信不疑，但在两卷本、1400 多页的发掘报告正式出版之前，他们又进行了长达 10 年的苦心钻研。正如一位评论者所指出的，部分研究有些"分析过度"，但是，鉴于自从蒙特沃德遗址首次被报道以来，对其年代产生的质疑不仅数量众多，而且言辞激烈，因此，进行细致充分的分析无疑是极为必要的。1997 年，一群相关专家受邀对该遗址及其出土文物进行实地检验，尽管队伍中不乏坚定的怀疑论者，但专家们没有在整个发掘考察工作的过程和结论中找到任何错误，这意味着，蒙特沃德遗址是无懈可击的，而它的的确确有 12500 年的历史。

正如迪里黑在其关于美洲早期人类定居点的畅销书中所写的那样，蒙特沃德是一处坐落于一条淡水河畔的露天定居点，背靠一片凉爽潮湿的森林，周边为沙丘所环绕。[①] 在定居点废弃一段时间之后，这一流域生成了一片沼泽，逐渐将定居点旧址埋藏于一层泥炭之下。由于这种泥炭沼泽中缺乏氧气，抑制了细菌的腐败作用；而在持续的水分饱和状态下，一切物体也无法干燥，因此，通常于历史记录中湮没无闻的各式各样的易腐物质，都在这里得以保存，这给予我们一个前所未有的机会，能够一瞥早期人类的溪畔生活。而也正是在这里，在木臼的缝隙和位于定居点角落的食物贮藏坑中，考古学家发现了保存下来的土豆残余。[②] 事实证明，早在 12500 年前，蒙特沃德人就已经开始采集、加工和食用土豆。

47

　　蒙特沃德定居点常年居住着大约二三十人，这些原始人类搭建了一座长达 20 米的帐篷式样的建筑。这座建筑的基础结构由原木和木板组成，用以支撑房屋的柱墙表面则为兽皮所覆盖。考古学家发现，帐篷里现有的泥土地面上，嵌入了数百块兽皮组织的微小碎屑，这表明整块地面可能都曾经铺满了兽皮。帐篷内部的大片空间被木板和柱墙划分为独立的小块生活区域，而在每一独立区域中，都有一个由黏土烧制而成的炉灶，周围可以发现可食用植物的残余和部分石器。在帐篷之外，则有两个大型的公共炉灶、一堆木柴，以及带有磨石的木臼，在其中的一个炉灶旁边，甚至还有 3 个人类的脚印，看上去，似乎有人在运来黏土试图重新加固炉灶。

　　考古学家们还从遗址的炉灶、生活区和一些小坑中找到了各式各样的食用和药用植物的残余，以及乳齿象、古美洲驼、小型动物和淡

① Dillehay, 2000, pp. 161-165.

② Ugent, Dillehay and Ramirez, 1987.

水软体动物的残骸。肉类和品种极为丰富的水生植物共同构成了蒙特沃德人日常饮食的主流。考古发现显示，蒙特沃德人的大多数食物来自由此向西 70 公里处的太平洋沿岸生态区，以及北方的安第斯山脉；而在遗址中发现的纯粹药用植物中，同样有一半以上来自上述遥远之地，其中甚至还有一种药草来自北方大约 700 公里处的干旱地带。这些事实说明，蒙特沃德人要么定期到遥远的地方旅行，从而得以带回这些物品；要么，蒙特沃德本身就是一个复杂的社交和贸易网络的组成部分。

蒙特沃德遗址的出现，打破了考古学界对克洛维斯文化的盲目信仰。在考古学研究的范式发生转变的同时，保守派们现在不得不正视蒙特沃德这一极为古老而又僻处南方的人类遗址所产生的深远影响。蒙特沃德的历史可以追溯到距今 12500 年前，这意味着人类从亚洲迈入美洲的第一步必然要远远早于这一年代，而究竟早了多长时间，则主要取决于人类先驱在这段从美洲的最北端向最南端迁徙的旅程中所遭遇的艰难险阻需要费时几何。譬如，在 20000 年到 13000 年前，从阿拉斯加向南的道路为冰川所阻断，在长达数千年的时间里，其始终是一道难以逾越的生态障碍。另外，人类跨越整个美洲的时间，还受到了自身生殖发育能力的限制，在这片广袤无垠而又空无一人的大陆上，数量较少而又分布稀疏的人类如果不能快速繁殖，其南下速度必然会大为放缓。[①]

根据上述分析，我们似乎可以得出一个结论，人类首次跨越白令 48 陆桥进入新大陆，最迟亦应在距今 20000 年前，但这一判断同样引发

....

① Meltzer, 1997, p. 754.

了很多棘手的问题。如果人类在 20000 年前就已经进入了新大陆，为什么在北美洲从未发现历史超过 11200 年的人类遗址？在这踪迹全无的数千年时光中，美洲的人类在做什么？或者说，当大量人类像一团液体从顶部涌入时，新大陆难道也像一个容器，首先被填满的是底部？实际上，这一想法并不像看上去那样异想天开，甚至在一定程度上得到了科学的支持：有学者指出，沿太平洋东岸一路南下，可能是人类进入美洲的最佳途径。

根据这一设想，人类不再需要经过陆地上的长途跋涉才能抵达南方，而是转而通过水路前进，即使在最近一次冰川期的高峰阶段，仅有相对简陋船只的人类狩猎群体也能沿着海岸地带实现从亚洲到美洲的顺利迁徙。[1] 令人信服的地质学和生物地理学证据表明，在太平洋沿岸矗立的层层冰川中，存在着间隔十分合理的裂隙，这些未被冰川侵蚀之处保留了丰富的陆生和海洋生物资源，从而能够为移民的南下之旅提供充足的食物。而在越过北方冰川之后，人类就可以更为轻松地沿着海岸前行，一直抵达南美洲的最南端。听上去，以上所有推断都极为合理，但在找到确凿的证据之前，这仍然只是一种假设。要证实这一假设，最具说服力的证据莫过于在太平洋东岸发现一系列人类居住遗址。然而不幸的是，由于冰川融化导致海平面不断上升，曾经沿海的一切痕迹如今都已沉入深海之中，任何可能存在于理想位置的人类居住遗址都已无影无踪。

很多事物的不可见性，是考古学研究面临的一个主要问题。在考古学研究中，我们所熟悉的"眼不见，心不念"的原则，往往容易引

---

① Fladmark, 1979.

发疏漏：如果我们无法确实看到某一事物，我们就会形成一种坚定的信念，即这一事物并不真实存在。在蒙特沃德遗址发现之前，考古学界对克洛维斯文化是新大陆最早人类文化的虔诚信仰，就是由于不可见性而导致疏漏的典型证明。当然，克洛维斯文化不再占据美洲人类文化的首发地位，并不意味着过去对其进行挑战的观点在一夜之间变成了正确的一方，遗址的真实年代是无法更改的，那些过去被认定不够古老的遗址，不会因为蒙特沃德遗址的发现而得以延长其历史。但是，这一变化确实为更多的讨论和假设开启了大门，加之在此期间包括遗传学和语言学等在内的新的研究方法的不断涌现，学界对进入美洲的移民的数量、时机和年代的研究又有复兴之势。①

值得注意的是，除了突破学界对克洛维斯文化的固有认识之外，蒙特沃德遗址的发现还为另外一个更为普遍的关乎人类早期文明发展的议题提出了新的观点。简而言之，这一议题涉及一种极为根深蒂固的信念，与农业出现之前的自然环境和人类生活息息相关：人类狩猎者的观念。

实际上，"人类狩猎者"（Man the Hunter）是 1966 年在芝加哥召开的一次学术研讨会的主题，来自世界各地的 75 名学者参与了此次会议，"首次深入探讨了在人类中一度普遍盛行的狩猎生活方式"。此次会议提出了一条不容争辩的原则：狩猎塑造了人类；与会者甚至声称，"狩猎是人类最重要的行为模式"，"我们的智力、兴趣、情感和基本的社会生活，都是在顺利适应狩猎之后的进化产物"。②

49

---

① Meltzer, 1997, p. 755.

② Lee and DeVore (eds.), 1968, pp. ix, 304, 293.

20 世纪后半叶，战争电影和牛仔电影是我们在生活中最容易看到的两种电影类型，一方面，这些电影有助于使成长中的男孩相信，男性是为战斗和胜利而生；另一方面，这些电影也起到了教育女性的作用，促使其履行生儿育女和操持家务的天职。而对原始成年人类而言，在没有电影的情况下，狩猎是一种目的相似的教育方式，通过狩猎，人类开始逐步强化自身性格、能力和社会分工，而狩猎所得的红肉则是其奖赏。因此，考古学家在世界各地的史前遗址所普遍发掘出的矛尖、箭头和兽骨，被视为佐证了狩猎始终是人类进化的原始动力这一论点，也就不足为奇了，正如芝加哥研讨会曾经提出的："对于那些想要厘清人类行为的起源和本质的人来说，除了尝试理解'人类狩猎者'这一理论之外，别无他途。"①

然而，一旦在研究开展之前首先树立了这样的信仰，那么，具体的课题研究自然就会倾向于对理论的自我实现，根据与范式相一致的程度来选择和评估证据。也就是说，在相关理论的影响下，考古学家会更为重视发掘中的狩猎痕迹和文物，以进一步强化人类的进化主要依靠狩猎这一传统观点。但是，蒙特沃德遗址的发现同样突破了这一认识。由于该遗址被保存于沼泽之中，缺氧的环境抑制了有机物质的腐烂，从而为我们留下了可供还原历史现场的无可争辩的证据。考古发现显示，较之单纯的狩猎，这里的经济活动要更为多样和丰富。当地居民常年生活于固定的居住点中，其生活方式绝非单纯游牧，甚至不能视狩猎为其主要工作。当然，他们也吃肉，但是，对食用和药用植物的获得与利用，显然同样耗费了他们大量的时间和精力。值得注

---

① Lee and DeVore (eds.), 1968, p. 303.

意的是，如果蒙特沃德遗址并非处于特殊的沼泽环境中，而是位于一个更为普通的地方，那么，就不会有任何有机物质能够保存下来；而由于考古学家们发现的仅仅是数百件无法分解的石器和兽骨，这里就将顺理成章地成为另外一个经典的"人类狩猎者"遗址；在这种情况下，蒙特沃德遗址的古老价值虽然依旧重要，但我们对人类行为的起源和本质的探寻，则无法得到任何进一步的认识。

即使并非独一无二，蒙特沃德遗址也堪称一个极为罕见的案例。既往发现的绝大多数美洲早期人类活动保留下来的考古证据，要么出土于类似克洛维斯遗址这样的露天地区，有机物质的残留微乎其微，甚至荡然无存；要么发掘于洞穴之中，保存条件也好不到哪里去。如果这些遗址都能像蒙特沃德一样得到完整保存的话，其中又有多少曾被轻易归类为狩猎文化的遗址，可能会被划分为生活方式更为丰富与多样的文化类型呢？

例如，在秘鲁安第斯山区，仅仅由于发现了兽骨、石刀、石制刮刀和其他尖锐石器，大量的洞穴遗址即被列入"安第斯中部地区狩猎传统"的分类之下。[1] 这些洞穴大多分布于海拔 2500 米到 4500 米之间，其历史可以追溯到距今大约 10800 年前。[2] 由于蛋白质和脂肪是人类饮食中不可或缺的基本要素；同时，对于原始人类而言，兽皮、兽骨和兽筋的实际作用亦不容小觑，因此，我们可以肯定，曾经居住于这些遗址的穴居人的确使用了石刀和其他尖锐石器以狩猎动物。但

---

① Dillehay, 2000, p. 170.
② 更早的时间段也屡有提及，但其准确性值得怀疑。事实上，蒙特沃德发现的第 2 个遗址中就包括 33000 年前的物质，但在美洲没有发现更多年代相当的证据或遗址的情况下，Dillehay 个人否决了这一观点。参见 Dillehay, 2000, p. 167.

当他们于此地短暂停留时，由于猎物不足，这些早期人类同样需要较为稳定的食用植物来源。因此，这些洞穴通常位于能够俯瞰山谷或者湖泊之处，也许并不仅仅出于偶然。对于原始人类而言，由于能够产出大量可供食用的种子、块根和块茎，当地的山谷和湖泊中普遍存在的原生植物的吸引力实际上并不亚于动物种群。事实上，这些山谷和湖泊，正是人类可能开始对土豆和其他安第斯山区的作物进行"驯化"之地。

在安第斯山区的一些洞穴遗址中，确实存在部分有机物质的碎屑，甚至时而还能发现食用植物的残留痕迹，但是，考古学家们在开展调查时，仍然将大多数注意力投诸早期人类的狩猎生活而非采集生活。当然，鉴于人类开展狩猎活动的证据更易保存，考古调查的这一取向并不奇怪，但对那些希望追溯土豆在数千年间的利用和驯化历程的人来说，结果仍然是令人沮丧的。我们所了解的全部证据，仅限于在距今大约 12500 年前，曾经有人在蒙特沃德食用过土豆，而直到考古记录中再次出现任何关于土豆的记载之前，其间存在着长达数千年的时间缺口。

1970 年，在秘鲁首都利马东南方向 65 公里处，发现了一个位于安第斯山脉西侧山坡上的洞穴遗址，在进行考古发掘的过程中，在遗址中发现的一些干枯的块茎被鉴定为人工栽培土豆，且其历史据称已达 10000 年之久。[1] 但是，由于这一年代判断并非经过对土豆样本自身的放射性碳年代测定，而是基于其在堆积物中所处的位置，考古学

----

[1]　Engel, 1970.

家普遍对这一主张的看法极为谨慎。[1] 必须指出，考虑到任何古代遗存都能轻而易举地从其本应所处的堆积物的缝隙中滑落到年代更为古老的地层中，这种年代判断方法具有高度风险，考古学家的谨慎态度不无道理。事实上，在距今大约 12500 年的蒙特沃德遗址之后，目前已知能够再次证明土豆是人类日常饮食组成部分的可靠考古证据，年代要晚于蒙特沃德遗址 8000 多年，而且其发现地点甚至远在 4000 公里以外的北方。

在秘鲁中部的沿海沙漠地区，考古学家在卡斯马（Casma）附近发现了一些块茎，通过可靠的放射性碳定年法，其形成年代被确定为距今大约 4000 年前。值得注意的是，这里并非沼泽，甚至也不是洞穴，而是一片散布在超过 2 平方公里的干燥沙漠中的住宅和城市废墟群，其占地面积甚至要超过伦敦的海德公园（Hyde Park）。当地目前年平均降水量不足 5 毫米，而且这一缺水状态已维持了数千年之久，在极端干旱的作用下，沙漠对有机物质的保存效果几乎和蒙特沃德的沼泽不相上下，其显而易见的结论也大致相当：和蒙特沃德一样，曾经生活于卡斯马地区的早期人类同样享用着多种多样的日常饮食，而且参与到了广泛的贸易网络之中。例如，通过对其细胞中的淀粉含量进行比较分析，卡斯马遗址发现的土豆百分之百是人工栽培品种，但是，囿于自然条件，除非修建大量的灌溉设施，沿海沙漠是无法栽培土豆的，而目前没有任何证据能够证明，当地曾经开展过灌溉建设。[2] 因此，这些可能用以换取鱼类的土豆，必然来自高原地区，而

① Dillehay, 2000, p. 173.

② Lumbreras, 2001.

且很有可能是以冻干土豆的形式运输而来的，这样既能够使其得以长期保存，又消除了龙葵素的毒性。上述发现充分说明，至迟在距今4000 年前，土豆已经在安第斯山区得到了广泛驯化和种植，其不仅是重要的粮食作物，而且成为贸易网络的流通商品之一。

　　和所有人类文明生根发芽的中心地带一样，从传统的狩猎采集转变为定居农业的生活方式，南美洲的早期人类也经历了深刻的文化和社会变革。游牧生活曾经在难以计数的漫长岁月中养活了人类的先祖，而在短短几代人的时间里，人类就抛弃了这种生活方式。随着定居生活的不断发展，村庄日益成长为城市，小型的平等主义原始社群则被逐步纳入为部分统治精英所掌控的国家之中。在南美洲，这一进程发端于安第斯山脉附近的沿海地区。在距今大约 4000 年前，当地出现了大量早期人类定居点，与在埃及、美索不达米亚和中国的同伴一样，这些定居点刚刚在经济发展方面取得建树，早期人类就开始将剩余的财富耗费于建造神庙、陵寝、宏大的广场和巍峨的金字塔之上。很多这样的定居点都出现于沿海地区，而在每个定居点中都建立了诸如此类的宏伟建筑，这种显而易见的奢华风格，是世界各地的不同文明在早期形成阶段的共同特征。

　　除了建筑之外，在这些定居点中，包括绘画、雕塑、石刻和挂毯等在内的艺术形式也得到了充分发展，其中，精美的陶器艺术尤其值得注意。在当地的不同区域，各式各样的陶器制作风格逐渐形成，每一类型均有大量作品传世。从考察土豆驯化历程的视角来看，其中最引人注目的莫过于莫切（Moche）文明制作的陶器。从基督纪元开端到公元 600 年左右，莫切文明统治着秘鲁北部沿海和相邻的内陆地区。莫切文明将陶器艺术提升到了一个极高的水平，其生产陶器的用途，更多是出于装饰或礼仪之需，而非实际应用。在这些精心烧制的黏土中，莫切人生活的方方面面都被描绘下来：田野里的农夫、用长矛和棍棒逐鹿的猎户、用吹箭瞄准拥有艳丽羽毛的鸟类的射手、乘小型独木舟出海的渔民、做工的工匠、战场上的士兵，甚至还包括活人献祭的场景。除此之外，陶器还描绘了很多其他景象，包括抬在轿中前行的贵族、端坐于王座之上接受贡品的国王，以及在当时当地司空见惯却又引人瞩目的性活动。所有这些陶器不仅绘制精美，而且进行了抛光处理，通过极为精致的细节展示，这些陶器使人如同身临其境。

52   在莫切文明所制造的陶器中，土豆的形象占据了重要地位。当然，球状的土豆块茎比较容易临摹和复制。在莫切文明的考古遗址中，发现了大量被称为土豆陶罐的陶器，其名称即源于形似土豆的外貌。与此同时，当地还发现了一些极为古怪的陶器，将土豆和人类的形象以令人不安的方式结合在一起。其中最简单的形象，就是在土豆形状的陶器上，画一个人头或者人脸；还有一些陶器，则是以烧制过程中自然出现的形状来象征人类的躯体，看上去就像极为罕见的多节土豆块茎，生有天生的头部或四肢。其他陶器的造型则要更加邪恶，其中一件陶器的式样，是几个人头从土豆的表皮中钻出；另外一件陶器，则是一个男人抬着一具尸体，从刻绘的土豆深邃芽眼中浮现出来；其他陶器样式还包括：一个形似土豆的人头，被切掉了鼻子和嘴唇；土豆陶器上刻画的人眼，被描绘成残缺不全的样子；等等。

我们可能永远无法明白，在莫切文明的陶器中出现的人类和土豆形象的结合是否含有任何特殊的意义，但是，对于和土豆相关的绝大多数问题，我们当然可以认同一位权威。剑桥大学科学家雷德克里夫·N.萨拉曼即认为，这些土豆陶罐的存在，充分说明了"土豆作为食物，对某些地区，特别是沿海和山区的民众，具有至关重要的价值"，尤其是在饥馑或战争时期。[1] 正如前文所述，炎热干旱的沿海沙漠地区无法自行种植土豆，想要获得土豆，必须仰赖于向高原地区进口，而对于那些已经开始习惯以土豆为主食的沿海居民来说，如果土豆供应中断，则不啻为一场灾难。

大约在公元 600 年左右，莫切文明分崩离析，如果这一悲剧的发生是由于土豆供应中断造成的食物紧缺，那么这很可能是有意为之；尤其当莫切文明所进口的土豆主要来自的的喀喀湖周边地区时，这种可能性得到了进一步增长。因为正是在这里，很多部落联合组成了一个被称为蒂亚瓦纳科（Tiwanaku）的国家。蒂亚瓦纳科的崛起恰好伴随着莫切的衰落。对于这些早期国家而言，战争和杀戮无疑是获得和统治领土的主要手段，但是，断绝敌国的一种必需食物的来源，同样是一种极为有效的策略。

蒂亚瓦纳科是史上首个以栽培土豆为立国之基的文明。而当莫切和其他文明仍然使用黏土和泥砖营造房屋的时候，蒂亚瓦纳科也是美洲首个用石头兴建大量巨型纪念碑的国家。实际上，正是栽培土豆为其提供的卓越的农业生产能力，才使得蒂亚瓦纳科能够负担建造这种奢华建筑的巨额花费。从某种意义上来说，这是在对整个世界造成更为显著的经济、社会和政治影响之前，土豆的首次牛刀小试。

今天，蒂亚瓦纳科遗址是为联合国教科文组织所批准的世界文化遗产，由玻利维亚政府负责管理，其位置靠近的的喀喀湖南端，海拔高度达到 3845 米。尽管在经过了数个世纪的劫掠和极为业余的考古

---

[1]　Salaman, 1985, p. 23.

发掘之后，其中的大部分建筑保存状况很差，但对到访此地的游客而言，蒂亚瓦纳科遗址仍然是一处颇受欢迎的旅游胜地。在整个 19 世纪和 20 世纪初，遗址中数量可观的石工制品被用作营造建筑和铁路的原材料，其余部分则被用于军事演习。尽管如此，仍有一些引人注目的纪念碑和雕像得以保存下来。

在公元 800 年至 1200 年的巅峰时期，蒂亚瓦纳科是一个庞大而强盛的帝国，控制着多达 60 万平方公里的广阔领土，其首都蒂亚瓦纳科城各色建筑林立，包括宫殿、金字塔、神庙、广场和街道，均为大批石匠和工艺大师们在经过全盘规划后设计建造而成。据称，在全盛时期，在蒂亚瓦纳科城中居住的人口有 10 万之众。毋庸置疑，无论以任何标准衡量，上述成就的取得都足以令人印象深刻，尤其在海拔达到 3845 米的蒂亚瓦纳科地区，考虑到当地空气稀薄、阳光炽烈、温度经常降到零度以下的恶劣自然环境，其建设成绩理应获取更高的赞誉和进一步的研究。蒂亚瓦纳科成功的关键在于对地区自然资源明智的管理和利用，例如，蒂亚瓦纳科驯化并放牧了大量的美洲驼，不仅为本国与低地地区的频繁贸易提供了足够的运输工具，而且得以将阿尔蒂普拉诺高原广泛生长的青草转化为一种小巧且易于收集的能源。作为一种燃料，美洲驼的干粪热值极高，数百年来，其一直在烹饪食物和温暖住宅方面为阿尔蒂普拉诺高原的农民们发挥积极作用。①

当然，饲养美洲驼群也会为蒂亚瓦纳科提供肉类，但是，我们不应继续夸大狩猎是人类得以发展的必然要素的传统观点，尽管"人类狩猎者"的理论目前仍然根深蒂固。的的喀喀湖周边地区同样生长

53

----

① Winterhalder, Larsen and Brooke Thomas, 1974.

着大量营养价值丰富的原生植物，虽然吸引人类来到此地的最初原因可能是狩猎，但正是可供食用的丰富植物资源才使得他们能够在此建立永久定居点。正如我们已经了解的，在阿尔蒂普拉诺高原的土壤之中，埋藏着包括土豆在内的好几种美味食物，而在我们未曾关注的地面之上，同样生长着诸如藜麦和小藜麦等可供食用的植物。尽管这两种植物并非禾本科的谷类作物，但却能产出数量惊人的与谷物十分类似的种子，以养活当地的民众。通常来说，藜麦和小藜麦的蛋白质含量介于 14% 到 18% 之间，足供当地民众开展狩猎活动所需；另外，这两种作物最为有用的特性，还在于其能够在阿尔蒂普拉诺高原的极端自然条件中茁壮成长。确实，小藜麦可以在零下 3 摄氏度的低温条件下发芽出苗，藜麦的部分品种同样能够在当地气温达到或接近冰点时保持生长。[①]

54

在文明形成早期，蒂亚瓦纳科的农民们就采取了放牧牲畜在刚刚收获的田地上啃食残茬的做法，以发挥给田地施肥，进而增强其生产能力的作用。与此同时，当地农民们还养成了在高度超过 1 米、宽达 3 米—5 米的垄田之上种植作物的习惯，垄田之间则以水渠环绕。一块土地通常被分割为 10 块以上的垄田，环绕其间的水渠则是完全开放式的，既非用以蓄水的封闭设施，亦非可供排水或灌溉之用的水利网络。

20 世纪 60 年代，当对蒂亚瓦纳科遗址首次开展科学考察时，研究人员对垄田的功能深感困惑，尤其当调查结果显示，当地垄田总面积一度超过 500 平方公里时，这种困惑的程度得到了进一步加深：无论灌溉、排水还是复垦，垄田和水渠的组合都无法提供任何便利，蒂

---

① Morris, 1999, p. 290.

亚瓦纳科农民们建设如此大规模的垄田，实在缺乏合理的解释。但在
20 世纪 80 年代，一系列研究的开展改变了这一认识，新的研究结果
表明，作为一种防止土地结冰的措施，凸起的垄田和水渠具有非常重
要的价值，当水渠保有深度合适的水时，水渠及其毗连土壤的温度可
以比周围的空气温度高 6—9 摄氏度，在当地极度寒冷的夜晚，这种
方式能够为土壤和作物提供一定的保暖作用。蒂亚瓦纳科的农民们正
是这样做的。

　　对于农田而言，这种程度的气温差异可以显著提升生产能力。试
验结果表明，种植于垄田之上的藜麦和小藜麦的产量，是普通田地产
量的 4—8 倍。垄田对土豆的影响同样令人印象深刻，种植于垄田的
土豆产量可以达到每公顷 10.6 吨，而当地平均土豆产量不过介于每
公顷 1.6—6 吨之间。[①]

　　因此，尽管生活于地球上最为苛刻的居住环境之一，蒂亚瓦纳科
却得以享用极为丰富的食物。即使没有发明可供土地保温的垄田，当
地农民仅靠驯化动物和栽培食用植物，也能够维持相当数量的人口。
而随着土豆被广泛栽培于温度受到控制的垄田之中，当地能够承载的
人口潜力也因之迅速上升。计算结果显示，即使仅仅同时开垦全部垄
田的四分之三，以保证每块垄田可以 4 年休耕一次，当地产出的土豆
就可以满足至少 57 万人日常生活所需的全部热量；[②]而当地生长的其
他藜麦和小藜麦等作物，以及饲养的大量美洲驼，则能够为如此庞大
的人口提供必不可少的足量蛋白质。

①　Morris, 1999, p. 289.

②　Kolata, 1993, pp. 201, 205.

　　事实上，由于蒂亚瓦纳科的人口从未达到如此规模，我们自然会得出如下结论，在农业生产的高峰阶段，当地会产出相当数量的剩余土豆，可以用作养活人民之外的其他用途。在这种情况下，阿尔蒂普拉诺高原极度寒冷的夜晚和干燥晴朗的白天为蒂亚瓦纳科将剩余土豆制作为冻干土豆提供了有利条件。凭借驯化美洲驼群提供的运输手段，蒂亚瓦纳科制作的保存时间长、交换价值高而且极为畅销的冻干土豆得以远销四面八方。目前，在蒂亚瓦纳科遗址周边，我们还能发现几条宽阔的古代堤道留存的痕迹，这些堤道很可能是为了促进出口贸易而兴建的。更重要的是，秘鲁当前的一些主要公路似乎也始建于蒂亚瓦纳科迅速崛起的时期，为了将货物更为有效地运输到诸如莫切文明之类的遥远市场之中，这些道路具有至关重要的意义。

　　因此，土豆不仅填饱了蒂亚瓦纳科人的肚子，而且还助推了长途贸易的兴起；为了保证这一贸易机制的顺利运转，相应的官僚机构也随之出现。新生的官僚机构又转而要求国家的民众组织起来，为土豆的生产、加工、储存和运输提供所需的大量劳动力。国家的权力开始逐步膨胀。

　　蒂亚瓦纳科的最终灭亡似乎是一个相对缓慢的过程，而非突如其来的分崩离析。垄田被慢慢废弃，国家的力量逐渐衰退。亡国似乎并非由于某种单一因素作祟，但是，的的喀喀湖两侧——位置大致相当于现在的玻利维亚和秘鲁——领袖之间难以弥合的派系分歧，显然无助于挽救国家，雪上加霜的气候变化则可能进一步恶化了蒂亚瓦纳科所处的困境。从西北部山区冰川中采集的冰芯显示，从 1245 年到 1310 年，的的喀喀湖所处盆地已经陷于严重的干旱之中，对的的喀喀湖自身进行的湖沼学研究结果进一步证实，彼时湖面水位处于

55

500 多年来的最低水平。根据上述发现，研究人员得出结论，从大约
1100 年或稍早时候开始，整个阿尔蒂普拉诺高原南部即处于长期干
旱的影响之中，恶劣的气候不仅逐渐破坏了当地精巧的农业系统，而
且摧毁了蒂亚瓦纳科国家的权力。[①] 历史的舞台留给了强大的印加人。

　　印加人所建立的并非一个单纯的国家，而是一个强盛的帝国。在
欧洲人到来之前，印加帝国是整个美洲出现过的规模最大、集权程度
最高的政权形式。印加人的起源尚不清楚。根据西班牙人记录的口述
史，大约在公元 1200 年左右，在曼科·卡帕克（Manco Capac）的领
导下，克丘亚部落在库斯科山谷的肥沃土地上正式联合起来，印加王
朝由此走上了开疆辟土的道路。随后，印加人不断占领城市并与周边
部落结盟，通过武力征服、签订条约或单纯的合并等方式，逐步为帝
国扩张新的领土。

56　　　可能是受到了在蒂亚瓦纳科看到的建筑工程的启发，印加人将帝
国首都库斯科改造成了一座秩序之都，街道、房屋和纪念建筑布局谨
严，并配有城市供水和排水系统。[②] 以库斯科为中心，印加人统治着
一个被称为塔方蒂苏尤（Tahuantinsuyu）的庞大帝国 —— 在克丘亚语
中意为"四洲之国"。这个帝国占据了南美洲超过 100 万平方公里的
土地，其西疆起自太平洋沿岸，经安第斯山脉东至亚马逊低地；帝国
的北方边界则始于哥伦比亚，向南一路延伸到智利中部和阿根廷部分
地区。在帝国的辽阔疆域之中，无数不同的经济和政治体系均为唯一

---

①　Morris, 1999, p. 292.

②　Protzen and Nair, 1997.

的皇家血脉所管理。在其鼎盛时期，多达 1000 万人生活于印加帝国的统治之下，这是有史以来最为错综复杂而又秩序井然的社会之一。[①]

印加帝国的强大力量，在于其决心在所占据的领土上建立永久的统治。在印加帝国建立之前，国家之间的战争策略，是由入侵、劫掠和撤退组成的三部曲，基本没有占领对方领土的习惯，印加人则摒弃了这一传统，转而在全国各地设立地方官员和军事要塞，以确保对领土的绝对控制。为了加强全国范围内的联系，印加帝国将诸如蒂亚瓦纳科用以开展贸易的堤道等既有的陆路交通加以连接和改造，从而铺设了一个完整的道路网络，使得帝国的每个角落都可以直接通向库斯科。这一工程极为浩繁，包括开凿贯通山脉的隧道、铺设横越沼泽的堤道、加固险峻峡谷两侧的路堤，以及建立以石塔支撑跨越河流的绳桥。据统计，这项工程合计修建了大约 40000 公里道路，其长度足以环绕地球一圈。在沿路的战略要地，印加帝国设置了食物仓库和警戒哨所；每隔大约一公里，还建立了跑步传递消息的驿站。据说，通过这种人力传递方式，一则信息可以在短短 5 天时间里传递到 2400 公里以外的远方。[②]

印加帝国的经济基础，是一种由农业、牧业、渔业、矿业、手工业和公共服务业等共同构成的综合体系。在印加帝国的统治之下，尽管食物短缺已经不再构成威胁，但是由于人们必须听从国家的命令，而食物始终是印加官僚机构关注的主要内容，因此，为食物而忙碌仍然是印加人无法摆脱的宿命。修筑鳞次栉比的梯田，是为了将之前未

① Wenke and Olszewski, 2007, p. 554.

② Von Hagen, 1952.

曾利用的陡峭山峰变成可供耕种的田地；挖掘运河和水渠，则得以将
水从遥远的源头引入干旱的土地；尽管蒂亚瓦纳科一度盛行的垄田未
被恢复，这或许是因为相关技术已经失传，也可能是气候仍然不利于
垄田的生长，但已有的灌溉系统仍在不断完善，以提升土壤的生产能
力；从沿海地带运来鸟粪和鱼骨，则是为了提高土壤的肥力。在帝国
57 的疆域内，每个社区分配的农业用地被划分为三个部分，一片属于神
灵，一片属于国家，最后一片土地才归属社区所有。农民有义务耕种
全部三片土地，但仅有最后一片属于社区的土地的产出真正可供农
民享用。其他两类土地获得的产出被运送到属于神灵和国家的仓库
去，一部分用以祭祀，一部分用以喂饱为印加帝国的至高荣耀而效力
的战士、石匠、矿工和手艺人，还有一部分则分发给那些因为当地作
物歉收而需要救济的人。

　　印加人在农业方面的重头戏是扩大和加强对玉米的种植。玉米并
非安第斯山区的原生作物，但早在印加帝国崛起之前，这种植物就已
从墨西哥的故乡引入此地。在印加人手中，对玉米价值的利用达到了
新的高度，这种产量极高而且运输方便的作物，经由完善的主要交通
网络，源源不断地流至帝国的四面八方，滋养着印加人的身体、经济
和战略体系。但是，玉米最大的价值不仅局限于此，更重要的是，尽
管玉米为印加帝国的扩张立下汗马功劳，但其并未完全取代当地传统
的农业体系。

　　到印加帝国统治时期，土豆已经成为安第斯山区的主要食物，与
当地原生的藜麦和小藜麦轮流种植。用以栽培土豆的土地往往长期休
耕，并由驯养的美洲驼群和羊驼群施肥。印加人崛起之后，在海拔较
低的区域，种植玉米逐渐取代了栽培土豆；但在玉米无法生存的海拔

2500 米以上的区域，土豆的产量仍在继续增加。在印加帝国的统治之下，人们有义务为种植玉米修筑梯田和灌溉系统，并精心照料其生长，但是，有组织的劳动也提高了包括栽培土豆在内的各方面生产的整体效率。传统的农业体系始终存在，即使当人们为了帝国的利益而在归属国家和神灵的田地以及公共建设的工地上辛勤劳作时，以土豆为代表的传统产出依旧是重要的果腹之物。因此，尽管印加帝国利用玉米来扩张与维持自己的力量，对于土豆这一安第斯山区最有价值的粮食作物而言，这种谷物仅仅是一种补充物而非替代品。

对印加帝国来说，玉米的价值十分重要。一方面，玉米是一种易于运输且可供交易的食物；另一方面，作为一种谷物，玉米可以用来酿造一种叫作吉开酒（Chicha）的啤酒。吉开酒不仅营养丰富，而且酒精含量颇高，作为一种很受欢迎而且美味可口的饮品，吉开酒在印加帝国享有极高的声誉，并与整个帝国的贵族权力和神学体系紧密联系在了一起。在帝国的疆域内，人们定期举行集体参与的公共宴会，饮用大量吉开酒。通过这种方式，帝国的精英阶层们得以巩固自身的地位，并时刻提醒农民究竟欠下了国家和神灵的多少恩情。

印加人崇拜太阳、雷电、大地、海洋、月亮和星星。他们清楚，在寒冷的高原地区，只有太阳才是一切生命的赋予者。因此，出身不够显赫，也未从祖上继承任何财产的印加帝国缔造者曼科·卡帕克声称，其父为太阳，其母为月亮，其弟则是被称为启明星的金星，从而在自己和太阳之间建立了密切的联系。[①] 为了表示对太阳的虔诚信仰，曼科·卡帕克命令在库斯科建立了一座在克丘亚语中被称为"科里坎

58

----

① Poma, 1978, p. 33.

查"（Coricancha）的太阳神庙，这座建筑高大恢弘，充分展现了印加石匠最精湛的技艺。神庙的外墙长 68 米、宽 59 米，主体建筑高达 30 多米，一条宽约 1 米的黄金饰带环绕着四周，神庙的大门同样为纯金包裹。据说，有多达 4000 名侍卫看守着神庙中保存的各色神龛和珍宝，而其中最为珍贵的莫过于一个巨大的纯金圆盘，从圆盘中央刻绘的人脸中，太阳的光芒射向四面八方，这充分象征了印加人对其来自太阳的神圣血统的崇高信仰。

印加人还在太阳神庙中修建了一个奉献给太阳的花园，在花园中，由黄金制成的玉米穗轴挺立于由白银制成的茎秆上，和实物大小完全相同，而在花园的地面上，还散落着许多形似土豆的金块。

1532 年，印加帝国的统治被西班牙征服者所终结，其全盛时期甚至仅仅持续了不到 100 年。鉴于其所拥有的庞大规模与雄厚实力，印加帝国如此迅速且轻易地陷于弗朗西斯科·皮萨罗（Francisco Pizarro）及其不足 200 人的探险队伍之手，似乎是相当不可思议之事，但实际上，帝国衰落的种子早在数年之前即已埋下。1527 年，印加皇帝瓦伊纳·卡帕克（Huanya Capac）逝世，接踵而至的，是帝国的数个地区接连爆发反对印加统治的浪潮，这一反抗声势浩大，以至于当西班牙人随后开始入侵印加帝国时，国内的一些反对派系甚至对其表示欢迎。瓦伊纳·卡帕克在印加帝国位于厄瓜多尔地区的首都基多（Quito）的突然逝世，打破了帝国欣欣向荣的表象。同年，西班牙人在沿海地区登陆，迅速引发了天花疫情的蔓延，标志着帝国面临着外敌的觊觎；而由于皇帝未曾宣布继承其至高统治权的人选即撒手人寰，更意味着帝国内部的分歧愈演愈烈。皇帝的三个儿子都卷入了对宝座的争夺之中，而当作为第一顺位继承人的长子尼南（Ninan）不久即死于天花之后，各自声称拥有继承权的次子瓦斯卡尔（Huascar）和三子阿塔瓦尔帕引发了进一步的混乱。二者之间的争权夺利在印加帝国的内战中达到了高潮，阿塔瓦尔帕成为最后的赢家，1532 年，当弗朗西斯科·皮萨罗和他的手下抵达卡哈马卡（Cajamarca）时，阿塔瓦尔帕刚刚取得决定性的胜利。卡哈马卡是安第斯山区的一个小城，位于印加帝国修筑的从基多到库斯科的道路沿线，目前归属秘鲁。

西班牙人抵达卡哈马卡时，失败的瓦斯卡尔正处于囚禁之中，对其家庭和追随者的彻底清洗也已完成。与此同时，作为胜利者的阿塔瓦尔帕正在前往帝国首都库斯科的途中，准备就任印加最高统治者。但在卡哈马卡，阿塔瓦尔帕停下了脚步，转而前往会见几乎已被印加军队团团包围的西班牙人。双方之间安排了一场正式的会谈，目击者弗朗西斯科·德·赫雷斯（Francisco de Jerez）详细记录了阿塔瓦尔帕和他的高级将领们在黄昏时分进入城市的场景，他们全都身着华丽的盛装，佩戴着由金银制成的饰章，仆人们不停地为他们扫清身前的道路，舞者和歌手须臾不离左右。阿塔瓦尔帕本人则坐在一顶华丽的轿子中，轿子的内衬由红、黄、蓝三种颜色的鹦鹉羽毛制成。而在城市的广场中，一场埋伏正等待着印加帝国的统治者和高级官员们。在城外的军队得到警报之前，阿塔瓦尔帕已被俘虏，其随员们则惨遭杀害。

由于神圣统治者的被俘和主要将领的死亡，印加军队陷入了一片混乱之中。皮萨罗巧妙地利用了不同派系之间的敌视与分歧，使其相互对抗，自己则纵横其间，最终控制了整个印加帝国。阿塔瓦尔帕被劫为人质，作为其安全获释的条件，西班牙人勒索了一大笔由金银财宝组成的赎金。但在赎金交付之后，阿塔瓦尔帕却在审判中被控违反西班牙法律，最终被西班牙人判决有罪，并遭到处决。

16 世纪的一首挽歌曾经如此哀悼印加统治者的死亡，"大地拒绝吞噬皇帝的躯体，岩石震颤，泪水奔流，太阳为之黯淡，月亮也为之消沉"。随着太阳留在大地上的最后一个神圣象征阿塔瓦尔帕的消逝，新大陆最为强大的土著文明陷入了欧洲的强权手中。

阿塔瓦尔帕的赎金被熔化为 11 吨纯金锭和纯银锭，而这只是从安第斯山区流入西班牙国库的巨额财富的开端，这笔令人难以置信的财富对欧洲的经济和历史产生了深远影响。然而，另外一件几乎为西班牙人所完全忽视的安第斯珍宝，同样在未来对人类文明发挥了有过之而无不及的重要作用 —— 土豆。

第5章 美味佳肴

在美洲被发现后的几十年里，大量的黄金和白银被运往西班牙，但即便如此，对于已知的在1520—1539年间离开西班牙前往新大陆的13000名男性和700名女性来说，吸引其中大多数人远渡重洋的并不是对获取财富的美好预期。①

这些背井离乡的西班牙人绝不都是士兵或者浪漫的探险家，而更像是欧洲经济对外扩张的先头部队，他们具有现实主义的视野和如同创业者般的毫不妥协的精神，为了满足自身需求，他们可以耕种土地，也可以开展贸易，甚至不惮于改变所处的自然和人文环境。在历史学家詹姆斯·洛克哈特（James Lockhart）开展的一项相关研究中，为了摆脱对西班牙征服事实进行简单重构的局限，转而聚焦西班牙在南美开展殖民统治的本质，洛克哈特对皮萨罗及其部下的生活史展开了研究：这些殖民者是什么人？他们来自何方？他们之前从事什么职业？他们的理想是什么？在征服印加帝国之后，他们后来怎么样了？

1532年，尽管印加人付出了大笔赎金，阿塔瓦尔帕仍然在卡哈马卡被处死，巨额的金银财宝随后被迅速熔化，并分配给皮萨罗本人及其每一个部下。在这一过程中，每一个西班牙殖民者具体获得了多少财富都留有详细记录，这一记录是洛克哈特之所以能够开展研究的主要依据。在大约4个月的时间里，整整11吨财宝被熔化，产出了

---

① Stirling, 2005, p. 11.

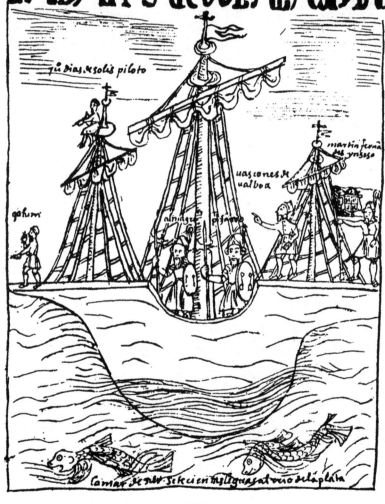

图 5

13420 磅又 22.5 克拉黄金；同时销毁的银器则产出了 26000 磅白银。所有在熔炉中铸成的金锭和银锭都由官方加盖皇家印记以表明每块铸锭均受法律认可，且其价值的五分之一必须呈纳西班牙皇家私库。在所有战利品中，弗朗西斯科·皮萨罗得到了最大的一份，大致包括 600 磅黄金和超过 1200 磅白银；而参与其事的其他 167 名成员，则根据其在探险队中所处的地位和发挥的作用，分别瓜分了总额中属于自己的一份。①

探险队中每一次分配金银的结果都被记录下来，并且加以公证。要知道，这是一片完全崭新的大陆，甚至连一张用以记录和公证的纸都得从千里之外运来，制作一支笔则更需要直接剪下雄鹰的羽毛，如果这种对细节过于苛刻的注意令人惊讶的话，我们不妨再关注一下皮萨罗为其冒险事业所挑选的同伴的职业和身份。参与卡哈马卡战役的冒险者们形形色色，他们不仅来自西班牙的各个地区，而且代表了从大臣亲属到奴隶之子的每一个社会阶层，在他们之中，几乎可以找到世界上任何一种职业和手艺。因此，无论是完成探险事业，还是对新殖民地进行官僚统治，甚至满足进一步扩张和征服的需求，这支队伍都能不辱使命。②

当接到命令时，跟随皮萨罗的每一个探险者都必须拿起武器，但是，根据洛克哈特对探险队成员的职业的研究结果，队伍中其实仅有 4 人是职业军人。探险队伍的主力实际上由工匠组成，其中包括 6 名裁缝、2 名铁匠、2 名木匠、1 名桶匠、1 名刀匠、1 名石匠、1 名公

62

---

① Hemming, 1970, p. 73.

② Lockhart, 1972, pp. 41-42.

告员和 1 名理发师。各行各业的专业人士同样占据了队伍中的不少席位，包括共计 12 人的文书、会计和公证人，其职责为对全部交易进行记录、仔细检查计算方法、确认协议和合同的合法效力、确保新殖民地所建立的官僚机构的正常运转，以及弥补弗朗西斯科·皮萨罗本人完全没有读写能力的尴尬缺陷。

事实上，恰如洛克哈特所指出的，正是由于皮萨罗的远征军中有公证人和文书，才使得我们能够对参与卡哈马卡战役的成员们有如此之多的了解。非常明显，这些远赴印加帝国的冒险家们就像 16 世纪离开故土前往新世界的绝大多数西班牙人一样，驱使他们背井离乡的是寻求功成名就的野心。当然，个人的事业与成功不过是个开始，更为重要的是，如何通过自身的不懈努力提升家庭乃至整个家族的地位和威望。事实证明，一旦握有财富，卡哈马卡的远征队员们就渴望回归西班牙——购买房产、在法院或地方政府谋取职位、寻求一门好亲事、繁衍后代，并且确保这个富有而且受人尊敬的家族能够延续下去。

如果能够自由离开的话，皮萨罗的大多数手下可能都会毫不犹豫地带着他们的财产返回西班牙。那么，为什么皮萨罗要强行命令大多数人留在此地，以协助巩固西班牙对秘鲁的统治呢？毋庸置疑，远征军的大规模撤离，将严重削弱西班牙在当地的地位，因此，即使在对印加帝国的征服完成之后，仍然只有极少数人被允许立即离开，其中主要包括护送王室财产归国的官员，以及离家时间最长的几位已婚男性。1533 年 7 月，在一封从卡哈马卡发出的写给父亲的家信中，探险队成员加斯帕·德·马奎纳（Gaspar de Marquina）深刻地记录了那些被迫留在南美的人们的强烈愿望：他们不仅对祖国和故土极为思念，而且满怀着利用刚刚得到的大笔财富以改善自身和整个家庭处境的美好梦想。

　　加斯帕是一个来自西班牙巴斯克地区的私生子，他的父亲承认了他的身份，将其抚养成人并且接受了教育，从而让他得以成为一名商人或公证人。但是，加斯帕并没有在西班牙安顿下来，而是在年纪尚轻时即启程前往新大陆，并在那里给自己取名叫马奎纳。当成为弗朗西斯科·皮萨罗领导的秘鲁远征队的侍从时，加斯帕还只有 20 岁出头。在和远征军的首批归乡者一同返回西班牙的众多私人信件中，加斯帕的信是唯一一封得以留存至今的。詹姆斯·洛克哈特将这封信翻译了出来：

致我无比想念的父亲，马丁·德·加拉特（Martin de Gárate）
亲爱的爸爸：

　　大约在三年前，我曾经收到过您的一封信，让我给您寄一些钱。但我当时没有任何余钱可以给您，天知道我有多么难过。事实上，如果那时我还有一星半点家当的话，您就根本不需要写信给我了。一直以来，我都在努力尝试去做正确的事情，但直到今天才有了一些起色。我向您保证，自从我来到这个地方，我一直没有拿到过任何 1 分钱，直到 6 个月前，上帝开恩，才赐予了我比应得之数更多的钱。现在，我有 3000 多枚杜卡特金币。感谢上帝，我将永远虔诚侍奉他。

　　爸爸，我这次先寄给您价值 213 比索的上等金币，这笔钱会通过一名来自圣塞巴斯蒂安的可敬绅士转交。他会在塞维利亚先兑换成硬币，然后再带给您。我本想给您寄去更多的钱，但由于他也得为别人帮忙，这次已经没法带更多了。他的名字是佩德罗·德·阿纳代尔

（Pedro de Anadel）……

爸爸，我多么想把这封信亲手送给您，但目前还不行。我们现在刚刚来到了一个崭新的国度，还没有待太长时间。目前，除了已经来此很久的已婚男士，任何人都不允许离开。祈求上帝保佑，我希望能在两年后回到您身边。我向上帝发誓，我渴望见到您的迫切程度，一定会强于您对见到我的期盼，这样，我就能让您安度晚年。

64

爸爸，下面我要告诉您，自从我来到这片土地之后的一些生活经历（随后，加斯帕描述了其加入皮萨罗的探险队、俘虏阿塔瓦尔帕以及获取秘鲁的财富的经过，"这里的黄金和白银甚至多于比斯开[1][Biscay]的钢铁"）……如果要把我所经历的一切都告诉您，那么这封信就太长了。送信的信使会给您讲其他的故事，我就先不多写了，就像我刚刚告诉您的，要把事情都讲完，那么这封信就太长了。

请代我问候卡塔利娜（Catalina）、我的兄弟姐妹、马丁·德·阿尔塔米拉（Martín de Altamira）叔叔和他的女儿，尤其是他的长女，我实在欠了她太多恩情。也请代我问候圣胡安·德·加拉特（San Juan de Gárate）叔叔、佩德罗·桑切斯·德·阿里斯门迪（Pedro Sánchez de Arizmendi）叔叔和所有其他亲戚……我真诚地希望您能代我问候他们所有人，并且告诉他们，我有多么渴望见到他们，祈求上帝保佑我能很快得偿所愿。爸爸，我唯一想请求您的事情是为我的母亲和所有亲戚的灵魂积德行善，如果上帝允许我回归家乡，我自己一定也会为他们的灵魂祈福。现在，除了向我主耶稣祷告，祈求在我死前能够再见到您之外，没有什么其他事要写了。

---

[1]　比斯开是西班牙北部的一个省份，当地铁矿丰富，钢铁冶炼业极为发达。——译注

寄自新卡斯提尔（New Castile）王国的卡哈马卡，1533 年 7 月
20 日。

宁愿见到您而非给您写信的儿子

加斯帕·德·加拉特 [1]

不幸的是，加斯帕的祈祷并未得到回应。1533 年 11 月，在卡哈
马卡战役之后，加斯帕买了一匹马，骑行跟随西班牙先头部队向库斯
科挺进，但在维尔卡通加（Vilcaconga）的陡峭山坡上，加斯帕和其
他 4 人在和印加帝国部队的战斗中丧生。[2] 在战斗过程中，加斯帕被
从马背上拽下，最终在印加士兵极为擅长的肉搏战中被劈开了头颅。
甚至在他的父亲收到儿子寄来的家信和黄金之前，加斯帕的生命、梦
想和抱负就已经烟消云散了。

在得到印加宝藏的全部卡哈马卡战役参与者中，已知有 66 人在
征服后的几年内回到了西班牙。和加斯帕以及其他许多人一样，探险
队成员胡安·鲁伊兹（Juan Ruiz）同样来自一个平民家庭，但其所受
的教育更多针对于如何训练马匹，而非成为一名商人或公证人。鲁伊
兹会写自己的名字，但其读写能力仍然极为有限。1525 年左右，在
父亲去世后不久，18 岁的鲁伊兹乘船来到了新大陆。在牙买加、洪
都拉斯和尼加拉瓜，鲁伊兹都曾尝试留下碰碰运气，但无一成功。当
听说在秘鲁将有行动的消息之后，鲁伊兹立刻报名参加了皮萨罗的探

65

① Lockhart, 1972, pp. 330-331, 457-463.
② Hemming, 1970, p. 106.

险队，并且成为一名骑手。

　　1534 年，当归国限制开始放宽之后，胡安·鲁伊兹成为首批返回西班牙的探险队成员之一，他在此次远征中得到的财富是加斯帕·德·加拉特的两倍多。直到 1535 年 9 月，为了和西班牙王室谈判运回大量金银的报酬，鲁伊兹一直流连于马德里的宫廷之中。最终，鲁伊兹得到了极为丰厚的财富，并被授予了象征身份和地位的盾徽，光荣地回到了自己的家乡——位于埃斯特雷马杜拉（Extremadura）地区西部的阿尔伯克基（Alburquerque）。刚刚回到家乡时，鲁伊兹还不到 30 岁，但其并未虚度光阴，而是立刻着手把自己和整个家族打扮得光鲜亮丽，过着每个西班牙人都曾梦想过，但却很少有人能够真正实现的封建领主式的生活。

　　在立过遗嘱以确保其子孙世代都能成为富裕公民之后，胡安·鲁伊兹沉醉于奢华的生活之中。一座城里的豪宅，一位贵妇的妻子，以及各式各样的炫富手段：

　　仅仅服侍其用餐的扈从就有 12 个，除此之外，他还有更多为其服务的仆人、侍童、听差、黑奴，马匹、骡子、盔甲和金银餐具更是不计其数；他用作汲水的水罐都是昂贵的银器。每当他出去打猎或是到别的地方，总有许多骑手伴其左右，其中既有城里的精英，也有鞍前马后陪侍的扈从。他饲养了猎犬、猎隼、老鹰、马匹、鹦鹉和其他许多动物。在大约 1560 年死去的时候，除了所有的仆人和侍从之外，还有 24 个人为他服丧。[1]

....

① 引自 Lockhart, 1972, pp. 57, 346-347。

毫无疑问，胡安·鲁伊兹等人带回西班牙的财富通过涓滴效应[①]
提振了当地经济 —— 贸易从中受益，许多原本难以养活自己和家人
的民众也因之获得了就业机会。但是，这一积极影响并不均衡，城市
得到的好处要多于农村，对当地 80% 依赖自给自足的农业生产过活
的人口更是几乎毫无影响 —— 简单地说，仅凭当地富裕人口的数量，
根本不足以提高大部分人口的整体生活水平。事实上，具有讽刺和悲
剧意味的是，如此之多的金银从新大陆涌入，反而让大多数西班牙人
本已恶化的生存前景雪上加霜。

和整个欧洲一样，16 世纪的西班牙也正在经历从自给自足的农业　66
经济向愈发依赖货币和市场供需力量的经济模式的痛苦转型：这也是
资本主义的发端。尤为重要的是，羊毛和纺织品的高昂利润鼓励土地
所有者将耕地转化为牧场，从而显著减少了用于生产谷物的土地面积，
这进一步恶化了西班牙农业经济本已面临的困难局面：即使一切顺利，
农业生产也必须与当地贫瘠的土壤和严峻的气候进行艰苦的斗争。

16 世纪，欧洲大多数地区的农民能够期待的平均收获量大约是
播种量的 6 倍；但在西班牙，收获量达到播种量的 4 倍可以视作丰
收；5 倍就堪称出色；如果收成能够达到播种量的 6 倍或 7 倍，则是
非凡的成就。[②] 对于当时的西班牙来说，其对粮食的重视程度甚至要
超过其他全部欧洲国家，原因很简单，"作为一种事关生死的重要物
资，粮食在西班牙总是处于短缺状态"[③]。当 16 世纪到来之际，这个

---

① 涓滴效应，指在经济发展过程中由优先发展起来的群体或地区通过消费、就业等方面惠及贫困
阶层或地区，带动其发展和富裕的经济发展模式。——译注
② Bath, 1963, pp. 18, 328.Vicens Vives, 1969, p. 506.
③ Braudel, 1973, vol. 1. p. 573.

国家已经在反复而长期的粮食短缺所导致的消极影响中挣扎良久，但是，随着越来越多的绵羊被放牧到曾经生长着小麦的草场上，西班牙粮食生产的未来前景仍然是一片黯淡。

随着羊毛产量的飙升，西班牙开始主导国际市场。与此同时，这个国家愈发依赖从中东和波罗的海地区进口粮食以弥补国内生产的不足。原本预计，新大陆财富的大量流入可以缓解这一极不稳定的贸易状况，但实际上，涌入西班牙的金银数量实在过多，反而造成了严重的货币贬值，最终导致了一场价格革命：在 16 世纪，当地日用品和食品的价格上涨了整整 3 倍。

事实上，甚至早在新大陆发现之前，财富涌入导致通货膨胀的不祥趋势即已出现。为了满足不断增长的市场经济对货币的需求，欧洲的白银产量开始上升；随着西班牙在如此短暂的时间里获得了如此庞大的财富，这一趋势逐渐加速；1550 年代，在波托西银矿发现之后，其效应愈演愈烈。[1] 当时掌握在国王手中的大量财富（而且满怀信心地期待着更多财富的到来）不仅燃起了西班牙对外扩张的帝国主义野望，而且激发了其捍卫天主教信仰、抵御新教和伊斯兰教的决心。简而言之，这些财富为西班牙发动战争提供了资金，成为其确立咄咄逼人的外交政策的重要基石。在那个国际金融相对不发达的年代，黄金和白银是支持在遥远地区开展军事行动的最为珍贵的资源。[2]

因此，通过军事和经济活动，西班牙向市场注入了大量无法被吸收的财富，任何从事贸易活动的国家和个人都无法摆脱其带来的

① Bakewell, 1984.

② Hamilton, 1934, pp. 44-45.

严重后果。对于现有的商品和服务来说，市场中流通的货币实在是太多了，这必然会导致银价跌落和物价上涨。经济学家亚当·斯密（Adam Smith）在 1776 年出版的《国富论》（*The Wealth of Nations*）中这样写道：

> 由于美洲的金银矿产极为丰富，这些金属的价格日趋低廉。和 15 世纪相比，现在购买金银器皿所需付出的谷物或劳动，约为当时的三分之一。[1]

因此，对于 16 世纪前期离开西班牙前往新大陆的移民来说，尽管发现或者赚取一笔横财的美好期望激发了其中许多人的热情，但是，大多数人之所以背井离乡，还是为了寻找一个满足自身需求和理想的机会，他们认为，这种需求和理想在家乡注定无法实现。尤其是随着价格革命的爆发，除了非常富有的阶层之外，绝大多数人想要维持生计愈加艰难，只能转而前往新大陆寻找谋生之道和发展前程。但是，无论被迫离开的原因究竟为何，这些移民们带上了祖国的社会和文化标尺。诚然，新大陆是一片崭新的世界，但却是按照旧世界的模样去塑造的。宗教、法律、社会、文化，移民们完全复制了他们在西班牙熟知的那一套。他们努力地像西班牙人那样生活，尤其是像西班牙人那样吃饭。

在旅途中啃过长达数周的硬面包和咸肉之后，这些新大陆的新面孔们乐于接受当地产量丰富的新鲜水果和绿色蔬菜，但对于加勒比、

---

[1] Smith, 1776/1853, p. 415.

中美洲和安第斯山区习见的原生主食却远没有那么热情。很少有人屈尊去碰那些在田野和森林中四处游荡的可食啮齿动物；他们也不喜欢当地人津津有味享用的鬣蜥。在墨西哥中部，只有濒临绝境的西班牙人才会食用那些在湖里和湖边发现的种类繁多的野生动物。在安第斯山区，尽管美洲驼、小羊驼和羊驼同样被认为是非常时刻可以利用的蛋白质来源，但它们始终无法完全取代牛肉和羊肉，成为日常饮食的组成部分。与之类似，对西班牙人来说，安第斯野兔和豚鼠不过是新奇的当地食物。用玉米和木薯制成的面包也没有得到大众认可；苋菜和藜麦这样的原生作物一样难登大雅之堂。总而言之，移民们普遍认

68 为，这些生长于中南美洲的传统食物可能更加适合牲畜、家禽和土著居民，但绝对不合西班牙人的胃口，除非是在紧急情况下。[①]

　　那么土豆呢？我们读到过皮萨罗和他的同伙们在卡哈马卡以豚鼠、美洲驼肉、玉米、土豆和吉开酒（一种玉米发酵饮料，尝起来"像不新鲜的苹果酒"）勉强维生的记载。[②]也有一些迹象显示，当他们一度被困在通贝斯河（Túmbez）北岸而又缺乏其他物资时，土豆可能是唯一的食物，但无论如何，看到（和尝到）土豆的一手资料始终少之又少。在马德里、波哥大、利马、塞维利亚、基多和巴黎的档案馆和图书馆里，学者们对现存手稿进行了深入挖掘，发现了目前已知最早的关于土豆的记录。

　　欧洲人对土豆的最早记录归功于胡安·德·卡斯特利亚诺斯（Juan de Castellanos），其1601年创作的《挽歌》（Êlegías）记录了一

① Super, 1988, pp. 25-26.
② Stirling, 2005, p. 50. Hemming, 1970, p. 60.

支远征队的丰功伟绩，这支队伍 1536 年从现在位于哥伦比亚境内的加勒比海的圣玛尔塔（Santa Marta）动身出发，由希门尼斯·德·克萨达（Jiménez de Quesada）率领。1537 年，探险队进入安第斯山脉北部高耸的山谷地区，发现当地居民正在种植一种被称作"欧洲松露"的作物。尽管我们无法通过名字来分辨，但根据描述，这种作物只有可能是土豆：

> 所有的房子里都堆满了玉米、豆类和松露。这种松露生有球形的根，把这些根播种下去，就能长出生有枝叶的茎，茎上还会开出一些柔紫色的花，尽管花的数量不多；这种植物的根大约有 3 个手掌高（24 英寸，61 厘米），它们附着在地下，尺寸和鸡蛋差不多，有些是圆形的，另外一些则是细长的；这些根大多呈白色、紫色和黄色，味道和面粉类似，相当可口，不仅是印第安人的美食，甚至对西班牙人来说也堪称美味佳肴。①

首个将这种作物命名为土豆的人是佩德罗·西扎·德·莱昂（Pedro Cieza de León），他在 1530 年代末和 1540 年代对安第斯山脉进行了深入游历，留下大量关于地区历史、去过的地方和见到的人的重要记载，合计约 8000 页。在上述作品中，他提到了印加人，追溯了西班牙人到来之前印加人的历史；他详细叙述了皮萨罗的远征，记录了卡哈马卡事件和西班牙得以统治秘鲁的一系列战役；他描绘了当地的群山、河流和谷地，那里有"大片的棕榈树林，其中的一些品种

---

① Hawkes, 1966, pp. 219-220.

可以采集珍贵的棕榈芯，树上生长的棕榈果不仅可以产出类似牛奶的汁液，甚至可以从中提炼油脂，这些油脂同样能够燃烧，可供点灯

69 之用"。他笔下的土地是如此肥沃，只要播种一蒲式耳①的玉米种子，就能收获一百蒲式耳的果实；农民们只要把两个沙丁鱼头和玉米种子放在同一个用以播种的小坑里，"谷物这样就能生长，而且收获极为丰富……"②

但是，在如此翔实的细节记载之中，西扎·德·莱昂对土豆的描写却惜墨如金，尤其是当我们考虑到土豆作为当时安第斯地区民众主食的重要地位，及其随后为整个世界提供的慷慨价值时，这种简略更加令人惊讶：

除了玉米之外，这些印第安人的主食还有另外两种东西。其中一种叫土豆，是一种植物的根，将其煮熟后，就像熟栗子一样软嫩；土豆的外形和松露相仿，也以同样的方式在地下生长，从其根部生出的植株和罂粟极为相似。当地的另外一种主食叫藜麦，味道不错。

在其他记载中，西扎·德·莱昂对土豆还留下了寥寥数笔，"仅仅通过把冻干土豆带到波托西的矿井中出售，就让无数西班牙人得以发家致富、衣锦还乡"，在成千上万工人聚集的地方，食物总是供不应求。③西扎·德·莱昂对土豆的记录仅此而已。毋庸置疑，这样短

---

① 蒲式耳（bushel）是英美等国用于计量干散颗粒体积的单位，各国具体标准有略微差异，以英国为例，1 蒲式耳约合 36.37 升。——译注

② Cieza de Léon, 1553/1864, pp. 68, 255.

③ Cieza de Léon, 1553/1864, pp. 143, 361.

短几句描述很容易被人忽略，但是，这种作物最终对欧洲乃至整个世界产生的重要影响，其至要超过西班牙占领美洲产出的所有金银。

对于这种显而易见的忽视，我们可以从西扎·德·莱昂记载中反复提及的肥沃土壤、广阔牧场、丰富水源等因素中找到些许端倪——简而言之，这些土地是如此适应西班牙作物和牲畜的生长需求。像他的大多数同胞一样，西扎·德·莱昂对以土豆为代表的安第斯原生农业毫无兴趣，尽管西班牙移民本可将土豆用作粮食生产体系。他的创作目的在于说明西班牙殖民的早期成就和光明未来：建立一个新的西班牙，或者更确切地说，在新世界重建一个旧的西班牙。

值得注意的是，当西扎·德·莱昂开始记录他对南美洲的观察时，距离哥伦布第一次登陆新大陆已经过去了 50 年，在这段时间里，殖民者们一直在推动西班牙坚定建立永久殖民地的决心。哥伦布曾写道：

> 海岸边有许多优良的港口和宽阔的河流。这里的岛屿地势较高，山峦连绵起伏。所有的一切都是那么美不胜收，千姿百态，而又似乎 70 触手可及。这里到处是各式各样的树木，高耸挺拔，仿佛直入云霄，其中有些树开着花，有些则挂着水果，夜莺和其他无数种鸟儿在林间歌唱……无论男女，当地的人们全部赤身裸体在外行走……他们是如此的善良淳朴，慷慨地向我们分享自己所拥有的一切，没有亲眼见证的人对此一定感到难以置信。[1]

哥伦布的报告成功地说服了西班牙国王和行政官员们，新大陆

---

① 　引自 Debenham, 1968, pp. 69-70。

能够建立自给自足的殖民地，尤其是作为一种缓解国内土地利用紧张和粮食供应困难的重要方式。但是，这并不意味着西班牙打算利用殖民地的原生资源来实现自给自足，而是决定向殖民地引入一整套全新的农业生产体系，从而为殖民者们供应符合西班牙传统饮食习惯的主食。正如历史学家约翰·休珀（John Super）在一篇相关评论中所指出的："这一愿景之宏伟令人震惊……不亚于在一个未知岛屿之上再造西班牙饮食文化。"①

在没有意识到殖民者们将面临的其他众多障碍的情况下，西班牙行政官员们针对饮食草拟了建立殖民地的初步方案。首先，数以万计的小麦粉、硬面包、葡萄酒、食醋和橄榄油源源不断地启程前往新大陆；紧随其后的是小麦和大麦种子、葡萄和橄榄插条、许多常见的蔬菜和水果；接下来是家牛、公牛、绵羊、山羊、猪、马等动物，以及犁、锹、锄头和耙子等农具。不难看出，在殖民新大陆之初，西班牙政府就为建立殖民地提供了官方支持政策，这一情况大大鼓舞了后来的冒险家们，他们呼吁西班牙政府应对其新占土地的迫切需要给予同等程度的关注。例如，埃尔南·科尔特斯②（Hernán Cortés）即曾促请查理五世，确保每艘离开西班牙港口的船只都必须装载用于耕种的植物。1531 年，这一政策进一步强化，西班牙王室承诺，有意远赴海外拓殖的农民不仅航程免费，而且可以无偿获得食物、土地、牲畜和印第安劳力，并免缴什一税；另外，他们的子孙后代还可以获得更多土地。

---

① Super, 1988, p. 42.
② 埃尔南·科尔特斯（1485—1547），西班牙航海家、探险家，1519 年率领一支探险队入侵墨西哥，最终征服了位于今日墨西哥一带的阿兹特克帝国。——译注

　　随之而来的结果，是西班牙移民向新大陆的稳定流入，以及西班牙农业生产方式和作物在新大陆的迅速扎根。譬如，尽管科尔特斯率领的队伍直到 1519 年 11 月才首次踏足特诺奇提特兰[①]（Tenochtitlan）——不久将更名为墨西哥城（Mexico City）——但到了 1526 年，欧洲食用蔬菜的引进已经在当地取得显著进展，以至于作家们当时留下了胡萝卜、花椰菜、豆类、芜菁、山葵和莴苣的价格较之往年更为低廉的记载。[②] 香蕉和芭蕉的传播同样迅速。1516 年，殖民者们首次在加勒比群岛种植这两种水果，并于 1520 年代将其移植到美洲大陆。香蕉和芭蕉能够提供丰富的碳水化合物、维生素和矿物质，种植所需付出的劳动力却比传统作物要少得多，加之其更高的生产率和常年结实的能力，使得这些水果作为口粮作物尤其具有吸引力。在不到一代人的时间里，香蕉和芭蕉就传遍了美洲的大部分热带地区，只要当地的自然条件有利于生长，这些水果就能迅速成为原住民菜谱中的主角。

　　但是，如果以在异国他乡"再造西班牙饮食文化"的能力来衡量的话，小麦和肉类才称得上是将西班牙农业引入新大陆的不折不扣的成功之举。正如约翰·休珀所说："对于西班牙人而言，种植和食用小麦不仅是一种文化传统，而且是塑造社会和改造自然的驱动力。"尽管障碍重重，移民们还是以坚韧不拔的意志种植小麦、饲养牲畜。只要他们取得成功，西班牙社会随之在当地生根发芽。这一进程发展迅猛。

71

----

① 特诺奇提特兰是阿兹特克帝国的首都，1521 年为西班牙人所毁，后在其废墟上建立墨西哥城。——译注

② Super, 1988, p. 15.

西班牙对美洲的扩张发端于在加勒比地区的试探之举。西班牙人不仅在当地设立了大量城镇和乡村社区，而且逐步兴建了一些主要城市：韦拉克鲁斯（Vera Cruz）（1519）、墨西哥城（1521）和危地马拉城（Guatemala City）（1524）。与此同时，还有一些冒险家已经跨越了分隔加勒比海和太平洋的狭窄陆地建立了巴拿马城（Panama）（1519）。他们在这里建造船只（使用当地森林的木材），用来运送探险队挺进南美洲，并为其提供后勤保障。在皮萨罗于 1532 年彻底摧毁印加帝国之后，西班牙开始在库斯科（1534 年）、利马（1535 年）、波哥大（1538 年）和圣地亚哥（Santiago）（1541 年）实行统治。在短短 50 多年的时间里，西班牙人建立的丰功伟业即使没有明显超出他们的最初设想，至少也与预期所获相差无几。

到 16 世纪末，从墨西哥荒凉的北部边陲到智利和阿根廷南部寒冷的亚北极地区，西班牙人已经在这片广袤的土地上建立了极为庞大的势力。但是，如果没有后方可靠的粮食生产体系提供的有力保障，他们绝无可能取得如此辉煌的成就。当皮萨罗和他的部下们翻越安第斯山脉向卡哈马卡进发时，他们无疑会感到些许惶恐不安。但是，作为已经在这片土地上殖民长达 40 年之久的西班牙王国的开路先锋，他们深知，背后有大片已被征服的土地和成千上万的殖民同胞，可以为自己提供船只、增援和补给。他们的进军准备十分充分，不仅队伍中配备了公证员和信纸，皮萨罗的行囊中甚至还装有两只威尼斯玻璃酒杯，准备事先送给阿塔瓦尔帕作为见面礼。[①]

尽管西班牙农业在新大陆取得了显著成绩，但在开始阶段，试图

---

① Hemming, 1970, p. 31.

在异国他乡重建西班牙饮食文化的努力遭遇了严重困难。在加勒比群岛的亚热带气候条件下，无论多么坚强的决心与意志也无法说动小麦开花结穗；直到美洲大陆能够生产小麦之前，这些地区只能依赖进口面粉。然而，美洲大陆引入小麦所获得的空前成功，足以弥补加勒比地区的惨痛失败。特诺奇提特兰于 1519 年陷落后不久，西班牙人开始在墨西哥谷种植小麦，不到 10 年时间，这片地区的小麦就获得了丰收。当时的观察人士对麦田的生产能力印象深刻，据记载，当地播撒一袋麦种，最后就能收获 20 袋、40 袋、60 袋甚至 400 袋小麦。当然，这些报告并非全部真实，但可以肯定的是，实际产量至少可以达到西班牙国内的 2—3 倍。此外，当地肥沃的土壤、充足的水源和格外适宜的气候，使得一些农民在一年之内不仅可以收获一季粮食，而且是两季甚至三季粮食。总而言之，新大陆的粮食产量迅速增加，而且与丰荒难测的西班牙形成鲜明对比的是，新大陆的粮食产量相对可靠。粮食很少歉收；尤其在发生一次歉收之后，几乎不可能立刻出现再次歉收。目前利用长时段统计数据编制而成的研究报告已经证实，在每隔 30—50 年的时间区间内，当地连续两次歉收的情况只会发生一次。

从墨西哥的成功开始，小麦的种植始终紧紧跟随着西班牙人向南美洲进军的脚步。事实上，在西班牙人势力所及的任何地方都可以这么说："尽管新大陆的许多景观和气息都让这些来访者感到不知所措，但他们通常可以指望通过伊比利亚风味的现烤面包来回忆起家乡的味道。"[1] 面包如此，肉类也是一样。

---

[1]　Super, 1988, pp. 32, 35.

无论西班牙人走到哪里，他们都不会忘记带上牲畜。"在这场美洲征服中，猪、羊、牛和托莱多钢剑、西班牙斗篷一样，都是其组成部分。"从加勒比群岛到墨西哥中部和秘鲁高原，欧洲的牲畜仿佛如鱼得水，处处都能找到优良的牧场和适宜的气候。由于没有天敌，加之缺乏原生草食动物的激烈竞争，各种牲畜迅速繁殖，数量大为增长。甚至早在 1500 年之前，在第一批加勒比岛屿上定居的牲畜和家禽即已泛滥成灾，甚至有超出环境承载能力的威胁；到 1520 年代，当地官员们开始呼吁建立畜牧业协会以控制畜群扩张。1560 年代的部分记载显示，当地野生的豺狗每年要袭击 6 万头牲畜，但仍然没有对畜群的规模产生实质性影响。当然，由于肉类产量如此丰富，不仅殖民者自身，甚至连返回西班牙的船只也能得到充足的供应。这一点

73 十分重要。生猪尤其受到青睐。在归国的长途航行中，这些猪以船上备好的玉米为食，为船员提供了极受欢迎的鲜肉盛宴。

随着西班牙势力的不断扩张，墨西哥中部地区的蛋白质产量迅速超过了加勒比地区，到 1526 年，也就是特诺奇提特兰陷落仅仅 7 年之后，由于当地猪肉产量的快速增长，其价格已经跌至 1524 年的四分之一。事实上，由于当地猪的数量实在太多，以至于市议会不得不采取措施使其远离城市干道。其他牲畜也是一样。大片大片的郊外土地被分配给了牲畜的主人，在很短时间里，2 万，甚至 4 万头牛羊已经开始在中心城区北部的辽阔平原上享用牧草。

在安第斯山脉的山谷中，同样放牧着数量庞大的牛羊，尽管高原的海拔和安第斯骆驼的竞争在一定程度上抑制了它们的繁殖，但它们仍然是引入南美的西班牙饮食文化的重要组成部分。到 16 世纪中叶，当地几乎所有人 —— 从富有的西班牙殖民者到贫穷的土著农民 ——

都吃肉，而且供应充足。在某些养牛特别多的地方，牛皮比牛肉要值钱得多。西班牙统治的美洲地区甚至通过了法律，劳动者每天应该获得一磅肉；在墨西哥驻扎的士兵则可以得到两磅——这一数字是西班牙本土士兵的两倍。当时的一位秘鲁居民对这一情况做出总结："这个地方的肉实在太便宜了。"

丰富的肉类、充足的面包、奶酪、水果和蔬菜——随着葡萄园和橄榄林的成熟，大量的原生橄榄油和葡萄酒也变得唾手可得……西属美洲的大部分地区在建立殖民统治之后的一代人时间里就实现了食物供应的自给自足。当 16 世纪的欧洲一再面临食物短缺甚至爆发饥馑的困境，而无情的物价上涨又进一步加剧了复杂局面时，西属美洲却经常出现食物过剩的情况。[①] 然而，非常可悲的是，能够活着享用这些食物的印第安人却越来越少。

西班牙征服美洲之后，印第安人的数量急剧减少，这一进程不仅发展迅速，而且其后果是毁灭性的。跟随西班牙人而来的，是当地土著完全没有抵抗力的疾病。从加勒比群岛到遥远的墨西哥和秘鲁，包括天花、麻疹、伤寒、流感和瘟疫等在内的各种疾病显示出了巨大的威力，造成了前所未有的人口灾难。由于没有人确切了解在 1492 年西班牙人抵达新大陆之前究竟有多少人生活在这一地区，我们已经无法准确测算这一人口坍塌的剧烈程度。但即便如此，历史人口学家的相关研究仍然有力地表明，在一个多世纪的时间里，当地总人口可能下降了 90% 以上。例如，一项对安第斯山区人口减少数量的权威估算显示，1520 年，该地区人口约 900 万，而到了 1620 年，当地人口

74

---

① Super, 1988, pp. 87-88.

仅剩 60 万。[1]

欧洲传来的疾病就像秘密的盟军一样，为西班牙殖民南美有效扫清了道路。在土地的旧主死于天花的情况下，即使是质量最为上乘的耕地也不会引发所有权的争议；在大片土地空置和抛荒的情况下，耕作和放牧的空间也没有什么冲突。当西班牙本土还在竭力生产足够养活民众的粮食时，西属美洲却持续处于粮食过剩状态。这种充足的粮食供给加速了西班牙征服美洲的进程，并使殖民者们能够继续建立自给自足的居民社区和新的城市。悲哀而又讽刺的是，人类历史上规模最大的人口减少事件之一，恰恰发生在食物经常过剩的时期，这是对欧洲扩张主义野心的严厉控诉。[2]

另外，土著人口的锐减和欧式农业在南美的成功建立，共同解释了西班牙人为什么没有对土豆投诸更多的关注。回顾这段历史之初，这个问题似乎令人极为困惑，土豆这样一种可以缓解西班牙长期粮食短缺的珍贵作物，为什么没有将其块茎运回西班牙广泛种植呢？但在了解这段历史之后，问题的答案也呼之欲出。怎么会有西班牙人考虑到土豆呢？毕竟，土豆不过是土著农民的食物，而在这一时期，这些种植和食用土豆的成千上万的印第安人正在奔向死亡。

---

[1] Cook, 1981, p. 114.
[2] Super, 1988, p. 88.

第2部分
欧　洲

图 6

第6章　寂然的狂喜

我有上好的土豆，

熟透了的土豆！

大人，请尝一口这些土豆好吗？

它能一扫您的萎靡不振。

让您的荣耀重新燃起高贵的渴望。[①]

约翰·弗莱彻（John Fletcher）在其戏剧《忠实的仆人》（*The Loyal Servant*）中写下了上述台词。17 世纪初，一群活跃的剧作家使伦敦成为全世界第一个娱乐产业中心，约翰·弗莱彻正是其中一员。在当时的伦敦，去剧院看戏是一件广受欢迎的新鲜事物，而且比小酌或聚餐物有所值——最低门票价格只要 1 便士。1605 年，13% 的伦敦人每周看一场戏，对于当时拥有 16 万人口的伦敦来说，这相当于每天有 3500 人、每周有 21000 人去看戏。[②]

在观众的追捧之下，对新作品的需求是永无止境的。在 1590—1642 年的 52 年间（随着英国内战爆发，议会在 1642 年宣布"公共戏剧应当停演并受到限制"，中断了这一繁荣局面），有名可考的作家们共计创作了超过 2500 部剧作。莎士比亚（Shakespeare）贡献了

---

①　Fletcher, 1617, III, v.

②　Harbage, 1941, pp. 38, 41, 59-61.

其中的 38 部作品，但至少还有另外 20 部由他署名的剧作的作者其实
另有其人。许多作品现在已经失传，但还有 900 部留存于世，其中
超过 850 部是由区区 44 名剧作家创作的。托马斯·海伍德（Thomas
Heywood）声称自己创作或参与创作了 220 部戏剧；托马斯·德克
（Thomas Dekker）则至少创作了 64 部，其中 44 部是在 1598—1602
年的 5 年时间内完成的；约翰·弗莱彻总共创作或与他人合作了 69
部戏剧。①

　　剧作家们对观众的喜好了如指掌，他们在剧作中加入了大量的
情色对话，这不仅能够引发观众的笑声，而且可以鼓励观众下周来
78　剧院寻找更多的乐子，甚至莎士比亚也不例外。因此，莎士比亚在
《温莎的风流娘儿们》（The Merry Wives of Windsor）中让故事的主人
公福斯塔夫（Falstaff）在温莎公园（Windsor Park）里打扮成了一
头公鹿，期待着"一个凉快的交配期"，并着力描写了他和福特太太
（Mistress Ford）的相会细节："我的黑尾巴的母鹿！让上天落下土豆
般大的雨点儿来吧，让上天配着'绿袖子'②（Green Sleeves）的曲调
响起雷来吧，让蜜心糖和情人草像冰雹雪花那样落下来吧；只要躲
在你的怀里，什么狂风暴雨我都不怕。"③ 在同为莎士比亚创作的《特
洛伊罗斯与克瑞西达》（Troilus and Cressida）中，剧中人忒耳西忒
斯（Thersites）更有这样的言论："那个屁股硕大、手指粗得像土豆
的荒淫魔鬼怎么会把这两个人凑在一起！煎熬吧，都在这种荒淫里

---

① 剧作家姓名、作品数量和创作时间均引自 Hall, 1998, p. 115。

② 绿袖子是一首歌颂凄美爱情的英国民谣，在伊丽莎白一世时代流行甚广。——译注

③ W. Shakespeare, The Merry Wives of Windsor, 1597, V, v.

煎熬吧！"①

在莎士比亚的时代，土豆被认为具有催情功能，前文所述的福斯塔夫和忒耳西忒斯正是从这个角度，而非食物角度来看待土豆的。但和他的同行相比，莎士比亚仍然称得上天真无邪，在其他人的作品中，大书特书土豆能够唤起性欲的特性不仅早已习以为常，而且往往毫不掩饰。②

让我们再次回顾约翰·弗莱彻的作品：

一场盛宴！——真好！土豆和情人果

其他菜肴，让我看看，还有斑蝥！太棒了！

阴茎已经勃起；看我怎么对付它

理应如此，权势滔天的老色鬼。③

早在莎士比亚开始写作之前，土豆具有催情功能的说法即已流传于世，而即使在他逝世之后很长一段时间，这种信念仍未消失。历史学家威廉·哈里森（William Harrison）在 1577 年写道："土豆，以及其他从西班牙、葡萄牙和西印度群岛传出的情欲食品，丰富了我们的餐桌。"④ 1622 年，以提倡健康生活而闻名的托比亚斯·温纳（Tobias Venner）医生向大众推荐土豆，因其"不仅可以很好地缓解不适、增

---

① W. Shakespeare, *Troilus and Cressida*, 1603, V, ii.

② Salaman, 1985, p. 425.

③ Fletcher, 1637, IV, iv. 情人果是一种由海冬青的根制成的蜜饯，斑蝥是一种甲虫（西班牙苍蝇）。这两种食物都被认为是春药。

④ Harrison, 1968.

强身体，而且是一种能够有效刺激爱情之神的食物"。一个世纪之后，似乎是为了将这一没有任何事实依据的神话传承下去，药剂师威廉·萨蒙（William Salmon）进一步宣称，土豆"是合适的利尿剂、造口剂、乳糜泻剂、强壮剂和精子营养剂，土豆滋养了我们的整个躯体，恢复了我们的伤痛，激发了我们的欲望"[①]。

　　有人可能会猜测，既然在这么长的一段历史时期里，世间留下了如此之多关于土豆的记载，那么，我们现在应该已经十分清楚土豆块茎首次在欧洲和英国露面的具体时间和确切位置了吧？毕竟，这种东西因其传说中的催情特性而名声大噪，尽管其价格昂贵，用途也难登大雅之堂，但并不妨碍那些无力负担的人们也对其充满兴趣，正如英国裘园皇家植物园园长约瑟夫·班克斯爵士（Sir Joseph Banks）所说，土豆被"那些信仰其所谓催情功能的人们买走，往往所费不赀"[②]。

79

　　所以，肯定会有人为率先引入土豆而邀功吧？或者，至少应该有人记录了对土豆特性和用途的第一印象吧？但是，在详细稽核文献和原始资料后，我们却无法找到一个准确的名字和时间，对答案的追寻很快为困惑所取代，尤其是在文献作者提及的土豆可能包括两种截然不同的东西时：马铃薯（common potato）和红薯（sweet potato）。正如我们所知，二者之间其实毫无关系。

　　1492 年，哥伦布在首次远航中遇到了红薯，据其记录，红薯看起来像山药，口味则与栗子相似。首航归国之后，红薯也包括在哥伦布

---

① 引自 Salaman, 1985, p. 105。

② Banks, 1805, p. 8.

展示给西班牙宫廷的地方特产之中；在随后几次航行中，红薯的块根和种植工具也被带回西班牙。到 1510 年代或 1520 年代，红薯已在环境适宜的南欧地区广泛种植。相较之下，北欧地区则实在太冷，所以对伦敦来说，红薯是一种价格不菲的进口美食，但对于那些迫切需要红薯的所谓特殊功能的人而言，想必仍然物有所值。尽管无论是煮、烤，还是炸，红薯都是一种美味佳肴，但在当时最常提到的红薯烹饪方式，还是切片的红薯蜜饯。据说亨利八世就特别青睐这一美味。

　　毫无疑问，当前文所述的 16 世纪作家在讨论土豆时，其实说的是红薯。因为在他们所处的时代，土豆，也就是马铃薯，在欧洲尚不为人知。但是，当 17 世纪作家重提土豆的催情功能时，土豆和红薯都可能是他们谈论的对象，因为彼时两者都已可以买到，而且都不便宜。

　　但是，想要发现究竟是谁、在什么时候把土豆引入欧洲，困难并不仅仅在于名称上的混淆；这也反映了 15 世纪和 16 世纪早期科学研究的不足。在当时，植物学，乃至整个自然科学的调查研究还未兴起。对植物的研究仍然严格遵循着老普林尼（Pliny the Elder）的《自然史》（*Natural History*）和狄奥斯科里迪斯（Dioscorides）的相关著作（二者均在公元 1 世纪编纂而成）所确立的古典传统。尽管他们的研究非常深入（狄奥斯科里迪斯记录了大约 500 种植物），但他们及其学术后继者的主要目标，仅仅是希望建立一本有用的（或危险的）植物分类目录，并记录该如何利用（或避开）这些植物。其中，最让人兴致勃勃的是具有药用价值的植物，在一般被称为"草药志"　80（*Herbals*）的著作（最初是手稿，后来则逐渐变成了印本）中，这些植物得到了详细记录。

　　这种所谓的"草药志"，实际上是一本医学参考书，其中记录了特定植物的"优点、缺点和药用价值"，并且列举了这些植物可能适用的疾病和情况。[①] 这种作品往往附有完备的索引，便于读者查找每种疾病的治疗方式，因之具有极强的实用性，确实堪称每个家庭的必备之物，畅销也在情理之中（有作者曾经宣称，自己的"草药志"已经卖出 3 万本之多）。[②] 不过，几个世纪以来，这些"草药志"的作者们满足于复述甚至剽窃前辈的成果。然而，在 16 世纪早期，一种新的研究思路逐渐产生，有些作者开始尝试在疾病呈现出的特性和具体治疗方式之间建立一定联系，从而丰富对植物的认识。这种理论被称为"形象学说"（Doctrine of Signatures），在一定程度上象征着由经验主义向调查科学迈出的最初步伐。但是，这一理论从未得到应有的尊重，部分是由于其治疗方式的确颇为荒诞，部分则是受到了其最著名的支持者——自负傲慢的泰奥弗拉斯托斯·鲍姆巴斯特·冯·霍恩海姆（Theophrastus Bombast von Hohenheim）所带来的负面影响。遵循当时的风尚，霍恩海姆给自己起了一个拉丁名字帕拉塞尔苏斯（Paracelsus），但其最初的名字鲍姆巴斯特（意为"夸夸其谈"）仍然为自己的性格提供了注解。

　　形象学说认为，最有效的药用植物，是那些在外形或性质上能够反映需要治疗的疾病或状况的植物。譬如，这种学说支持向贫血女性推荐颜色发红的甜菜根汁，并将黄色的白屈菜视为治疗黄疸的手段。帕拉塞尔苏斯本人即表示，"圣约翰草所开的花腐烂之后，和血液颇为相似"，"这一特质充分说明，这种草药对伤口有益，可以促

---

① 引人入胜的详细记载参见 Arber, 1938, reissued 1986。

② Ogilvie, 2006, p. 45.

进其痊愈"。同样，这一理论还提出，生命周期较长的植物有助于长寿（当然，生命周期较短的植物则会导致短命）；表皮粗糙的药草可以治疗那些破坏皮肤自然光泽的疾病；盛开蝴蝶状花朵的植物对蚊虫叮咬颇有奇效；茎秆光滑而绿叶丛生的铁线蕨则被认为是预防脱发的良方；等等。①1657 年，英国药剂师威廉·科尔（William Cole）提出了一个充分反映了形象学说的原理及其愚昧性质的典型药方：

核桃和人类头颅的"形象"几乎一模一样。核桃的绿色外皮象征着人类长着头发的颅骨外膜，因此，用核桃外皮制成的盐对头部伤口的恢复极为有益。核桃的木壳和人类的颅骨颇为相似，包裹果仁的黄色表皮则与保护大脑的脑膜有异曲同工之妙，核桃仁和大脑简直毫无区别。因此，食用核桃仁对大脑不仅助益颇多，而且有利于排出毒素。另外，如果将核桃仁磨碎，再浸以上等红酒，将其置于头顶，能够十分有效地缓解大脑和头部的不适。

不言而喻，认为核桃有助于补脑和视土豆为春药的想法同样不切实际。但是，这些信奉形象学说的药剂师们为植物学的发展提供了新的思路，背离传统取向的研究路径由此开始不断发展壮大，最终为解答前文提出的关键问题创造了条件：究竟是谁、在什么时候，把土豆引入欧洲的？

有学者指出，对自然历史进行科学研究"发端于文艺复兴时

① Arber, 1938, reissued 1986, p. 251.

期"；① 第一批植物学家来自低地国家、法国、德国、瑞士、意大利和英格兰，其中一部分人需要独立谋生，另外一部分人也出自贫寒之家。因为对植物的多样和美丽——而不仅仅是其药用价值——怀有强烈的兴趣，这些学者聚在一起，形成了一个差异性极强的学术共同体。他们的研究被一种美学的内在需要所驱使，可以称为"寂然的狂喜"②。他们想要了解、发现、记录植物的一切，但是又很快发现，古典研究方法没有办法对植物及其分布进行完美阐释。起初，他们忠诚地沿着旧路前行，试图将自身研究成果强行套入传统框架之中，但随着时间推移，他们逐渐发现，越来越多的研究成果不仅和旧有体系格格不入，而且与传统认识自相矛盾，甚或完全是彻头彻尾的新鲜事物，古典研究方法已经无力为继。③

在这些植物学家的早期先驱中，莱昂哈特·福克斯（Leonhardt Fuchs）和马蒂厄·洛贝尔（Mathieu L' Obel）因其姓名被用于命名吊钟花（fuchsia）和半边莲（lobelia）这两种广受欢迎的开花植物而被永远铭记。令人遗憾的是，其他人却没有同样的机缘：包括彼得罗·马蒂奥利（Pietro Mattioli）、康拉德·格斯纳（Conrad Gessner）、瓦列里乌斯·科尔都斯（Valerius Cordus）、伦伯特·多东斯（Rembert Dodoens），以及格外重要的卡罗卢斯·克卢修斯（Carolus Clusius）——这是由其原名朱尔斯·夏尔·德莱克吕兹

---

① Ogilvie, 2006, p. 1.

② "寂然的狂喜"（A lonely impulse of delight）一词出自爱尔兰著名诗人威廉·巴特勒·叶芝（William Butler Yeats）的诗作《一位预见自己死亡的爱尔兰飞行员》（An Irish Airman Foresees His Death），此句翻译可参见威廉·巴特勒·叶芝等：《寂然的狂喜：叶芝的诗与回声》，傅浩、刘勇军译，北京：中信出版社，2017年。——译注

③ Whittle, 1970, chapter 2.

（Jules Charles de l'Écluse）转译而来的拉丁名字。作为一名学者和研究人员，克卢修斯显示出了与众不同的能力，通过将相当程度的勤奋和严谨运用于植物研究之中，他最终取得了超越其他同时代研究者的成就。克卢修斯的主要研究集中于扩展植物知识的范围，在他的努力下，"草药志"的内容逐渐开始发生变化，并最终为"植物志"（*Flora*）所取代。①

　　当克卢修斯于 1526 年出生时，一名有心人仍然有可能在当时了解曾经被记录下来的全部植物。而到了他于 1609 年去世时，现存植物目录中已经增补了来自欧洲和世界各地的数以千计的新条目，这一数字已经超出了任何个人的学习能力。正如亚德里安·范·德·斯皮格尔（Adriaan van de Spiegel）在 1606 年所指出的：

　　82

　　由于植物的外形、用途和其他方面的变化是无限的，无论一个人多么努力，他也不可能对所有植物有全面而充分的认识。我们可以在河流、沼泽、海洋、山脉、田野、谷地、沙漠、墙角、石堆、草地、果园、森林和尚未涉足之处——总而言之，在欧洲、亚洲、非洲和西印度群岛的每一个角落——找到植物，而且时时都有新的发现。②

　　很快，植物学变成了一件集体为之努力的事业，从 16 世纪末出版的书籍中，我们可以清楚地看到，彼时土豆已经成为一种在欧洲数个地区都引起了注意的植物。加斯帕德·鲍欣（Gaspard Bauhin）在

---

① Morton, 1981, p. 144.

② 引自 Ogilvie, 2006, p. 52。

《植物大观》（*Phytopinax*）中首次提到了土豆，书中没有配图，但鲍欣赋予了土豆一个拉丁名称——Solanum tuberosum esculentum；在1753 年出版的《植物种志》（*Species Plantarum*）中，瑞典生物学家林奈（Linnaeus）沿用了这一名称，并将其确定为土豆的正式学名。鲍欣的《植物大观》于 1596 年在巴塞尔（Basle）出版，而在一年之后，英国植物学家约翰·杰拉德（John Gerard）创作的《植物通史》（*Herball or Generall Historie of Plantes*）出版，其扉页正是一幅作者手持一朵土豆花的肖像版画，在正文中，他对土豆及其花朵进行了更为细致的描写：

　　这种植物叶子的排列方式如同以古怪手法编成的辫子一般，叶子上面恣意盛放着美丽宜人的花朵……花的颜色难以形容，总体以浅紫色居多，而在花瓣每处褶皱的中心位置，紫色又为轻柔的黄色所取代，整朵花呈现出一种紫色和黄色相混合的感觉……这种植物的根形态各异，有些像一个圆球，有些呈椭圆形，有些较细长，有些则较粗短：凭借难以计数的须根，这种植物的多节根紧紧缠绕在茎上……

　　约翰·杰拉德是一名训练有素的医师，但他把精力主要放在了园艺和植物学上。在长达 20 年的时间里，他在伦敦经营着一处游人如织的花园，并参与了另外两座花园的管理。1596 年，亦即鲍欣出版《植物大观》的同一年，杰拉德也出版了一本没有插图的植物目录，内容是对他的花园植物进行介绍。但是，杰拉德作为植物学家的声誉主要建立于前文所述的篇幅更大、附带插图的《植物通史》之上。然而，不幸的是，这种声誉的产生却是基于一个并不光彩的事实：《植

物通史》中的大部分内容并非杰拉德本人所作。1947 年，剑桥大学
学者查尔斯·雷文（Charles Raven）发表了一篇关于英国博物学家的　83
论文，在这篇慎重而温和的文章中，作者直言不讳地把杰拉德描述为
"一个骗子，而且从植物学的角度来说，是一个极为无知的骗子"①。

　　出版《植物通史》的想法源起于伦敦出版商约翰·诺顿（John
Norton）。诺顿的最初计划，是委托一位名叫普里斯特（Dr Priest）
的学者将植物学先驱之一伦伯特·多东斯（Rembert Dodoens）于
1583 年出版的一本拉丁文植物学著作翻译为英文；此外，诺顿还购
买了 1800 幅植物木刻版画，以为译本提供图解。但不幸的是，在译
文和插图最终定稿之前，普里斯特就已去世，随后这些材料被转交给
杰拉德继续完成。尽管杰拉德的最初任务仅仅是统一译本和插图，但
当他发现普里斯特的前期翻译工作严格遵循了多东斯的原版著作之
后，他决定通过重新组织材料的方式将其改头换面，这样的话，这部
著作就可以摇身一变成为杰拉德的研究成果，而不再是简单的翻译作
品。但是，杰拉德的植物学知识十分有限，甚至难以准确地匹配文本
和插图，许多插图被放错了位置。当这一错误被他人指出之后，约
翰·诺顿转而邀请了另外一名声望卓著的植物学家马蒂厄·洛贝尔
前来解决这个问题。洛贝尔对漏洞百出的原稿进行了大量校正，但
在尚未完成之前，颜面尽失的杰拉德已然耐心全无，断然终止了修
改 —— 杰拉德愤怒地声称，洛贝尔的英文水平不足以胜任这项工作。
因此，在 1597 年出版的《植物通史》中，大约三分之二经由洛贝尔
审定的内容准确程度很高，但其余三分之一就不那么可靠了。

······

① Raven , 1947, p. 208.

约翰·杰拉德死于 1612 年。1633 年出版的修订版挽救了《植物通史》，但编者的推介性评论却永远摧毁了杰拉德的名声：

> 对于原书作者约翰·杰拉德先生，我没有什么可说……其最值得称赞之处，是向公众介绍相关知识时流露出的一番好意，他为此尽心竭力，甚至超出了自身能力范围；当然，这也在一定程度上暴露出了其知识上的短板。[①]

认为杰拉德的著作存在抄袭和错漏是证据确凿的。但是，由于没有任何相关资料可以供其剽窃，他对土豆的记录和相关插图则一定是原创的。确实，加斯帕德·鲍欣在 1596 年出版《植物大观》时记录了土豆的存在，但他的著作中缺乏插图。而且，早在鲍欣著作问世之前，杰拉德即已出版了自己的花园植物目录，其中就包括土豆。在这本目录中，杰拉德对土豆的大量细节进行了详细记录，尽管同样没有插图，但对于当代学者而言，这些细节已经足以对植物的物种和品种做出准确的判断。[②]确实，杰拉德的学术声誉饱受争议，但我们必须承认，他在《植物通史》中用心记录和刻画的土豆，确实出自自己经营的花园，而且似乎已经至少种植了两季。问题是：他从哪里得到的土豆？在《植物通史》中，杰拉德写道：

> 根据克卢修斯的研究，土豆最早发现于美洲，是当地的一种野生植物。而在我从弗吉尼亚得到这种植物的根之后，它们就在我的花园

----

① 引自 Raven, 1947, p. 207。

② Salaman, 1985, p. 82.

中茁壮成长，就像在故土一样。印第安人将这种植物称作 Papus，意为"根"。[1]

　　杰拉德竟然声称他的土豆来自弗吉尼亚，这实在令人费解，因为直到他去世之后，土豆才被一批移民引入弗吉尼亚。但是，也有可能是运送土豆的船只在从南美启航之后中途经停弗吉尼亚，使杰拉德产生了误解；当然，杰拉德隐瞒事实，谎称这种全新的粮食作物是弗吉尼亚殖民地建立以来的第一种特产，意在讨好英国女王伊丽莎白一世，也并非全无可能。毕竟，弗吉尼亚（Virginia）正是沃尔特·雷利爵士（Sir Walter Raleigh）以"童贞女王"[2]（Virgin Queen）命名的殖民地。[3] 同样有趣的是，杰拉德惯于忽略他从其他植物学家那里获得的任何参考和帮助，却在这里引用了克卢修斯的研究。但是，克卢修斯的相关研究直到 1601 年才正式出版，在 4 年之前的 1597 年撰述《植物通史》时，杰拉德是如何了解到克卢修斯的研究成果的？

　　16 世纪 70 年代末，克卢修斯曾多次访问英国，但目前没有任何证据表明他曾与杰拉德有过会面，否则杰拉德一定会竭力渲染此事；他们也没有通信往来。但是，他们的确有一个共同的朋友：伦敦药剂师詹姆斯·加勒特（James Garret）。就算关于土豆的信息确实是在这三个人之间进行传递的，那么似乎在 1588 年到 1593 年间，身处伦敦的杰拉德和住在维也纳的克卢修斯获得土豆的渠道也并不相同。[4] 根

---

[1] Gerard, 1931, p. 269.

[2] 伊丽莎白一世终身未嫁，被称为"童贞女王"。——译注

[3] Salaman, 1985, p. 83.

[4] Hawkes, 1966, pp. 249-262, 259.

据现有证据，我们可能永远无法搞清杰拉德的土豆究竟来自何方，克卢修斯的土豆的来源会不会清晰一些呢？

克卢修斯在 1601 年发表的成果中详细描述的土豆，与佩德罗·西扎·德·莱昂在 1538 年看到的安第斯山脉土豆一模一样，这一点毫无疑问。截至成果发表时，土豆已经在克卢修斯的花园中生长了数季，但他始终无法解释土豆是如何遍布欧洲的（根据当时克卢修斯的记录，土豆在德国和意大利已经是一种十分常见的作物，而且产量可观）。显然，最初的土豆块茎要么来自南美，要么源于西班牙，但克卢修斯对这种植物的初步认识却来自比利时。1588 年初，比利时蒙斯市（Mons）市长菲力浦·德·西弗里（Philippe de Sivry）把两块土豆块茎送给身处维也纳的克卢修斯，他才第一次接触到这种植物。这些土豆块茎，是由驻比利时教廷使节从意大利带来的，经过一个朋友的传递，才落入德·西弗里之手。但是，追根溯源到此只能告一段落，意大利人根本不知道自己种植的土豆最初源于何方，尽管这种作物在意大利已经极为常见，除了供人食用之外，当地甚至开始用土豆喂猪；克卢修斯则只能感到大惑不解，为什么自己没能早点儿获得土豆的信息。①

克卢修斯有足够充分的理由感到不解。作为当时欧洲最重要的植物学家，克卢修斯在慷慨地分享自己所了解的知识和信息的同时，也在期待别人的互通有无；此外，他还在 1564 年花了几个月时间周游西班牙，专门寻找极为罕见和值得关注的植物。1576 年，克卢修斯发表了关于此次旅行收获的详细记录，其中完全没有提到土豆；与此

85

① 这些关于克卢修斯的论述出自 Salaman, 1985, pp. 89-91。

同时，他还翻译了西班牙出版的新大陆植物报告，并进行了精编和注释，也没有提及土豆；[1] 佩德罗·西扎·德·莱昂关于秘鲁土豆的记载同样没有引起克卢修斯的注意。很多学者认为，克卢修斯在关于西班牙植物的研究中完全忽略了土豆，这意味着土豆当时并未在西班牙生根发芽；但是，这种缺失也有可能意味着西班牙人不希望外国人得知这一情报。现有证据表明，的确存在一些关于西班牙在美洲发现之物的报告并未发表，"谨慎的西班牙官僚担心泄露商业机密，相关记录的原稿被长期锁藏在塞维利亚"[2]。

我们固然应该对阴谋论调时刻抱持警惕，尤其是涉及 400 年前的事情。但是，我们同样应该对纯粹的否定性证据怀有质疑，特别当这是唯一证据的时候。克卢修斯在西班牙的确从未发现过和听说过土豆，但仅靠这一否定证据无法证明西班牙当时没有土豆。疑云随之丛生：在西班牙没有任何关于土豆的记录的情况下，16 世纪晚期，土豆极为突兀地出现在北欧的许多地方，这显然有些古怪。毕竟，西班牙人似乎颇为热衷从新大陆带回各种各样的特产。正如有学者指出的，"西班牙人总是孜孜不倦地模仿所有外国的东西，他们非常清楚如何充分利用别人的发明"[3]。

例如，对于欧洲来说，玉米是由哥伦布在美洲发现的，但是，随着玉米在西班牙的种植日益广泛，到了 1530 年代，大家基本上已经忘记了玉米的新大陆出身。莱昂哈特·福克斯就相信玉米来自土耳其，在 1542 年出版的植物学著作中，福克斯收录了一幅玉米的精美

86

---

[1]　Ogilvie, 2006, p. 143.

[2]　Ogilvie, 2006, p. 210.

[3]　Hernández, 2000, p. 111.

木刻插图，并将其命名为"土耳其玉米"。福克斯还表示，这种来自
土耳其的作物"正在所有花园里茁壮成长"。直到 1570 年，随着意大
利植物学家佩德罗·马蒂奥利宣布，"玉米来自西印度群岛，而非福
克斯认为的土耳其或者亚洲，这种作物应当被称为西印度玉米而非土
耳其玉米"，玉米源于新大陆这一事实才得到了重新确认。[①] 西红柿、
可可、辣椒、南瓜和烟草等植物也是一样 —— 它们其实全都来自新
大陆。还有向日葵，我们现在已经很清楚，向日葵最初是在北美地区
被人类驯化的，但在相当长的时间里，大家都相信，它和土豆一样来
自南美。约翰·杰拉德在《植物通史》中就给向日葵起了一个"秘鲁
万寿菊"的名字。根据 1590 年代的记载显示，向日葵当时在欧洲已
极为常见，甚至"无处不在"。[②]

当然，我们不应忘记，在整个 16 世纪，西班牙和欧洲大部分地
区的关系并非持续处于友好状态。新大陆的发现为西班牙带来了大量
财富，这引发了欧洲各国的强烈嫉妒；与此同时，宗教改革引发的教
义纠纷，使新教和天主教的对立愈演愈烈，最终造成了严重冲突。信
仰不同宗教派别的各国之间爆发了战争。1587 年，英国航海家弗朗
西斯·德雷克（Francis Drake）率领一支舰队闯入西班牙主要港口之
一的加的斯港（Cadiz）并成功占领该地，在随后的 3 天时间里，德
雷克毁掉了港内的 26 艘敌舰和大量物资，这一事件是德雷克的成名
之作，有人称之为"烧焦了西班牙国王的胡子"。当然，德雷克的突
袭仅仅是推迟了西班牙侵略英格兰的企图，但在一年之后，当西班牙

① Lowood, 1995, p. 300.

② Ogilvie, 2006, pp. 266, 330 note 7. Ward, Bobby J., and Ann Lovejoy, 1999, *A Contemplation Upon
Flowers: Garden Plants in Myth and Literature*, Timber Press, Portland.

无敌舰队重整旗鼓驶入英吉利海峡时，再次遭到了德雷克的迎头痛击。在这种历史背景下，我们可以理解，英国人不太可能将任何值得称赞之举归功于西班牙人，而弗朗西斯·德雷克爵士（因其击溃无敌舰队的功绩而受封勋爵）也绝不会犯任何错误——当时人们普遍相信，是德雷克把土豆引入了欧洲。

在德国南部的奥芬堡（Offenburg），曾经矗立着一尊德雷克的雕像，手中握着一株开花的土豆，还带着完整的块茎。这座雕像的意义，正在于赞美这位环球航海家于 1580 年将土豆带回欧洲的壮举。雕像的底座装饰着一圈土豆块茎式样的饰带，上面刻有一行铭文，大意如下："他因千百万人的祝福而将被永远铭记，他使我们得以种植这种上帝的珍贵赐予，帮助穷人度过贫困和匮乏。"这座雕像在第二次世界大战期间被毁，想必是因为它纪念了一位英国人，但是关于德雷克将土豆带回欧洲的传说流传至今：在环球航行中，德雷克得到了一些土豆，并在回到欧洲后给了一位朋友，故事随之发生。这位朋友栽培土豆足够成功，但他错误地选择了土豆开花后结出的浆果作为烹饪的对象，而非我们熟知的块茎。非常遗憾，浆果难以下咽，所以这位朋友只好命令园丁把剩下的土豆植株连根拔起，全部烧掉。园丁照做了，但在焚烧的过程中，一个从火堆中滚出来的土豆碰巧裂开了，烤的火候恰到好处。园丁首先闻了闻，随后又尝了尝，没想到美味极了——土豆得救了。

然而事实证明，这个看上去十分美好的故事其实纯属虚构。德雷克的确知道土豆，1578 年 11 月，他在智利附近海域的一个小岛上发现了它们，他还在航海日志中留下了记录（不过，这一日志直到 1628 年才出版）："我们登陆之后，土著向海边的我们走来，他们展示出了极大善意，给我们带来了一些土豆、各种植物的根，以及两只很肥的绵羊……"① 但在得到土豆之后，德雷克随后的航线是穿越整个太平洋和印度洋，再通过非洲南端的好望角回到欧洲，整整两年之后，德雷克才抵达英国普利茅斯（Plymouth），经过了这么长的时间，即使还有剩余的土豆，也已经失去了再生能力。同样值得关注的是（尽管这也是我们必须警惕的否定性证据），克卢修斯和德雷克是旧识，在前者于1581年访问英格兰时，德雷克实际上一直陪伴着克卢修斯。而当克卢修斯对德雷克环球航行带回的新奇之物进行记录时，根本没有提及土豆的存在（二者关系极为密切，克卢修斯甚至以德雷克之名为一种植物命名）。②

　　除了德雷克之外，另外一位英国人的英雄同样被认为是将土豆引入欧洲的功臣，他就是沃尔特·雷利爵士，巧合的是，他也有过在美洲冒险以及对抗西班牙人的经历。身为英国皇家植物园主管，并且作为库克船长探索太平洋之旅的植物学家，素有盛名的约瑟夫·班克斯爵士将雷利带回土豆的准确时间确定为1586年7月27日。但是，关于雷利带回土豆的故事其实并没有什么可信度。据说，当雷利返回英格兰时，他竟然为英国女王伊丽莎白一世端上了一盘煮土豆，凭借这一记载，雷利获得了将土豆引入欧洲的丰功伟绩。但事实上，雷利带回来的根本不是土豆，这不过是一场张冠李戴所导致的美丽错误。

　　雷利从来没有真正踏足过那片他命名为弗吉尼亚（现在该地被称为北卡罗来纳）的北美海岸，而他派遣到当地的移民们也从来没有发

---

① Drake, 1628/1854, pp. 97, 238.

② Ogilvie, 2006, p. 77.

现过真正的土豆，原因很简单，土豆并非北美地区的原生植物。这些移民们在当地发现了一种和土豆极为相似的植物，尽管当时人们确凿无疑地认定那就是土豆，并将其送回给雷利，但实际上，他们发现的更有可能是一种同样结出块茎的原生攀援植物 "openawk"（在一些记载中，这种植物经常和土豆混淆），或者压根就是红薯。没有任何证据表明，雷利把真正的土豆引入了英格兰和欧洲。

到了 17 世纪早期，土豆在植物学专著中已经有了固定的插图和描述，但是没有一个作者能够找到无可辩驳的资料来源，以说明土豆引入欧洲的路线和时间 —— 甚至没人能够举出哪怕一个例子，证明土豆早在 1588 年之前就已经开始了人工栽培。没有任何板上钉钉的结论，只有一团令人困惑的迷雾。这种混乱的状况持续了 300 多年，直到剑桥大学科学家、土豆专家雷德克里夫·N. 萨拉曼开始对这一问题详加审视，我们才得以接近历史的真相。

刨根问底、占有资料是萨拉曼采用的研究方法的典型特征。每当关于土豆的任何一个方面的问题吸引了他的注意力，只要他认为可以从中获取点滴信息，萨拉曼就会源源不断地给每一个专家和机构去信。在向专家和机构去信请求帮助时，萨拉曼总是彬彬有礼（而且十分节俭，伯明翰大学收藏了一些萨拉曼所写信件的复印件，其中相当一部分就写在他的股票经纪人来信的背面），这些信件中处处涌现着不可思议的奇思妙想和出人意料的思想火花，这使得他于 1949 年出版的《土豆的历史及其社会影响》一书不仅十分有趣，而且堪称一座学术成就的丰碑。值得注意的是，在他的通信好友中，哈佛大学经济学教授厄尔·J. 汉密尔顿（Earl J. Hamilton）开展研究的深入和勤奋程度与萨拉曼不相上下，他同样为土豆进入欧洲的历

88

史考察做出了贡献。

汉密尔顿当时的研究方向是 16 世纪新大陆大量金银的流入对西班牙和欧洲经济造成的影响。为了寻找能够反映数十年间生活成本变化的具体数据，他查阅了大量尘封已久的城市档案，以及其他长期记录日用商品和生活必需品价格的机构档案。汉密尔顿在塞维利亚花了几个月时间，以搜寻 16 世纪的相关文献。整个工作流程十分复杂，他需要搞懂时人习以为常的模糊记录方式，辨认潦草的手稿，翻译难懂的古西班牙语，最后才能对发现的任何有用信息加以记录。这种寻觅把他带到了慈善医院（Hospital de la Sangre），这是 14 至 16 世纪在塞维利亚和其他西班牙城市建立的专为穷人和弱者服务的几所医院之一。无论如何，对于历史研究而言，慈善医院价值卓著，从 1546 年开始，医院保留了极为详尽而且几乎从未中断的账目，包括收据和进货记录。在这里，一页又一页的账目详细记录了医院购入面包、蜂蜜、鸡、鱼、肉、猪油、蔬菜、红酒、食醋、肥皂、亚麻布、羊毛、床单、木柴、引火木和药品等物资所支付的费用，为汉密尔顿提供了大量资料。这份清单详尽无遗，不仅反映了当地物价每年发生的变化，而且提供了这样一份记录——1573 年 12 月 27 日，医院的采购员购入了一种此前从未买过的东西：19 磅土豆。①

在随后的几年里，土豆逐渐变成了医院采购清单中的常客，起初购买的单位是磅，后来变成了阿罗瓦（arroba）（一种西班牙重量单位，相当于 25 磅）——采购数量越来越多，这说明在开始采购时土豆肯定是一种稀罕物或者奢侈品，后来则变得愈发常见（和廉价）。

....

① Hamilton, 1934, p. 196, note 2.

此外，汉密尔顿进一步注意到，所有的进货都发生在 12 月和 1 月，　89
这说明这批土豆是在西班牙种植和收获的，而非来自进口，因为美洲
土豆的收获时节是 3 月和 4 月，通常会在 6 月进入西班牙市场，最迟
也不会晚于 8 月。既然医院已经有了购买土豆的习惯，如果在 6 月到
8 月塞维利亚市场上也能买到土豆的话，医院肯定也会买的。

　　根据这一全新证据，萨拉曼得出了结论，土豆进入西班牙的时
间不会晚于 1570 年，之所以较之购买记录需要提前至少 3 年，主要
是考虑到用以播种的土豆块茎需要一定时间的成长和繁殖，才能成为
一种具有一定规模和产量的作物，使种植者得以从中获利。这也就
意味着，引入欧洲的土豆块茎在南美洲的最初采集时间，不可能晚于
1569 年。[1] 这些结论具有极强的可信度，人们普遍认为，萨拉曼已经
为我们提供了土豆引入欧洲的已知的最早证据。但是，仍然有一个未
被彻底解决的疑问存在，而且困扰了伯明翰退休植物学教授 J. G. 霍
克斯很多年：汉密尔顿是经济学家而非植物学家，如果他在慈善医院
账目中发现的记录是对红薯的误读，而不是真正的土豆 —— 他了解
其中的不同吗？[2]

　　霍克斯教授在剑桥大学攻读博士学位时，其论文研究的主要内容
即为南美土豆的分类学和遗传学。他曾经和雷德克里夫·萨拉曼相识
并共事，还合作发表过多篇论文。但直到 1991 年，已经 76 岁的霍克
斯（在正式退休 9 年之后）才得以最终打消这种挥之不去的疑虑。那
一年，霍克斯和一位来自加那利群岛（Canary Islands）的访问学者 J.

....

[1]　Salaman, 1985, p. 143.

[2]　Hawkes, 1990, p. 32.

弗朗西斯科–奥尔特加（J. Francisco-Ortega）一起去了塞维利亚，并重新检查了慈善医院的账簿。[①] 在检查过程中，他们发现，尽管相关记录非常易于辨认，大部分信息也十分清晰，但仍然有几本账簿的状况不够理想，部分是由于潮湿或霉变，部分则是由于所用油墨的质量不佳，很多纸张几乎完全烂掉了，仅仅留下了一些文字痕迹。另外，账簿的正反两面都被用过，进一步增加了识读的困难。对于调查者而言，厄尔·J. 汉密尔顿在研究中所表现出的敬业精神，使他们留下了极为钦佩的第一印象；随后，令人高兴的记录从卷帙浩繁的文献中脱颖而出："12 月 27 日星期日，购买了 19 磅土豆。"尽管在阅读账簿时，两位植物学家有时还需要当地专家的帮助以辨认笔迹，但是他们一眼就认出了"patatas"这个词。

90   因此，就像 60 年前的经济学家一样，受到"寂然的狂喜"的推动，两位植物学家来到了塞维利亚的古老档案和慈善医院的丰富账簿之中，最终收获了精神上的满足。账簿中关于土豆的记录还有很多，值得注意的是，土豆一词全部使用的是西班牙名称"patata"，而从未出现南美名称"papa"。此外，记录中也没有提到红薯，无论其西班牙名称"batata"还是新大陆名称"camote"都没有出现。这一发现足以使霍克斯和他的同事相信，汉密尔顿和萨拉曼的结论是正确的，这些记录确实指的是真正的土豆，而不是红薯。令人困扰的疑问终于消除了，西班牙的确是从 1570 年开始栽培土豆的——但是对于两位调查者来说，研究还没有结束。加那利群岛——弗朗西斯科—奥尔特加的家乡——的情况怎么样？那里有没有什么关于土豆抵达

---

① Hawkes and Francisco-Ortega, 1992.

欧洲的线索？

　　一些学者——包括过去的和现在的——对于这些大西洋岛屿的研究已经得出了结论：许多来自新大陆的植物在进入西班牙之前，首先抵达的是加那利群岛。果然，在经过仔细研究之后，霍克斯和 J. 弗朗西斯科-奥尔特加发现，当地文献中也曾经出现过土豆和红薯。[①] 在一篇 1583 年出版的游记中，英国冒险家托马斯·尼科尔斯（Thomas Nichols）提到了红薯：“这个小岛出产上好的红酒，特别是特尔德镇（Telde），这里也有各种美味水果，包括红薯、甜瓜、酥梨、苹果、柑橘、柠檬、石榴、无花果和桃子……”而那些用西班牙语写作的作者们则提到了岛屿上同时存在土豆和红薯。他们有时把土豆写作“papas”或者“patatas”，这两个名字都是用来形容真正的土豆的；而对于红薯，他们则称之为“batatas”。也就是说，在加那利群岛，土豆的南美名称“papa”和西班牙名称“patata”并行不悖；而在西班牙，却只有“patata”仍在使用。这似乎从另一个角度说明，和西班牙相比，加那利群岛与土豆及其南美起源的联系似乎要更为古老、更为根深蒂固。

　　两位调查者随之进行了深入研究，最终找到了“迄今为止发现的加那利群岛最有趣的记录”：一份来自大加那利岛拉斯帕尔马斯市（Las Palmas de Gran Canaria）的公证处档案室的文件，形成于 1567 年 11 月 28 日，上面写着“……还有 3 个中型桶，装着土豆、柑橘和绿柠檬”[②]。这一极其珍贵的信息记录于一份文件——可能是航运提

---

① Hawkes and Francisco-Ortega, 1993.

② Hawkes and Francisco-Ortega, 1993, p. 3.

单——之中，这份文件列出了胡安·德·莫利纳（Juan de Molina）
运往比利时安特卫普（Antwerp）的货物清单，收货人是他的哥哥路
91 易斯·德·克萨达（Luis de Quesada）。当地公证处形成于 1574 年 4
月 24 日的另外一份记录同样显示："特纳里夫岛（Tenerife）又运来
了 2 桶土豆和 8 桶烧酒（一种烈性白兰地）。"随后，这批货物和其
他物品一起，被运往法国港口城市鲁昂（Rouen）的埃尔南多·昆塔
纳（Hernando Qunitana）手中，承运人同样是胡安·德·莫利纳。

对于霍克斯和 J. 弗朗西斯科-奥尔特加来说，这些有趣的记录清
楚地表明，至少在 1567 年之前，加那利群岛已经开始栽培产量达到
一定商业价值的土豆，并将其出口到欧洲大陆的港口。他们指出，这
些出口的土豆块茎不可能是直接从南美运来的，因为在经过长途航行
之后，土豆将会干瘪、发芽，无法再作为商品送到安特卫普和鲁昂
去。"毫无疑问，这些土豆一定是在加那利群岛生长和收获的。"① 而
当地土豆的产量要达到可供售卖的商业水平，至少需要 5 年时间，也
就是说，最迟在 1562 年，加那利群岛就已经引入了源于南美的土豆。
这一结论把土豆抵达旧大陆的时间进一步提前——距离我们目前推
断皮萨罗首次发现土豆的 1532 年仅仅过去了 30 年，对于佩德罗·西
扎·德·莱昂在安第斯山区考察时提及土豆的 1553 年来说，甚至还
不到 10 年。

因此，对于克卢修斯在 1564 年研究西班牙植物时完全没有提及
土豆一事，最有可能的解释是，当时土豆还没有从加那利群岛传入西
班牙本土。因为西班牙还没有栽培土豆，克卢修斯当然看不到。但

----

① Hawkes and Francisco-Ortega, 1993, p. 5.

是，安特卫普又该如何解释呢？1560 年代，克卢修斯曾经在那里住过一段时间。胡安·德·莫利纳当时正从加那利群岛给自己住在安特卫普的哥哥运土豆，克卢修斯知道吗？克卢修斯没有留下有关于此的任何记录；在他的个人档案中，相关年份也完全没有土豆的痕迹。这又是一条否定性证据，但我们依然可以得出结论——就像霍克斯和弗朗西斯科–奥尔特加所做的那样——在收到货物之后，路易斯·德·克萨达和他的家人们很可能只是高高兴兴地煮熟并吃掉了这些土豆，而对同在城中居住的一个叫克卢修斯的人一无所知。这个人本可以让路易斯·德·克萨达一家因为将土豆引入欧洲的功绩而举世闻名——只要他们邀请克卢修斯来吃一顿饭。

图 7

第7章 昔日时光

在安特卫普的路易斯·德·克萨达一家品尝过土豆 400 年之后，土豆早已成为世界各地厨房中一种极为常见的食物。也正是由于其司空见惯，那些已经习惯于对德国土豆丸子、比利时炸土豆、法国炸薯条、瑞士薯饼、土豆泥、煮土豆、煎土豆、烧土豆或烤土豆大快朵颐的人们，却没有几个了解土豆的老家是南美洲的安第斯山脉。土豆现在已经变成了一种不可或缺的食谱常客，对于大多数欧洲人和北美洲人来说，土豆是身体所需能量的主要来源，而且，正在逐渐接受这一习惯的国家数量还在快速扩张。

例如，当 1980 年代我初次结识奥斯瓦德·西麦特（Oswald Seematter）时，他已经在一个位于特波尔（Törbel）地区的村庄中种了一辈子土豆——就像他的父亲和祖父一样，这个小村在瑞士境内的阿尔卑斯山上，村里的土地也是祖传的。同样，制作奶酪也是西麦特家族代代相传的手艺。这两种东西——土豆和奶酪——正是阿尔卑斯山区的农民家庭日常饮食中极为关键的组成部分，二者一起端上来，就是过去几代农民天天都吃的一顿简餐。但是，时过境迁，这道特色菜肴如今更多的是在招待游客的场合出现——拉格莱特（raclette），意为奶酪配土豆。

这个位于特波尔的小村已经有 1000 多年的历史了，在建村以来的大多数时间里，一直是相同的几个家族耕作着这片土地，养育着自己的儿女。1340 年，村子制定了一份旨在规范公共用地使用的协议，西麦特就是当时列名同意的 14 个家族中的一个。时至今日，当时签字的 14 个家族中仍有 13 个生活在村子中 —— 除此之外，别无他人。在过去长达 650 年的时间里，唯一缺席的那个家族已然绝嗣，也没有其他家族迁入此地。也就是说，在世纪交替的漫长岁月中，同样的家族生活在同样的土地之上，似乎一切都未改变。如此令人瞩目的稳定性和连续性显示出了当地极为明智的社会管理和土地利用，这些居民在填饱自己肚子的同时，也十分注意保持土壤的肥力。

94　　在露台上的特制壁炉中，木炭正在熊熊燃烧着，奥斯瓦德把一块半圆形的奶酪放在烤架上，任由火苗烘烤：随着时间的推移，奶酪融化、冒泡、微焦，形成了一层令人垂涎欲滴的脆皮。奥斯瓦德熟练地把烤好的奶酪刮到每个烤盘上；玛丽又在盘里添上了表面热腾腾粉嘟嘟、内里口感黏糯的煮土豆 —— 这是他们偏爱的口味。再撒上一点切碎的欧芹，如果你坚持的话，还可以来一点儿盐，这会是让你心满意足的一餐。

　　"我们在特波尔种了多长时间土豆？"奥斯瓦德只停顿了一下，随即表示："我们一直在这儿种土豆，如果没有土豆的话，这个村子不可能延续至今。"

　　事实上，对于特波尔地区来说，在 1750 年代之前，土豆还是一种未知之物。正是土豆的到来，标志着"当地环境开始发生巨大的，也许甚至是革命性的变化，这种变化反过来又直接影响了农民的生活水平"[1]。随着土豆进入特波尔地区引发的粮食供应增加，当地村民

---

[1]　Netting, 1981, p. 159.

的营养状况得到明显改善。由于吃得更好，村民们对疾病的抵抗力显著增强，尤其是那些营养不良的人特别容易患上的呼吸系统疾病。因此，当地人口的死亡率开始下降，与此同时，生育间隔却在不断缩短——较之营养不良的先辈，营养良好的妇女在分娩后通常可以更早恢复排卵，也就可以更快怀孕。另外，将煮土豆捣碎后掺合牛奶或黄油，或者直接炖上一锅土豆浓汤，这为哺育婴儿提供了一种制作方便而又易于吸收的良好辅食，从而减少和降低了母乳喂养的时间和强度。

死亡人数的减少和新生婴儿的增加带来了当地人口的全面增长，但这并未造成预期中可能发生的资源紧张。原因很简单，在特波尔地区，土豆是作为村中现有主要粮食作物的补充而加以栽培的，并非传统作物的简单替代。

在土豆引入之前，特波尔民众年复一年的生存和福祉完全取决于粮食收成的多少。当地位于山区，农田的海拔高度各不相同，村民们可以根据不同作物生长所需的特定海拔进行播种——小麦和燕麦适合种植于低海拔环境，种植大麦和黑麦的海拔则要高一些——但即使是黑麦，也无法在海拔超过 1100 米的地方成熟。但土豆与众不同，即使在海拔 1500 米甚至更高的地方，人们依然可以指望土豆获得丰收；甚至在其他作物因干旱枯萎或者被风暴夷平的艰难时节，总有一些土豆可以收获。

由此，土豆不着痕迹地插入了特波尔地区素以贫瘠著称的生态环境之中，并在给当地村庄带来过去难以想象的粮食保障的同时，改善了村民的饮食水平。所以从那时起，特波尔地区的命运开始明显好转也就不足为奇了。这种改变并不局限于特波尔一地，可以这

95

样说，对于世界各地的民众而言，只要成功地将土豆加入到主食之中，都会发生类似的变化。从更为广阔的视角来看，我们可以发现，土豆的出现对整个地区、国家，乃至大陆的命运，甚至都产生了极为深刻的影响。

历史学家威廉·H. 麦克尼尔曾经指出，在整个 18 世纪和 19 世纪的欧洲北部，作为一种食物来源，土豆发挥了巨大作用：

> 土豆改变了世界历史……1848 年之后，如果没有土豆，德国不可能成为欧洲主要的工业和军事强国；同样可以肯定的是，如果没有土豆，1891 年之后，俄罗斯也不可能对德国东部边境形成咄咄逼人的威胁。简而言之，在从 1750 年到 1950 年的两个世纪时间里，欧洲各国对海外霸权的争夺、对美国和其他地方的大量移民，以及其他所有重大事件，其根本因素之一，就是土豆对欧洲北部粮食产量增长所造成的影响。[①]

这些言论尽管耸人听闻，但的确是事实。非常遗憾的是，土豆曾经的重要作用，早已因其在当代世界日常生活中司空见惯的平凡形象而湮没无闻。我们把土豆的存在视为理所当然之物，因之很难重视其意义，甚至就连威廉·H. 麦克尼尔都觉得，有必要在开始讨论这个问题之前事先声明："我的主张并不像听起来那么荒谬……"

为什么认为土豆改变了世界历史是荒谬之论？也许是因为我们根本无法想象没有土豆的生活。就像前文提到的奥斯瓦德·西麦特，

---

① McNeill, 1999.

对于这些已经习惯食用土豆的人来说，土豆似乎一直都在。如果没有土豆，还有什么东西能够和奶酪完美搭配呢？如果没有土豆，还有什么东西能和传统英格兰牛肉一起烤炙呢？如果没有土豆，还有什么东西能够填饱梵高《吃土豆的人》饥肠辘辘的肚子呢？当然，如今我们有了很多符合上述场景的其他选择，还有一些国家始终以大米、玉米、木薯、小米、高粱和面食等为主食，并未接受土豆的恩惠。但在 16 世纪的欧洲北部，我们只有土豆。那么，在土豆引入欧洲之前，人类进步的车轮何以转动？如果北欧从土豆的抵达中获取了如此强大的动力，不仅解放了整片大陆、激发了其发展活力，甚至推动了一场工业革命，那么，土豆的作用极限又在何方呢？毋庸置疑，尽管有了土豆，当时的人们同样抱怨物质条件，渴望改善生活，但他们绝非因为无法过上我们现在享有的便利生活而感到不满。事实上，对于当时的民众而言，无论自己拥有什么，无论自己的生活会面临何种坎坷，都或多或少是意料之中的，这就是一种社会常态。

16 世纪欧洲社会的某些常态看上去似乎并不陌生。和现在一样，当时也有一批刻薄的批评家强烈谴责时代的堕落，并且深信整个国家正在走向崩溃，在出版于 1587 年的《英格兰概况》(*Description of England*) 中，威廉·哈里森 (William Harrison) 写道："当我们的房屋是用柳条建造时，我们的人民如同橡木般坚强挺拔；但是如今，我们的房屋已经开始用橡木建造了，我们的人民却反而变成了柔弱而扭曲的柳条，甚至还有很多人成了自甘堕落的稻草。"[1] 但在其他方

---

[1]　Harrison, 1968, p. 276.

面，16 世纪的社会常态和今天具有明显甚至可怕的分歧。想想看：在 16 世纪的英国，如果一名男性被判犯有杀害妻子的罪行，他将因谋杀而被处以绞刑；而如果一名女性杀死了自己的丈夫，她将因叛国而被活活烧死。叛国？是的，因为当时的法律认为，丈夫就是一个家庭的国王（而且，法律还授予了丈夫处置妻子金钱和财产的权力，且不需要获得妻子同意——甚至不需要妻子知情）。[1] 这就是 16 世纪的常态。同样，分娩是妇女死亡的首要原因，而且对于新生儿来说，出生和长寿完全无关，这也是 16 世纪的常态。当时婴儿和儿童的死亡率之高令人震惊。例如，在莎士比亚和同行们孜孜不倦地吸引观众光临伦敦剧院的那些年里，圣博托尔夫（St Botolph）教区每出生 100 个婴儿，只有不到 70 人能够活到 1 岁生日，48 人可以活到 5 岁；到了 15 岁的时候，最初的 100 个孩子只有 27 人或 30 人仍然还活着。[2]

这些可怕的数字确实来自于城市。因此有人可能期望，在远离城市污水渠和贫民窟的乡村之中，儿童的存活率会高一些。但遗憾的是，在乡村社区获得的性质类似的出生和死亡记录同样显示，婴儿在农村长大成人的几率并不比在城镇高多少。总的来说，在 16 世纪全欧洲范围内出生的孩子中，每 10 个就有 6 个活不到 5 岁。威胁他们生存的不仅仅是疾病、贫困或意外伤害。对于一些一贫如洗的父母来说，为了给已经拥有的孩子提供住房和食物就已耗尽全身力气，而当另一个孩子的到来威胁到本已岌岌可危的生存时，他们只能采取令人

---

① Capp, 2003, p. 6.
② Forbes, 1979.

绝望的方式。当流产失败之后，杀婴是最后的选择，尤其如果这个婴儿是女孩。

无论在什么地方，只要洗礼记录或税收普查显示，一个社区之中的女孩数量较之男孩数量存在不成比例的减少，杀害女婴可能就是原因所在，其动机不难推断：贫穷。例如，在一项关于中世纪早期法国农村人口控制的研究中，作者引用了大量实例，证明经济环境和性别比例的扭曲程度密切相关。根据作者的总结，家庭规模越大，男性在家庭人口中所占比例就越大，因此，在这样的家庭中，杀害女婴行为的发生几率也就更高，"对于农家而言，摆脱可能不事生产而又缺乏经济供养能力的人口是必要之举"[①]。

对于任何时代的任何人来说，"必要之举"都始终是一个极为严厉的监工，但是，社会的常态同样为这种残酷的"必要之举"营造了鼓励或者抑制的环境。至少在中世纪早期的英国，对于那些足够绝望以至于开始考虑杀婴的人们来说，他们十分清楚，尽管当局并不赞成杀婴，但也并不将其视为十恶不赦的罪行。毕竟，在 12 世纪时，时任埃克塞特主教巴塞洛缪（Bartholomew of Exeter）颁布的虔诚生活法令将《圣经》中的第六诫修改为："汝不可杀人，但亦不必勉强维持他人生命。"[②] 在当时的英国，那些因未能使新生婴儿存活而被判有罪的人不仅不会被处以死刑或肉刑，而且连监禁和罚款也不必承担——他们通常被判处两年或三年的忏悔，在此期间只能以面包和水为生（这可能是一个贫穷的忏悔者无论如何都吃得起的）。[③] 英国

----

① Coleman, 1974, p. 368.

② 第六诫原文为：不可杀人。Wrigley, 1969, p. 125. 转引自 Kellum, "Infanticide", p. 372。

③ Kellum, 1974, pp. 369-370.

的社会常态如此，但是，那些在欧洲大陆因杀婴而被判有罪的人就没有这么幸运了。

根据欧洲中世纪时期遗留的资料记载，被判犯有杀婴罪行的女性往往要和一条狗、一只鸡，或者其他暴躁的动物一起被捆在麻袋里，然后扔进河里淹死。有人可能认为，这些说法大多源于道听途说，其可信程度值得商榷。但是，纽伦堡法庭和监狱的相关记录则为我们提供了无可辩驳的书面证据，在这些记录中，我们可以找到在 1513 年至 1777 年间因杀婴而被处决的 87 名妇女的名字。尽管在 1500 年之前，纽伦堡和德国大部分地区对此的惯用处罚是活埋，但在这段时期内，大多数杀婴女性都被淹死了，而且其具体行刑方式往往伴随着令人毛骨悚然的改造和创新。[1]

在法国，教会和政府均对杀婴行为表示极度愤怒，一种极具代表性的观点认为，杀死自己孩子的女性"丧尽天良，亵渎神灵"，只有与魔鬼签订了条约，才能犯下此等罪行。1556 年，法国颁布了将杀婴定为死罪的法律，而且执行极为严格。仅从 1560 年到 1680 年的 120 年间，在巴黎和法国其他行政区就有 5000 多名妇女因杀婴罪而被处决。[2]

尽管处罚相当严厉，中世纪的欧洲始终无法杜绝杀婴行为。根据一些文字资料的记载，欧洲的河流和厕所仍然"回荡着那些被投入其中的孩子们的哭声"[3]。显然，死刑威胁没能发挥遏制作用。

98　　　我们完全无法理解，究竟是何种心理状态能够促使一名母亲或者

---

① Langer, 1974, p. 356.

② Watts, 1984, pp. 68-69.

③ Kellum, 1974, p. 367.

父亲故意杀死自己的新生幼儿，这在任何文明社会的常态中也都是完全不可原谅的。但是，即使野蛮之举也需要理由，这里有一条线索：在 10 世纪到 18 世纪之间，法国经历了整整 89 次饥荒。历史学家费尔南·布罗代尔（Fernard Braudel）认为，这些饥荒的波及范围和严重程度，使其足以成为全国性的灾害。[①] 除了这些极为严重的饥荒之外，在这段时期内，法国还经历了数以百计的地方性、短时期的自然灾害。尽管布罗代尔在此具体讨论的是法国的情况，但所有欧洲国家都曾遭受过类似的折磨。英国"16 世纪和 17 世纪持续发生的局部饥荒"同样是其重要表现之一。[②] 对于整个欧洲来说，饥荒导致的致命威胁始终是一件无法改变的事实，这同样是 16 世纪的社会常态。

所以，即使是那些得以避免早夭的 40% 的儿童，到了 15 岁之后，已经成为劳动力的他们早晚会亲眼见证饥荒的存在，事实上，也正是由于饥荒的折磨，才导致了另外 60% 的儿童无缘长大成人。对于侥幸得生的幸运儿来说，他们的平均寿命还有 25 年，而在死亡降临之前，他们会经历更多的饥荒。除了恶劣的自然灾害之外，农民最为讨厌，或许也是最难以忍受的，是整个中世纪在欧洲大陆南征北战而又劫掠成性的军队。在历史发展的长河中，那些彪炳史册的里程碑——1066 年黑斯廷斯（Hastings）战役、阿金库尔（Agincourt）战役和马格德堡（Magdeburg）战役——无疑是关键事件，但代价是什么呢？

....

① Braudel, 1981, p. 74.

② Tawney, 1912, p. 112. Overton, 1996, p. 172.

恐怖的场景在这个可怜的国家随处可见；她已经被掠夺一空。士兵占领了农场，而且收割了全部谷物，却不愿把一粒粮食留给那些乞求施舍的农民，尽管他们才是粮食的主人。犁地是完全不可能的。而且再也没有马匹了；全部的马都被抢走了。农民们沦落到只能睡在树林中，还得感谢上天赐给他们这样一个可以躲避杀人凶手的庇护所。对于农民而言，如果能找到可以勉强维持半饱的面包，他们就会认为自己是幸福的……圣康坦市（Saint-Quentin）的居民没有办法救治450名病人，其中200人被迫离开，我们只能眼睁睁地看着他们一个接一个地倒毙在路旁。

我们亲眼看见成群的人——不是牲畜，而是男人和女人——在从兰斯（Rheims）到雷特尔（Rhétel）之间的田野游荡。他们像猪一样翻土，试图挖掘一些植物的根勉强充饥；由于只能找到早已腐烂的根，而且数量连半饱也难以维持，他们逐渐变得日益虚弱，甚至连寻找食物的力气都慢慢失去了。我们随信附上博尔特（Boult）教区神父的来信，他告诉我们，他已经埋葬了 3 名死于饥饿的教区居民。其余信徒目前只能依靠掺有泥土的碎稻草勉强维生，他们把这些东西混到一起，做成了一种绝不能称之为面包的食物。[①]

99

此外，这一时期欧洲变幻无常的气候也加剧了饥荒的影响：有时，干旱和灼热的太阳使正在发芽的种子迅速枯萎，只留下一堆极为嘲讽的顽固无用的杂草。而在另外一些时候，稀薄的阳光与连绵的暴雨又会导致作物被夷平、湿透，乃至腐烂。即使在难得的好年景里，

....

① Augon, 1911, pp. 171-172, 189.

饥荒的威胁 —— 或者仅仅是对无法养活整个家庭的恐惧 —— 也从未远离。只要让疾病、不幸或者浪费的一只脚挤进家门，这些不受欢迎的客人就会迅速闯入。接着，挥之不去的隐约恐惧就会变成时刻面临匮乏和饥饿的冷酷现实。讽刺的是，这种匮乏和饥饿最为严重的时候，也正是一年之中最美的季节：仲夏。

对于农民来说，7 月是最残酷的月份。草地里的牧草已经长得很高，需要及时收割、晒干、堆积成堆，以防无常的天气毁掉一切。割晒牧草是一年之中的头一次大型收获活动，但是这些牧草是供冬天喂养牲畜之用的，没法儿给仲夏时节的农民带来什么直接的好处。在草地中辛勤劳作的农民们非常饥饿，在一年中的这个时候，他们每天至少需要消耗 3000 卡路里的热量，但他们此时能够摄取的提供能量的碳水化合物供应量却是一年中最低的。这个时候，去年收获的粮食差不多快要吃完了 —— 如果还有一点儿剩余的话 —— 春季种下的作物还要过几个星期才能收获。因此，在 16 世纪的欧洲，对于大多数农民来说，夏天并不是一场阳光下的狂欢，而是一道"饥饿的缺口"①。人们工作最为辛苦，但却吃得最少，如果去年的收成不好，很多人这个时候就得开始挨饿。画家布鲁盖尔（Brueghel）将干草地中的辛勤劳作描绘为富有生活情趣的田园牧歌。仲夏夜的疯狂？或许如此，不过其诱因也可能是饥饿引发的头晕，或者劳作带来的过度消耗。

尽管面临着饥荒、战争和婴儿高死亡率等种种挫折，在整个 16 世纪，欧洲人口始终保持稳步增长。在 1340 年代黑死病爆发之前，欧洲大约生活着 8000 万人口；到 1400 年，经过疾病的摧残，这一数

---

① Frank, 1995.

字下降了三分之一，然后又开始缓慢攀升——1550 年，欧洲人口回升到大约 6000 万；1680 年，进一步达到 7200 万。[1] 随后，欧洲人口数量长期保持上升曲线增长，不仅超过了黑死病之前的水平，而且一直发展到了今天（在大致相当的地理范围内，目前欧洲人口约为 3.4 亿）。这一人口分布极不均衡，在 16 世纪的欧洲人口中，大约有一半仅仅生活在三个国家——法国、德国和英国——无论人们住在什么地方，当地的自然环境都受到了充分的开发和利用。[2]

100　　在如今便利的生活环境中，我们似乎已经忘记，在工业经济发展之前，人类曾经完全依赖自然环境及其资源才能生存，而且这种依赖极为单一——除了自然之物，我们没有其他东西可供利用。这些土地、牧场、山脉、树木、谷地、河流和森林——以及生活在其中的飞禽走兽——是人类赖以为生的全部资源。人类不得不从自然之中夺取生计。这就是 16 世纪生活的常态，永远不该被遗忘。当一个小伙子听到长脚秧鸡的叫声时，他不会停下来思考，而是会立刻意识到，自己听到了哪里可能有新产鸡蛋的线索。当树林中掉落树枝时，人们不会被绊倒，而是带回家以供生火之用。同样，当金色的夏夜来临的时候，家家户户也不会团聚在山岗之上，面对视野之中的处处美景而沉醉——微风吹拂的田地、整齐堆放的干草、安心吃草的牛群、准备剪毛的绵羊——至少，我不认为他们会有这么做的闲情逸致。

　　我相信，当中世纪的人们从山岗上眺望眼前的景象时，他们的主要目的是估算自己今年能够从这片美景当中收获多少回报，以及为了

---

[1]　Watts, 1984, p. 20.

[2]　Bath, 1963, p. 81.

收获这些回报，自己可能需要付出多么艰辛的劳作。自然之美与他们眼中的世界无关。事实上，我们目前习以为常的从自然风光之中收获美好的能力，可能恰恰是一种在摆脱生存重负之后的放松。我们不需要砍伐和锯断那棵橡树来建造一个新的谷仓，也不需要挤牛奶、剪羊毛或收获谷物。

16 世纪时，那些站在山岗远望的农民对他们视野之外的世界了解多少呢？从当时的教区和社区记录中我们可以得出结论：相当不少。尽管确实有相当数量的人出生、成长、死亡都没有离开自己的家乡，但到了 1600 年（甚至还要更早），三分之二的英格兰农村人口在一生之中至少改变了一次居住地 —— 这一趋势在随后几个世纪中不断加速。[①] 许多农民到大型庄园中充当仆役（欧洲大陆的游客评论，英国乡绅宁愿招募仆人也不愿意生养孩子），但城市和城市生活的吸引力才是促使他们离开村庄的首要因素。事实上，如果没有源源不断的来自农村地区的移民流入城市（在现代卫生、医疗、保健措施出台之前，欧洲城市的死亡率一直要超过出生率），在那个时代，没有任何城市能够存续，更别说发展了。[②]

来自伦敦一些专业公司的学徒记录显示，在 1640 年（以及英国内战危机）之前，这些公司多达 30%—40% 的学徒来自 300 公里甚至 400 公里以外的地方。他们是如何抵达这么遥远的地方的？并不像我们想象中的那么难。奥利弗·纳克汉姆（Oliver Rackham）在对英国乡村历史进行研究时指出："在中世纪时，英格兰的道路交通比现在

---

① 　Watts, 1984, p. 75.

② 　Reader, 2004, pp. 137-138.

还要密集得多……每一片树林、草地，每一座房屋、谷仓，以及大部分的田地和农场附近，都有可供交通工具通行的道路，即使在田地中间，也不乏可供行人穿越的小径。荒地和旷野上纵横交错着连接村庄和农场的小路。"[1] 甚至早在1066年9月，英格兰的交通已经发达到足以使哈罗德国王（King Harold）在4天时间里率领大军奔袭200英里，从伦敦赶到约克，并在斯坦福桥（Stamford Bridge）击败丹麦侵略者。在3天之后，当听说诺曼底公爵威廉（William of Normandy）已经在佩文西（Pevensey）登陆时，哈罗德国王的军队立刻转而向南行军250英里，并于10月13日和威廉所部遭遇，黑斯廷斯战役随之爆发。正如纳克汉姆所指出的，在直升机的时代到来之前，几乎没有一场战役能在三周时间里布署更多的行动；这不仅是对国家组织和耐久能力的赞美，也是对国家道路系统的致敬。[2]

英格兰的交通源于罗马道路（Roman roads）的主干网络，经过独具匠心的设计和精益求精的建设，哈罗德得以如此迅速地在英格兰全境随意调动军队，此外，农村地区的庞大腹地同样扮演了重要角色。通过在道路两旁的农村地区生存、繁衍和积极经营，农民们保证了交通网络始终发挥作用，不至废弃。在一张罗马统治时期的不列颠尼亚地图上添加上中世纪时期英格兰村庄和城镇的位置，我们可以发现，罗马道路经过的区域布满了圆点。这些圆点就代表着农民在乡村的定居之处，从仅有几户人家到几十户人家 —— 小村、村庄、城镇，不一而足。

----

[1] Rackham, 1986, p. 263.

[2] Rackham, 1986, p. 259.

在人们的记忆中，罗马曾经是英格兰的征服者，但是罗马人建立的道路网络非但没有抑制当地农村经济，反而推动其不断发展。与道路相邻的内陆地区人口尤其密集，例如，在中世纪的英国，从福斯路（Fosse Way）出发，在步行一小时左右的时间内可以发现 100 多个村庄和城镇。福斯路是一条长达 220 英里的罗马时期修筑的公路，始自埃克塞特，经过伊尔切斯特（Ilchester）、巴斯（Bath）、赛伦塞斯特（Cirencester）、莱斯特（Leicester）等地，在斜穿整个英格兰南部之后抵达林肯（Lincoln）。[①] 其他主要公路亦有类似作用。在英国（或者罗马人曾经铺设道路的欧洲其他任何地方），没有人居住在距离这些主要公路超过一天或者两天的路程之外。

虽然在中世纪，新鲜事儿的传播速度不会比一名骑手更快，通常也不会快于由牛车或驮马运送的货物，但信息却能够得到更广泛的分享——恰好因为信息在各地的传播速度极为缓慢，才给了那些感兴趣的人了解和传播这些信息的充足时间。要想了解通过这些道路运输的货物流量，位于福斯路南侧起点的埃克塞特就是一个很好的例子。自罗马时代以来，这个港口就一直在处理种类繁多且数量庞大的货物，其中既有本地土产，也有海外进口的商品。譬如说食物：数以百计的渔船向埃克塞特市场供应鱼类，然后再经由公路向整个西南英格兰和更远的地方运输——种类包括沙丁鱼、鲱鱼、鳕鱼、鲑鱼、七鳃鳗、鳗鱼、鲭鱼和小鲱鱼等等；形式则包括新鲜、盐腌、烟熏或油炸。[②] 葡萄酒也是这样：甚至在黑死病爆发之后的艰难岁月中，埃克

102

---

① Rackham, 1986, p. 254.

② Kowaleski, 2000.

塞特地区为客户进口的法国葡萄酒年均也超过 500 桶，其数量足以装满 50 多万瓶。[①]

到了 16 世纪，埃克塞特出口羊毛的价值比其他任何东西都要高，从某种程度上说，这是产业结构发生改变的结果。越来越多的英国（和整个欧洲）农民不再把粮食生产作为其主要工作，而是将自己的精力逐渐投入到生产工业原料的业务之中，制造业会为这些原料付出相当不错的价钱。埃克塞特是当时众多发现自己在服务欧洲新兴市场经济方面处于理想位置的地方中心城市之一。但是没有其他英格兰城镇发展的和埃克塞特一样快。1520 年的人口普查显示，埃克塞特已经成为一个蓬勃发展的商业中心，和其他地区有着广泛的联系，开展着数量和种类都令人印象深刻的贸易：这里有数以百计的进口商、批发商、羊毛商、鱼类经销商、酿酒商、屠夫、面包师和各行各业的人……当时有多少人住在这座城市之中？ 7000 人。[②] 如果放到现在，这些人仅仅比当地 2006 年人口数量（113073 人）的 5% 多一点儿，甚至不足以坐满这座城市刚刚花费 1500 万英镑在桑迪公园（Sandy Park）新建的橄榄球场（可容纳 8200 名观众），但在 16 世纪，7000 人已经足以支撑一座欣欣向荣的商业活动中心，并为其提供所需的社会互动。

在 16 世纪时，由相对较少的人口数量而产生的大量经济活动是欧洲中世纪生活的一个显著特征，尽管其始终要受到一种严格的社会等级制度所规定的权利和义务的限制。在这种等级制度下，每个人都

---

① Kowaleski, 1995, p. 245.

② Kowaleski, 1995, p. 88.

非常清楚自己所处的社会位置，以及在日常生活中可能接触的任何人的位置，财富往往不可避免地会集中到位于社会顶层的人手中。例如，在 15 世纪的英格兰，总数约为 5 万人，在总人口中所占比例不足 2% 的社会上流阶级，每年的收入接近 50 万英镑，这一数字甚至要超过和平年代整个国家预算的 10 倍。[①] 这种不平等所引发的种种冲突，最终导致了一个世纪之后英国社会等级制度的根本改变。

103

在 1530 年代早期，英格兰教会能够从其掌握的财产和土地中获得每年大约 40 万英镑的收入，而亨利八世从王室土地中获得的全部收益仅为 4 万英镑左右。随后发生的事件通常被称为"解散修道院"，尽管一些历史学家更愿意称之为"教会掠夺"。1536 年，374 座较小修道院的土地和收入被国王没收；1539 年，超过 180 座较大的修道院遭遇了同样的命运；1545 年，又有一批学院、教堂和医院的财产被掠夺，其中包括 700 座爱尔兰修道院。通过这种方式，在教会原先持有的财富中，超过 60% 转移给了国王；当然，国王不仅增加了单纯的收入，而且获得了教会土地、财产和宝物的资本价值。然而，这些土地似乎很快就经由国王之手，转而为许多小地主所占有，其中主要包括宫廷大臣和国王的宠臣。[②]

《圣经》中说，常有穷人和我们同在，值得我们关注。[③] 长期以来，教会一直扮演着救济穷人的重要角色，但那些接管教会财产的新主人们却并没有全数承担这些财产过去负有的慈善义务。事实上，16 世纪晚期颁布的法律提出了明确的要求，地方当局必须为辖区内的穷

------

① Dyer, 1998, pp. 7, 32-33, 49.

② Overton, 1996, pp. 168-169.

③ Mark 14: 7.

人提供救济。在整个中世纪时期，由于三分之一到一半的欧洲人口会在其一生中的某个时候陷入一贫如洗的境地，对于这种救济的需求通常数额庞大、范围广泛、经久不衰。农村的贫困往往较为分散，难以成为社会关注的焦点，没有被广泛记录下来，但关于城市贫困问题的报告却比比皆是。1528 年，一位前往威尼斯附近的维琴察（Vicenza）的旅客写道："无论你是在街上散步，还是在广场或教堂驻足，周围总会有拥挤的人群在乞求施舍；他们的脸上写满了饥饿，他们空洞无神的眼睛就像被挖掉宝石的戒指，更别提他们那具剩下皮包骨头的可怜躯体了。"1575 年，几乎有 40% 的贝尔加莫（Bergamo）人被登记为贫民。1630 年，马德里同样发现，贫民在总人口中所占比例已经达到 40%。①

城市的贫困当然与农村的贫困直接相关。当粮食收成不好，或者交战的军队在各地横行霸道时，饥饿的乡民就会涌进城镇。他们别无选择。有些人能拿得出购买食物的钱（尽管价格可能已经涨了 3 倍或 4 倍）；其他人则只能四处寻找工作，如果迫不得已，就用自己的劳动仅仅换取一些面包和稀粥。无论何时何地，当最绝望的时刻过去之后，骚乱就会随之而来。费尔南·布罗代尔写道，欧洲当时经历了"数千次面包暴动"（其中一次在法国大革命中达到高潮）。② 在 1550 年之后的一个世纪里，仅在英格兰一地就出现了数以百计的粮食短缺事件，其中最严重的一次引发了 60 次剧烈暴动，直接促使当局进一步细化完善了济贫法的实施（这意味着价格控制，并确保可用粮食

① Watts, 1984, pp. 228-229.

② Braudel, 1981, p. 143.

供应流向面包店而非酿酒厂）。在法国，粮食暴动差不多已经成了 16 世纪普遍存在的社会现象，当局对此的同情心日趋减少。一位评论员表示，当局的回应几乎总是一样的："军队的镇压，草率的审判，以及不堪尸体重负的绞刑架的呻吟。"[1]

显然，欧洲的粮食供应经常捉襟见肘，但其根本原因既不是人口的快速增长（在黑死病爆发之前，欧洲养活的人口要比 16 世纪时更多），也不是城市的发展与扩张（城市人口和农村人口的比例大致保持稳定）。最主要的因素，其实是农业生产实践的改变，农民不再把粮食生产视为他们的主要工作，而是把注意力转而集中到国内外制造业的原料生产上，特别是羊毛。种植谷物的田地逐渐变成了绵羊啃食的牧场。再加上农业生产力本来就很低，这些因素共同造成了所谓的"16 世纪土地危机"[2]。

令人惊讶的是，在如今英格兰耕种的土地中，至少有四分之三在 16 世纪时同样处于农业生产之中。不同之处在于，今天的谷物产量是 500 年前的 12 倍。而且，我们如今可以从许多不同来源获得生活必需品，但在 16 世纪，所有东西——不仅仅是食物——都只能直接来自于土地，而且很可能来自不远之处。衣服是由羊毛、亚麻和皮革制成的；牛羊的脂肪（油脂）被用来照明；人们用鹅毛笔在牛皮纸（小牛皮）或羊皮纸（绵羊皮）上写字。所有的交通工具——从雪橇到船只——都是用木头做的，而陆上交通则主要依靠用干草和燕麦喂饱的牲畜。大麻可以制作绳子；亚麻用来织布；啤酒花可以酿造啤

---

[1] Watts, 1984, p. 251.
[2] Tawney, 1912.

酒；菘蓝、木犀草、茜草和藏红花用于提取染料；起绒草则可以为羊
毛拉绒，以供纺织之用。[①]

　　这一时期对于劳动力的需求是极为巨大的，而只有风车和水车能
稍稍减轻人畜的沉重负担。收获 1 公顷小麦，每天就需要五六个经验
丰富的挥动镰刀的劳工——平均产量还不到 1 吨（收获的三分之一
还要留作来年继续种植的种子），在收成不好的年份，可能还不足以
满足劳工日常收割所消耗的粮食。[②] 牲畜也需要照料，制备干草同样

105 需要在短时间里投入大量的劳动力。一年到头，总有垦荒、犁地、播
种、除草之类的事情得做，还有水道和沟渠要挖，篱笆要补，木柴
要收，房子要修，更别提一直需要开垦新的土地。粮食产量不足总
会引发拓殖更多土地的呼声。甚至在 3 个世纪之后，官员们还在呼
吁："我们不能满足于解放埃及或占领马耳他，让我们去征服芬奇利
公地（Finchley Common）、豪恩斯洛荒原（Hounslow Heath）和埃平
森林[③]（Epping Forest），让它们屈服于改良的枷锁。"[④]

　　由于农业和相关行业都是劳动密集型产业，在 16 世纪的欧洲，
高达90% 的人口被牢牢束缚在土地上。也就是说，当时每 10 个人中，
有 9 个人必须于田地辛勤劳作，以满足自己的生活需要，只有 1 个人
可以摆脱这种枷锁。当然，如果每个农民都能持续产出超越自身需
求11% 的盈余粮食的话，一切都会好起来。但是，中世纪时期的农
业很少能达到这种高效的生产力。譬如在英格兰，80% 农民种植的

----

① Overton, 1996, pp. 88, 15.

② Bath, 1963, p. 184.

③ 芬奇利公地、豪恩斯洛荒原和埃平森林，当时均为伦敦周边的荒地。——译注

④ 引自 Overton, 1996, p. 92。

粮食仅能满足自己家庭的需要。[①] 在好年景里，农民将收获的少量多余粮食卖掉，的确可以用来购买诸如盐和铁器等生活必需品，而且可以为坏年景提供一些保障，但是指望农民生产大量粮食用以出售是无法想象的——他们根本没有足够的劳动力，或者是土地。农场太小，产量又很低。然而与此同时，市场对于羊毛的需求很大，价格也在不断攀升。

从圣经时代开始，可能还要更早，种植和放牧不同需求的冲突就产生了层出不穷的麻烦。一个需要田地以耕种，另一个则需要草场来放牧。农民和牧人之间有可能合作。毕竟，人们既需要蛋白质，也需要碳水化合物。当牲畜在休耕的草场上吃草时，它们也同时在为下一季的作物施肥。同样，田地收获后留下的残茬也是很好的补充饲料。但是，如果其中任何一方试图寻求最大产量，并把剩余产品出售到本地社区之外，困难就会随之而至。受到羊毛价格高涨的影响，土地发生了从种植谷物到放牧绵羊的转变，这也成为"16 世纪土地问题"的重要特征。这种特征不仅改变了英格兰的面貌，而且更重要的是，使欧洲经济走上了一条新路，整个社会从四季分明、田园牧歌、集体意识和自然公正的世界，进入了以市场为中心的世界，呈现出一副激烈竞争的个人主义的冷酷面貌。

"圈地运动"是一个包罗万象的词，它描述的似乎仅仅是把耕地变成牧场的过程，但其意义远非建起一道篱笆圈起一群绵羊所能涵盖。小块的分散土地曾经是一些家庭赖以自给自足的依靠，现在却被合并为一块统一的区域；通过合并出租的农场、驱逐租种的佃户、摧

106

---

① 　Overton, 1996, p. 8.

毁平民的房屋，大地主们对其财产进行整合；在取消共有地的同时，平民的权利逐渐减少，甚至遭到完全废除。圈地运动有其优点：通过整合以合理规划生产，不仅节省了劳动力，而且减少了马匹和公牛的运输成本；曾经需要许多农民劳作的土地，现在只需要几个牧羊人；羊毛生产不像小麦那样易受气候变化的影响，售价也不错；土地的价值也会随之上升。毫无疑问，从生产和经济的角度来看，圈地是极为明智的。但圈地的确引发了许多痛苦和折磨。"温顺的绵羊比非洲的野兽更贪婪；它们吃掉了农民、耕地、房屋乃至整个村庄。"佃农对大地主怀有极强的怨恨："他们没给我们留下任何可供耕种的土地，而是全部圈成了牧场，房屋和市镇都被拆除，除了教堂被改造成了羊舍之外，一切都被夷平了。"①

　　在"圈地运动"的影响下，农民以土地为基础的自给自足生活土崩瓦解。以前，小农家庭至少都具有生产自己所需粮食的能力，困难时期，亲朋好友之间也可以互帮互助，但在圈地运动之后，越来越多的家庭被迫抛弃了土地，转而依靠工作报酬勉强维生。到 16 世纪上半叶，自给自足的传统生活已经完全分崩离析，在英格兰 15 岁到 24 岁的人口中，有 60% 是在大农场工作的仆役和工人。在英格兰南部，四分之一的成年男性没有土地，为他人工作是维持自己和家人生活的唯一手段。②

　　与此同时，随着适于耕种的土地转化为牧场，加之受到市场经济的影响，食物的价格水涨船高，尤其是小麦和面包，而这些指标是人

①　Bath, 1963, pp. 164-165.

②　Overton, 1996, p. 41.

们用以衡量生活水平的主要依据。在物价上涨的同时，工资却没有相
应提高；的确，就一名工人能够买得起的小麦数量而言，在整个 16 世
纪，实际工资其实是在逐渐下降的。[①]17 世纪的相关记录也没有显示
出任何改善：如果产量较之预期下滑 10%，小麦价格就会上涨 30%；
如果产量降至一半，工人就得为一条面包支付平常 4 倍的价格。[②] 如
果说这些由于需求导向而引发的市价波动使工薪阶层的生活愈加艰难
的话，那么，那些设法保住了土地的自给自足的小农的日子同样也不
好过。的确，他们是世界上最不幸的人，在迫使低卖高买的市场陷阱
中被耍得团团转：当收成好的时候，这意味着产量过剩，市场上就会
充斥着粮食，价格随之下跌；反之，当收成不能满足自身需要的时候，
市场粮食供应就会不足，为了弥补自身粮食短缺的花费也会相应增加。

　　500 年前，食物是大多数家庭最为关心的问题。生活的其他任何
方面都不得不屈从于获取充足食物的严峻挑战，在这种情况下，周围
的环境——无论城市还是农村——都不过是他们希望能够获取食物
的场所。

　　那么，人们吃得怎么样呢？我们读到，当时伦敦的小餐馆用 2 便
士的价格售卖 3 只烤画眉。[③] 考虑到一名熟练的中世纪工匠一天只能
赚到大约 8 便士，这种快餐小吃的花费大约相当于今天的 20 英镑，
除了非常富裕的人，几乎没人能够吃得起。当时，只有贵族才会按
时坐下来吃饭，16 世纪的编年史家威廉·哈里森（William Harrison）

右侧页边：107

----

① Overton, 1996, p. 68.

② Drummond and Wilbraham, 1957, p. 100.

③ Drummond and Wilbraham, 1957, p. 35.

这样描述，贵族们享用着"牛肉、羊肉、小牛肉、羔羊肉、小山羊肉、猪肉、兔肉、鸡肉、小猪肉，或者其他诸如此类的应季食物"；[1] 同时，也不会有很多人共享一餐，当然，贵族仍属例外，1508 年，共有 459 人参加了白金汉公爵举办的主显节宴会，吃掉了 36 头牛、12 头羊、2 头小牛、4 头猪、6 头乳猪，不计其数的鸡、兔、鹅、天鹅、阉鸡、鹭、野鸭、丘鹬、沙锥鸟和其他大小不一的各种鸟类，以及牡蛎、鲑鱼、鲟鱼、鳕鱼、鳕鳘鱼和龙利鱼……还有极为精确的 678 条面包。为了咽下这些食物，全靠法国葡萄酒和 259 壶麦芽酒。[2] 事实上，当人们的注意力一方面关注贵族的铺张浪费，另一方面则聚焦于农民生活中千篇一律的浓汤和面包时，一种视野更为广阔的观点却简单地揭示出，在每个人的生活预算中，食物都是最大的开支，无论贵族还是工人，随着社会地位的下降，食物支出所占的比例逐渐增加：尽管富裕阶层在食物上的开销最多，但穷人食物开销所占的比重最大，无论他们吃的是什么。[3]

108　　　　显然，能掏得起钱的人，就能吃得不错。但对于那些把大部分可支配收入用于购买食品的小农、工匠、劳工和赤贫者来说，无论在质量还是数量方面，飞涨的食品价格都降低了他们的饮食水平。尽管富人的食物变得日益多样，他们的餐桌充斥着肉类和奢侈的食材，但不断变化的经济环境却在迫使众多平民较之过去减少肉食，转而增加对廉价的面包和谷物的依赖。[4] 营养不良随之而来。此后，在 16 世纪末

---

① Harrison, 1968, p. 126.

② Burnett, 1969, p. 80.

③ Dyer, 1998, p. 55.

④ Appleby, 1979, p. 115.

期，一连串的粮食歉收最终导致了饥荒。当时的一位观察员记录如下：

> 他们死了，有的在沟渠和陷坑中，有的在洞穴和田野里……他
> 们更像野狗，而非基督徒……他们被迫在这个国家中跋涉，从一个
> 地方到另一个地方，到家家户户门前寻求救济，除非他们打算在家中
> 活活饿死……是的，他们就在这样的队伍和人群中，无论你走到哪
> 里，都能在每一个门口、每一条小巷和每一处山洞中，轻而易举地发
> 现许多这样的可怜人。[1]

"圈地运动"带来的土地归属和土地利用方式的改变产生了持久
而深远的影响，无异于一场农业革命。随着原先分散的小块土地被逐
渐整合为数量更少但面积更大的单位，更好地利用现有资源以强化生
产的动力得到了迅速增强。较之耕作几块小型田地，耕作一块大型田
地的效率显然更高。轮作和施肥的价值也愈发受到广泛重视。[2] 作为
休耕作物和饲料作物的苜蓿开始得到种植。随着机械开始成为农业动
力的主要补充，上述早期农业改良的价值在 18 世纪末期变得更加明
显。轻型双马犁、马拉播种机、收割机、捆扎机、脱粒机、扬谷机，
甚至从普通镰刀到长柄大镰刀的改变都显著提高了生产力。除了机械
之外，这一时期新作物的出现也很重要。在这里，我们发现了一种在
历史中不时出现的值得注意的协同增效效应：经济发展推动小麦价格
提升，超出了许多家庭的承受能力；在田地中劳作的农民越来越少，

---

[1]　转引自 Appleby, 1979, p. 115。
[2]　轮作（crop rotation）指在同一田块上有顺序地在季节间和年度间轮换种植不同作物或复种组合
的种植方式。

欧洲蓬勃发展的工业开始迫切需要工人；恰在此时，土豆进入了欧洲，并迅速确立了自己作为主食的地位。

109   如果过分强调土豆在实际上推动了工业革命的发生，那是言过其实的说法。工业革命的出现有赖于许多因素的共同作用。但尽管如此，土豆的贡献仍然是巨大且明确的。的确，如果没有土豆，很难想象欧洲会是什么样子。

第 8 章　令人沮丧的食物

人们更喜欢吃那些伴随着他们一同成长的食物。几个世纪以来，小麦、大麦、黑麦和燕麦，统称为谷物，一直是欧洲"生命的支柱"。这是一种高于一切的信仰。无论他们是在餐桌上大嚼面包，还是只能买得起一点大麦来熬汤，他们的观点都是一致的。这里无关乎口味或者时尚，只有一种不容置疑、根深蒂固且极为普遍的信念——谷物是必不可少的。

1716 年，此时距离约翰·杰拉德在伦敦的花园里首次种植土豆已经过了一个多世纪，英格兰南部菜农仍然认为萝卜是一种比土豆更有价值的作物。[①] 牧师和神父则认为，由于《圣经》中并未提及土豆的存在，这种植物无法补充人体的日常消耗，因而禁止教区居民种植土豆；《大不列颠百科全书》的早期版本将土豆描述为一种"令人沮丧的食物"，进一步佐证了教会的上述观点。直到 19 世纪，在其首次于欧洲出现的 250 年之后，土豆才获得了如同今日般的重要地位：土豆是欧洲利用最广泛、最廉价，以及最有营养的食物。

早期北欧的植物学家和草药学家必须对土豆引入欧洲之后的缓慢发展承担一定责任。在前文所述的"寂然的狂喜"驱使下，他们更感兴趣的是如何记录一种植物的植物学特征，而非考虑其地下潜伏部分的用途。毕竟，植物的可见部分——茎、叶和花，是区分不同植物

---

① 　Wilson, 1993, p. 13.

ENGLANDS
Happiness Increased,

OR

A Sure and Easie Remedy against all succeeding Dear Years;

BY

A Plantation of the Roots called *POTATOES*,

whereof (with the Addition of Wheat Flower) excellent, good and wholesome Bread may be made, every Year, eight or nine Months together, for half the Charge as formerly.

ALSO

By the Planting of these Roots, Ten Thousand Men in *ENGLAND* and *WALES*, who know not how to Live, or what to do to get a Maintenance for their Families, may of One Acre of Ground, make Thirty Pounds *per Annum*.

Invented and Published for the Good of the Poorer Sort,
By JOHN FORSTER *Gent.*

LONDON, Printed for *A. Seile*, over against St. *Dunstans* Church in *Fleetstreet*, 1 6 6 4.

图 8

最容易的方式。对于植物学家而言，在首次对土豆进行调查研究时，其地上部分似乎更引人注目。土豆的花朵不仅婀娜多姿，而且数量繁多，芬兰植物学家奥劳斯·鲁德贝克（Olaus Rudbeck）（因其姓名用于命名一种十分流行的园艺植物金光菊而被铭记）甚至建议，较之餐桌之上，土豆的作用可能在花园之中能够发挥得更好。① 112

　　植物学家对土豆烹饪潜力的低估，在很大程度上与土豆业已形成的成长周期难以在短时间内适应欧洲的自然环境有关。当植物学家接触最初一批土豆时，这些植物刚刚才从安第斯山脉进入欧洲，无论盛开花朵还是成熟块茎，土豆的整个生长周期已经适应了赤道附近一年到头昼夜等分的自然环境。而当土豆被栽培到夏季白昼长达 18 小时的欧洲北部时，其生长周期被打乱了。在热量充足而又阳光普照的环境中，土豆无所适从，在一层又一层的叶子和花朵不断生长的同时，块茎的发育却推迟到了 9 月底——北欧进入昼夜等分的时节，土豆也终于迎来了块茎生成的习惯环境。然而到了那时，气温迅速下降，白昼日渐短暂。为了生存下去，土豆必须把大量的营养分配给茎和叶，用以维持其生长。那么，留作块茎发育的剩余营养自然屈指可数。那些在传统发育季节之前就长成的块茎也不是很大。块茎数量很多，但大多数尺寸都不大，通常就像玻璃弹珠一样，或者更小，几乎没有一块块茎能赶上鸡蛋的大小。

　　对于早期植物学家来说，挑选和培育出一种可以在高纬度地区生长出大小令人满意的块茎的土豆并非其兴趣所在，所以，西班牙人开始在加那利群岛栽培土豆完全是一场意外。加那利群岛是土豆发源

---

① 参见 Salaman, 1985, p. 599。

的安第斯山脉和北欧地区之间的货物中转站，其自然环境也介于二者之间，在那里，土豆的潜力得到了充分开发。土豆在秘鲁被发现后不久，加那利群岛的农民们就成功地培育出了适应不同日照时间的土豆品种，因此，他们一定相信土豆值得引起人们的重视。而在北欧，其价值并没有得到快速认可。

想要土豆为大众所接受，其中最重要的措施之一，就是克服草药医师们"形象学说"的影响。尽管仅仅因为二者形象相似就把核桃视为治疗大脑疾病的良方是极为荒谬的，但这一理论所提出的"相似原则"仍然是一种根深蒂固的民间习俗——任何一种痛楚的产生原因和治疗手法，都可以在生长条件雷同或者形似患病器官的植物中有所发现。其中绝大多数都是老掉牙的无稽之谈，但在没有其他医学理论的情况下，"形象学说"却为疾病提供了一种解释和治疗手段，有些时候，形象学说的确可以发挥作用。譬如，柳树生长在沼泽地带，我们现在知道，从柳树皮中提取的水杨酸（阿司匹林）的确可以缓解生活在沼泽地带的人
113 们所经常患有的风湿疼痛，正如形象学说当时所建议的那样。

那么，形象学说的支持者们是如何看待土豆的呢？不幸的是，他们将土豆的"形象"认定为在泥土和黑暗中产生的诡异而陌生之物。首批到达欧洲的土豆并非我们今天所熟知的统一形状；其颜色也不尽相同，可能是红色、黑色或者紫色，也可能是象征死亡的苍白。所有这些特征，都进一步强化了土豆块茎上生有的结节和球指状突起中所蕴含的不祥之兆。在形象学说的追随者看来，土豆和麻风病人畸形的手脚极为相似。在中世纪，麻风病人是人人唯恐避之不及的灾星，因此，土豆的"形象"就是麻风病，最令人憎恶的疾病。

按照常理，这一分析本应意味着形象学说会将土豆视为麻风病

的治疗手段，但却没有出现这样的迹象，可能是由于麻风病在 17 世纪早期并未流行 —— 这种疾病很少出现，但却广为人知，令人恐惧。而且，既然缺乏明显的治疗需要，形象学说的理论发生了反转。在没有成为麻风病治疗手段的同时，土豆反而被视为麻风病的起因，并被禁止食用。

这种说法足以阻止潜在的消费者食用土豆，尤其需要指出的是，对于欧洲而言，土豆完全是一种生长于地下的全新蔬菜，即使没有土豆，人们一直过得也不错。此外，土豆导致麻风病的说法也已广泛流传，而且大家普遍信以为真，甚至在正式著作中也有涉及。约翰·杰拉德在 1633 年出版的《植物通史》第 2 版中表示："我听说勃艮第人（Burgundians）禁止食用这些块茎，因为他们确信，食用这些块茎会导致麻风病。"

杰拉德著作中陈述的观点当然并非无懈可击，但《植物通史》对于土豆的非难却不是原创，而是几乎逐字逐句地重复了一位更有名望的植物学家加斯帕德·鲍欣在几年前提出的意见。还有其他针对土豆的指责：有人抱怨土豆遍布着凹凸不平的疙瘩和芽眼，很难烹饪；有人认为土豆没法儿被轻而易举地做成面包；有人则指出食用土豆容易导致腹胀，进而引发消化不良。总而言之，即使是那些没有被麻风病威胁吓跑的人，也倾向于将土豆视为仅仅适合动物和贫民食用的食物。与此同时，并非只有潜在的消费者认为土豆缺乏足够的吸引力。潜在的生产者 —— 农民和菜农 —— 同样对栽培土豆持有异议。

在土豆刚刚进入欧洲的年代，肉类和小麦（或者其他谷物）被认为是所有人应该追求的理想饮食，加之农业生产力极为低下，整个社会几乎没有多余的时间、劳动力、土地或者热情来尝试新的作物。而土豆的新奇之处不仅在于其生长于地下，而且还有着各种各样的形状和颜色。另外，土豆也是欧洲人看到的第一种从块茎而非种子长成的作物。除了上述种种有悖于传统农业实践的特征之外，栽培土豆还给农民带来了沉重的负担：播种一块小麦田，只需要一个人在田中来回走动，并将一把把种子撒向左边和右边；而要播种一块土豆田，每个块茎都得单独栽培。播种如此，收获亦然：较之挖干净一片田地中的土豆，收割谷物不仅速度要快得多，而且成本也更低。

此外，栽培土豆也与传统的土地利用模式相冲突。在过去的土地规划中，种植谷物、放牧牲畜和休耕是不断循环的。我们现在可能认为休耕是恢复地力的一种手段，但实际上，过去的农民这样做是为了控制野草的蔓延。在野草尚未结籽的夏天，农民们将休耕土地重新犁过一遍，这些不速之客的数量就能大为减少，农民们也可以期待（或者至少是希望）在来年再次播种时野草的侵袭会少一点儿。[1] 在这种轮作模式中，几乎没有土豆的立足之地（无论时间还是空间）。为了种植土豆，农民们要么就得放弃一部分谷物的生产，要么就得开垦一些新的土地来栽培这种作物。毋庸置疑，这两种选项都意味着需要大量的投入，既包括信心上的，也包括资源上的。

当然，这并不是说所有块根作物在欧洲都是默默无闻的。在修道院和住宅大大小小的庭院中，和韭菜、洋葱、大蒜、香草等叶菜植物一样，胡萝卜、芜菁和防风草同样是十分常见的风景，正是这些各式各样的植物为人们日常食用的浓汤和炖菜提供了极为丰富的食材。但是，庭院种植的植物及其口味并没有形成一致的评判标准，即使在王

---

① McNeill, 1999, p. 79.

室之中也不例外。譬如，当亨利八世的首任妻子凯瑟琳（Katharine）王后想要享用那些曾经在其父亲阿拉贡国王斐迪南二世（Ferdinand II of Aragon）的餐桌上大快朵颐的蔬菜时，她不得不从佛兰德斯 [①]（Flanders）雇佣一个园丁专门来种植这些品种。而在凯瑟琳死后，王后的继任者们似乎逐渐抹去了这位园丁引入王室庭院的一切。据记载，无论亨利八世的最后一任妻子凯瑟琳·帕尔（Catherine Parr）想要什么，哪怕是一份沙拉，都会派人到荷兰去一趟。 [②]

在 17 世纪早期，欧洲植物学家们开始在自己的庭院中栽培土豆，毫无疑问，当时也有一些富于冒险精神的自耕农采取了同样的行动，但只有到了 18 世纪，土豆才最终突破了庭院的藩篱，开始成为一种农田作物。它们最初仅仅是作为谷物的补充而存在，最终则成为谷物的有力竞争对手。考虑到其扩大粮食供应的作用，在欧洲经济和人口的发展过程中，土豆的潜力注定得以发挥，并扮演了十分重要的角色。事实上，早在 17 世纪上半叶，随着土豆栽培的极为普遍与广受关注，这一进程就已经在爱尔兰发端。随后，土豆开始在英格兰和苏格兰名声大噪。而在把土豆传播到欧洲大陆的过程中，英国移民可能发挥了重要作用。对于这一事件，最有可能的当事人是一群英国加尔都西会（Carthusian）的修士，他们于 1626 年定居在尼乌波特（Nieuwpoort），此地位于英吉利海峡比利时一侧的海岸附近。

土豆摆脱庭院奔向田地的另一个线索是在蒂尔特（Tielt）发现的，这是一个距离尼乌波特 20 英里的小镇。当地一份形成于 1678 年

115

---

① 西欧地名，位于比利时、法国、荷兰交界地带。——译注
② Drummond and Wilbraham, 1957, p. 22.

的官方文件记载："土豆移栽到庭院之外已经有了至少 36 年的历史，为了日常饮食和生活所需，几乎所有教区居民都在栽培土豆。"这一记载说明，土豆在该地作为田地作物的历史至迟不应晚于大约 1642 年。考虑到蒂尔特距离尼乌波特很近，这一转变可能源于英格兰加尔都西会修士们的恩惠；另外，蒂尔特距离安特卫普也不远，这不禁使我们回想起来，早在 1567 年，成桶的土豆就已经通过船运从加那利群岛送给了安特卫普的一位居民——路易斯·德·克萨达，这也可能是促使土豆移栽到田地之中的因素之一。

1960 年代，为了将研究方式由毫无根据的猜测转向史实考证，荷兰历史学家克里斯·范登布鲁克（Chris Vandenbroeke）开始关注这一时期法庭之上佃农和税主之间发生的诉讼案件，由此开辟了一种极具启发意义的研究思路。这是一项杰出的研究。[①] 在中世纪时期，欧洲各地的地主有权对其佃户收获的全部农产品征收十分之一的税金或田租，又称什一税。但在 1520 年 10 月 1 日，神圣罗马帝国皇帝查理五世宣布，新型作物在初次引进后的 40 年内应当免征什一税。然而，税主大多忽视了皇室的上述敕令，而是继续对任何种植于田地之上的作物征税——无论是否属于新型作物。农民们对新型作物的非法征税表示强烈抗议，大量诉讼随之而起。烟草、苜蓿、荞麦和胡萝卜等作物的种植都曾成为诉讼的焦点。最后，土豆也出现在了这份名单之中。

因此，随着相关作物的种植范围开始愈发扩大，诉讼案件的数量也随之增加。这些案件恰好可以说明，在诉讼发起的时候，这些作物正在田地中茁壮生长着，且种植规模显然已经足够巨大，以至于人

① 相关论述参见 Vandenbroeke, 1971。

们为了征收（或者取消）什一税宁愿闹上法庭。此外，由于诉讼当事　116
人必须说服法庭，争议作物已经（或尚未）在田地中种植超过 40 年，
这些案件中展示的证据也为我们确认这些作物最初究竟何时栽种于田
地之中提供了极有价值的线索。范登布鲁克并不讳言，由于诉讼当事
各方普遍倾向于夸大能够支持自身论点的证据，这些案件中必然充斥
着大量有失偏颇的证词。但尽管如此，他在数十个城镇中调查的大量
案例依然显示，比利时的土豆栽培呈现出一种由西北到东南的"确凿
无疑的扩散轨迹"。

　　蒂尔特是最早出现土豆税务相关诉讼的城镇之一，那时是 1723
年。33 年后，类似的案件首次出现在布鲁塞尔地区，并于几年后蔓
延到安特卫普和林堡（Limburg）。因此，这一迹象表明，比利时中
部地区的土豆栽培大约始于 1710 年至 1720 年，差不多到了 1740 年，
土豆已经变成了一种无可替代的农田作物，事实上，当时土豆的栽种
已经如此普遍，以至于苏哈比（Schaarbeek）（现在是布鲁塞尔的一
片郊区）的面包师和磨坊主们开始发出抱怨，"因为土豆产量太大，
谷物研磨和面包销售的数量都会下降"。

　　土豆诉讼的轨迹不断向东南方向扩散，首先是那慕尔（Namur）
（当地一份形成于 1762 年的文件指出，全国各地都在收获土豆），接
下来是林堡和卢森堡。但在这里，一些土豆诉讼的时间开始发生了交
错，这说明土豆在从北方不断南下的同时，南方的土豆也正在向北进
军。范登布鲁克断定，卢森堡的土豆来自阿尔萨斯（Alsace）地区。
已有证据显示，土豆首次突破庭院藩篱，最终成为一种可以从饥馑之
中拯救民众的农田作物，正是在阿尔萨斯。范登布鲁克引用的一份文
件很好地解释了究竟是什么因素说服了人们搁置对土豆的偏见，并开

始将其作为自己主要的食粮——战争：

> ……由于邻近阿尔萨斯，这种蔬菜在孚日（Vosges）地区开始传播并逐渐繁衍。鉴于这一地区几乎总是欧洲战争的首要舞台，当地农民们必须重视这种不仅能喂饱自己和家畜，而且能够提供不错产量的农田作物。土豆从来不会被战火兵燹完全摧毁，即使一支军队在土豆田里扎营长达一月之久，等他们离开之后，农民们仍然可以在田里收获土豆……[1]

117 　　在 17 世纪和 18 世纪，欧洲爆发的战争不仅时间频繁，而且地域广阔。同时，战争频发的时段和土豆开始大规模种植的时段高度吻合，这往往足以使学者相信，劫掠成性的军队所造成的破坏和巨变确实是改变整个欧洲大陆饮食和口味的关键因素。这一变化极为剧烈和迅速，规模堪比一场地震，最终在人口和经济领域产生了重要影响。

　　所以，把土豆放到饭碗之中，并非人们自发的选择；相反，正是由于没有其他选项，人们才不得不食用土豆。如果不是生计所迫，人们绝对不会把土豆作为一种主要食物来栽培和烹饪，但一旦开始习惯于享用土豆，人们自然会逐渐发现这种作物的种种价值。事实上，由于同等面积的土豆能够产生的热量是谷物的 4 倍，所以，仅仅半公顷土豆田和一头奶牛的产出就足以满足一个家庭整整一年的饮食所需。品种固然单调，但营养十分丰富，即使对于最为贫困的乡村地区来说，这些产品也足够保持居民的身体健康。如果再种上四分之一公顷

---

[1] Hugh Jones 译自法语，参见 Vandenbroeke, 1971, p. 21。

土豆，这个家庭就可以养一头猪，把猪卖掉的额外收入不仅能够用来支付地租，还可以购买衣服和其他生活必需品。的确，在战争的阴影之下，欧洲农民被迫栽培和食用土豆，但土豆反过来也为民众开拓了全新的机遇空间。[①]

　　尽管土豆具有上述种种优势，但从农民个体的视角来看，土豆从庭院转向田野所带来的最重要的影响，在于其从根本上弱化了战争导致的毁灭性后果。中世纪时期的军队往往缺乏人力物力和运输设施来维持充足的后勤补给线，因此他们早已习惯从正在争夺的土地上掠夺自己所需的大部分食物。寻觅食物的军队会抢走他们所能带走的一切——如果需要的话，他们绝不吝惜诉诸暴力。在掠夺时，一些部队会发放期票，从而通过承诺在未来某天会支付相关物资费用的方式，为其征用行为蒙上一层看似合法的面纱。这一举措固然可能有助于缓和军事掠夺导致的破坏效应（有时，这些期票甚至真的可以如数兑现），但一旦发生任何延期或者波折（例如，发出期票的军队遭遇了惨败），对于那些全部食物都被军队抢掠一空的家庭而言，这些期票就和死刑执行令没有什么区别。

　　因此，无论身处何方，只要一个地区是依靠谷物而艰难维生的，那么，在一场漫长的战役结束之后，爆发严重的饥荒往往是当地可以预料且习以为常的困境。随着 17 世纪和 18 世纪军队规模的扩大和战争频率的上升，战争所消耗的人口和经济成本也在不断增加。绝望之际，农民们只能转而依靠土豆。在这种情况下，他们对于难以接受一种陌生粮食作物的偏见和抗拒被迫搁置一旁——毕竟，这种心理上

① 相关观点参见 McNeill, 1999, pp. 71-72。

的抵触远远比不上一个简单的事实：即使在饥饿的军队掏空了自家的谷仓，而仅仅留下了一张价值未知的轻飘飘的纸之后，土豆仍然能够维持这个家庭的基本生存。起初，农民们食用土豆，完全是因为没有其他东西可吃。但是很快农民们就意识到，土豆能够提供的并非单纯的营养价值。只要人们提前把土豆广泛栽种于田地之中，并且直到需要烹饪之前把块茎始终留在地下，那么，即使在面临最为残酷和彻底的军事征用时，人们也能够活下来。对于前来掠食的军队而言，只要附近有任何谷物，他们总会优先拿走这些更为熟悉的粮食。即使大家都开始栽培土豆而导致谷仓空空如也，这些劫匪们也不太可能在当地逗留足够长的时间，以便把藏在田里的每一个土豆都挖出来。

正如历史学家威廉·H. 麦克尼尔所指出的，三十年战争[①]（1618—1648）的爆发标志着几个世纪以来战争给欧洲平民带来的极为频繁的混乱和贫困达到了顶峰。[②]这场战争所造成的破坏在德国尤其惨重，使人们一旦想起就不寒而栗。大量人口死于战争，但幸存者们可以对小小的仁慈心存感激：随着土豆的广为传播，农村饥荒逐渐得到遏制，从而大为缓解了军队征用所导致的人口消耗；在土豆确立优势地位之前，三十年战争是最后一场蔓延整个欧洲的大战。

此后，战争爆发和土豆扩张在时间和空间上的一致性开始变得有据可查。[③]17 世纪下半叶，土豆开始在阿尔萨斯地区栽培；奥格

....

[①] 三十年战争（Thirty Years War），欧洲历史上第一次大规模的国际战争。交战一方为德意志新教诸侯和丹麦、瑞典、法国等国，另一方为神圣罗马帝国皇帝、德意志天主教诸侯和西班牙。战争以天主教诸侯国一方的失败而告结束，作为主战场的德意志遭受空前浩劫，人民饱受灾难，进一步加深了国家的分裂。——译注

[②] McNeill, 1999, p. 72.

[③] 参见 Vandenbroeke, 1971, pp. 34-35。

斯堡同盟战争①（1688—1697）时期扩张到佛兰德斯地区；西班牙王位继承战争②（1701—1714）把土豆送到了西班牙；随后爆发的奥地利王位继承战争③（1740—1748）则将土豆的领土进一步延伸到奥地利——在此期间，粮食歉收加剧了谷物的短缺；然后是德国。在这里，土豆于七年战争④（1756—1763）时期获取了立足点，迈出了扩张的第一步，当地随后数年的谷物歉收则进一步巩固和扩大了土豆的势力。到1770年代末期，恰逢巴伐利亚王位继承战争⑤（1778—1779）爆发——这场战争大概堪称腓特烈大帝（Frederick the Great）光辉

------

① 奥格斯堡同盟战争（War of the League of Augsburg），17世纪末法国与奥格斯堡同盟之间爆发的战争。法国国王路易十四晚年为争夺欧洲不断对外扩张，奥地利、英国、荷兰、西班牙、瑞典等国于1686年缔结了奥格斯堡联盟与法国交战。1697年双方签订和约，法国被迫放弃了不少占领的领土，但仍保住了欧洲大陆第一强国的地位。——译注

② 西班牙王位继承战争（War of the Spanish Succession），17世纪末，西班牙王位空缺，法王路易十四利用各种手段使其孙子腓力五世继承西班牙王位，遭到了其他国家反对，英国、荷兰、德意志等国联合对法宣战。在经过十余年的战争后，1713年，交战各方正式议和。尽管法国保住了腓力五世的王位，但却付出了高昂代价，军事力量严重削弱，一度失去霸主地位。西班牙王位继承战争是法国衰落的起点。——译注

③ 奥地利王位继承战争（War of the Austrian Succession），18世纪围绕奥地利王位继承进行的战争。1740年，奥地利国王查理六世逝世，长女玛丽娅·特蕾莎（Maria Theresia）即位。为了夺取奥地利领土，普鲁士、法国、巴伐利亚、西班牙等列强结成反奥同盟，提出由巴伐利亚选帝侯继承奥地利王位，1748年，战争结束，特蕾莎维护了自己的统治，但被迫把工业发达的西里西亚大部分土地割让给普鲁士。——译注

④ 七年战争（Seven Years War），1756—1763年间欧洲主要国家组成的两大交战集团在欧、美、印度等广大地域和海域进行的争夺殖民地和领土的战争。1756年，奥地利为夺回被普鲁士夺占的西里西亚，与法国结盟，俄国、萨克森、瑞典和西班牙先后参加，结成交战国的一方；英国为与法国争夺殖民地，需要普鲁士支持，遂同普鲁士结盟，结成交战国的另一方。战争过程中，普鲁士利用反普各国政治、军事的弱点和错误，取得了陆上优势；英国则在海上占据优势。1763年，交战双方议和，普鲁士成为欧洲强国，英国则夺得了海上霸权和更多的殖民地。——译注

⑤ 巴伐利亚王位继承战争（War of Bavarian Succession），为争夺巴伐利亚地区的统治权，主要在普鲁士和奥地利两国之间爆发的战争。——译注

一生中最为灰暗的一段时期，土豆已经牢牢占据了德国乃至整个中欧地区农村的主要作物这一重要地位。

　　1777年，长期统治巴伐利亚的维特尔斯巴赫家族（Wittelsbacher）绝嗣，为了确保巴伐利亚成为普鲁士的势力范围，腓特烈大帝向同样主张巴伐利亚继承权的奥地利宣战。普鲁士军队经由波西米亚（Bohemia）向奥地利发起入侵，最终在克尼格雷茨（Königgratz）与渡过易北河（Elbe river）的奥地利军队遭遇。在长期对峙中，双方陷入了谁都无法取得胜利的境地。在大嚼特嚼当地异常丰富的土豆的同时，两支敌对的军队除了互相威胁之外，没有其他削弱敌人的手段。在冬季即将来临之际，普奥双方将军队撤回本国，从而结束了这场难称体面的战役。这场战争没有胜利者，但也同样没有失败者，而且大家吃得不错。这一事件通常被称为土豆战争（Kartoffelkrieg）。

　　早在奥地利王位继承战争（这是一场普鲁士意在扩张领土，最终将欧洲所有大国卷入其中的出人意料的战争）爆发初期，作为战时维持农民（和士兵）生存的手段，土豆的价值就已经得到了腓特烈大帝的充分重视。1744年，他命令政府向农民无偿分发土豆种子，并指示在普鲁士全境大力栽培土豆。正因如此，当法国、奥地利和俄国的军队在七年战争中入侵普鲁士时，土豆让腓特烈大帝的臣民活了下来。事实上，普鲁士人自己也坦然承认，他们能够在岌岌可危的环境中艰难维生，在很大程度上要归功于土豆。同样不出所料的是，入侵军队很快注意到了普鲁士人坚韧不拔的主要原因，此后，奥地利、俄国和法国政府都开始鼓励农民种植土豆。

　　推广土豆的尝试并非总是一帆风顺。很多农民仍然坚信，食用土豆可能会招致麻风病和其他类似痛苦。甚至在普鲁士，对这种新型作物的零星反抗同样存在，因此，当腓特烈大帝分发的满满一车免费土豆抵达波罗的海沿岸小镇科尔贝格（Kolberg）时，当地农民拒绝接受这种新奇之物。负责运送土豆的官员表示，农民普遍相信，土豆会引发瘰疬、佝偻、肺痨和痛风等疾病。此外，农民们还抱怨："这种东西没有任何味道，甚至连狗都不吃，我们要这个有什么用？"[①] 据说，腓特烈大帝对农民这种不识好歹的行为做出了严厉回应，他威胁说，如果哪个普鲁士人胆敢坚持拒绝土豆，就把他们的耳朵和鼻子砍掉。没有证据表明这一威胁曾经付诸实施，但在第二年，一车车的土豆又被运到了科尔贝格，这次跟着土豆同行的还有一名来自德国南部的士兵，土豆在他的家乡长势喜人，而他的任务就是到此演示如何栽培和烹饪土豆。

　　普鲁士发起或承受的一系列战争，以及腓特烈大帝的个人意愿，共同推动了土豆在欧洲的快速扩张，尽管在 1700 年，中欧和东欧的大部分地区仍然对土豆一无所知，甚至怀有鄙视之意；但到了 1800 年，在从阿尔卑斯山到俄罗斯干草原的广阔范围内，土豆已经成为当地民众日常饮食中不可或缺的重要组成部分。相较之下，土豆在法国的推进较为迟缓——然而，同样是依靠一场战争，土豆最终占领了法国。必须指出的是，这一进程并非源于战事对法国社会产生的直接影响，而是受到一位名为安托万–奥古斯汀·帕尔芒捷（Antoine-Augustin Parmentier）的年轻药剂师的战时经历的推动。在七年战争中，在法军中服役的帕尔芒捷被普鲁士人俘虏。而在被囚禁期间，帕尔芒捷几乎只能吃到土豆。在 1763 年获释时，帕尔芒捷

120

---

① 转引自 Bruford, 1935, pp. 116–117。

高兴地发现，长达 3 年的土豆生活不仅没能让他饿死，反而使自己拥有了极为良好的身体状况。受到鼓舞的帕尔芒捷回到巴黎，决心让整个法国都能享受到土豆这种迄今为止始终遭人鄙视的粮食作物所带来的种种好处。此后，帕尔芒捷把大量精力投入到收集和宣传土豆的相关信息之中。

首先，帕尔芒捷在营养化学领域进行了一系列开创性研究——探寻食物的本质，以及食物促进人类生长发育和维持身体健康的运行机制。"这件事情实在令人百思不得其解"，帕尔芒捷写道："人类已经存在了不知多少岁月，我们却始终没有好奇心去了解那些滋养我们生命的物质究竟是什么。"帕尔芒捷指出，学者们已经习惯于对新奇事物倾注大量心血，但那些最简单、最熟悉的东西却依然神秘莫测，这是多么的讽刺与悲哀。[①] 当然，帕尔芒捷在此大发感慨的对象实际上是小麦，但当 1770 年当地谷物又一次歉收时，贝桑松大学（Academy of Besançon）决定有奖征集一项最好的"能够减少饥荒灾难程度的食物研究"，帕尔芒捷独辟蹊径地选择了土豆，并提交了一篇题为"必要时能够替代传统食物的营养植物调查"的论文。最终，帕尔芒捷的土豆研究赢得了贝桑松大学的奖励，并于 1773 年扩充为一部名为《论土豆的化学性质》（*Examen chimique des pommes de terre*）的著作，在这部作品中，土豆的营养特性和价值得到了彻底且极具说服力的证明。

在 18 世纪 70 年代，巴黎是 50 多万人口的安身立命之所，能否把一条面包按时放到餐桌上，是很多巴黎居民最主要的担忧。为了确

---

① 转引自 Kaplan, 1984, p. 47。

保这座城市的粮食供应充足，政府时刻承受着巨大的压力，事实上，正是粮食供应的不足在相当程度上推动了 1792 年事件的爆发 —— 法国大革命。类似的历史其实已有先例。早在 1775 年路易十六加冕前夕，王国覆亡的征兆即已相当明显，当时，营养不良的平民成群结队将巴黎的面包房洗劫一空，这就是著名的面粉战争（Flour War）。这场骚乱持续了数周之久，甚至一度导致加冕典礼可能被迫推迟。但在军队的强力镇压之下，典礼仍然按原定计划于 6 月 11 日顺利举行，而在政府得以重新控制局面之前，已有数百人遭到逮捕，其中 2 人被公开处决。

在那段动荡不安的时期，帕尔芒捷一直密切参与政府试图保障巴黎粮食供应的工作，但直到 1785 年，也就是面粉战争结束 10 年之后，他才终于得到了王室批准大规模栽培土豆的许可状。

帕尔芒捷拿到王室许可的日子是 8 月 23 日，也是国王的诞辰。关于那天究竟发生了什么，相关记载说法不一，但其中一篇引人入胜的综述声称，当帕尔芒捷向王室献上一束土豆花时，路易十六及其妻子玛丽·安托瓦内特（Marie Antoinette）完全被迷住了，国王在自己的翻领上别了一朵盛开的土豆胸花，王后则在头发上戴了一个土豆花环。[①] 土豆同时出现在国宴的菜单上，对于国王的宾客来说，所有这一切已经足以促使他们上行下效。宫廷的贵族和夫人们开始食用土豆 —— 其中一些人甚至在自己最好的瓷器上勾勒上了土豆花的式样，与此同时，大街小巷的花匠更把土豆花卖到了离谱的高价。

现在，土豆已经成了宫廷餐点，并在贵族中获得了尊重，为了进

---

① Kahn, 1984, p. 78.

一步推广其优点，帕尔芒捷耍起了如同今天的公关顾问一般的手段。他举办了数次晚宴，从土豆汤到土豆酿利口酒，除了土豆之外，前来赴宴的客人们没有别的任何东西可吃。据说，时任美国驻法国专员本杰明·富兰克林（Benjamin Franklin）参与了一次宴会；而在富兰克林回国后，继任专员托马斯·杰斐逊（Thomas Jefferson）可能也是这类宴会的座上宾。杰斐逊显然对土豆和帕尔芒捷兴趣十足。杰斐逊图书馆收藏了帕尔芒捷那篇获奖论文的一份副本；白宫宴会的菜单上则列入了一道杰斐逊在巴黎期间格外喜爱的菜肴——法式炸薯条，据说也正是以此为契机，炸薯条首次进入美国。

上流社会对土豆的认可似乎轻而易举，但是，要让巴黎穷困潦倒的下层民众相信土豆能够拯救他们免于饥馑，则是完全不同的两回事儿。的确，贵族之所以对土豆表现出异乎寻常的狂热情绪，在一定程度上是受到了集体的影响。到目前为止，帕尔芒捷通过王室许可状获得的最大利好在于，国王允许在萨布隆地区（Les Sablons）栽培40英亩土豆，该地距离巴黎西郊的纳伊地区（Neuilly）不远。大片土地意味着可以生产大量土豆，可能有好几吨——足以养活实打实的 5000 人。但在此之前，首先要解决的是农民对土豆挥之不去的偏见；也就是说，要让潜在的消费者们不得不相信，这种作物是值得拥有的。为此，在临近收获季节时，帕尔芒捷特意安排士兵在田地中巡逻，并把所有好奇之辈赶走。不出所料的是，如此一来，周边民众愈发坚信，无论田地里埋藏的是什么，既然配得上这种保护措施，其价值一定不可估量。士兵奉命在黄昏时撤退，果然，当地民众趁夜潜入禁区，偷走了禁果。

食用土豆很快成了家常便饭。人们可以在巴黎的大街小巷买到土豆，有生的，也有像栗子那样烤熟的，连施粥站都会为穷人端上一碗土豆汤。[1] 国王告诉帕尔芒捷，"终有一天，法国会感谢你为穷人找到了生存的希望"[2]。的确如此。路易十六注定要在断头台上接受整个国家的审判，帕尔芒捷则成了英雄。当其他一切物资短缺之时，土豆却能令人惊讶地保持稳定供应，这使土豆变成了一种革命的食物。长期以来，杜伊勒里宫[3]（Tuileries Palace）观赏性极强的广阔花园被视为象征主义和实用主义的完美结合，在其中生长的原有植物现在被连根掘起，全部改种土豆。

1802 年，拿破仑建立了荣誉军团[4]（Légion d'Honneur）——这是君主那些在革命中追随自己并最终幸存的功臣们所颁发的最高荣誉，安托万-奥古斯汀·帕尔芒捷是首批成员之一。1813 年，帕尔芒捷去世，享年 76 岁。在很长一段时间里，每年在拉雪兹神父（Père Lachaise）公墓[5]帕尔芒捷的墓碑旁种植土豆，曾经是一项传统习俗。尽管这一传统已成过往，但时至今日，帕尔芒捷仍然被法国人民铭记：巴黎地铁线路中有一个车站即以他的名字命名；另外，当地不少餐馆认为，菜单上"土豆汤"这个名字看起来太过俗套，于是以"薯蓉忌廉汤"（Potage Parmentier）取而代之。帕尔芒捷的名字始终留在

---

[1]　Langer, 1975, p. 55.

[2]　Kahn, 1984.

[3]　法国王室宫殿之一，以其花园闻名于世，法国大革命期间，路易十六及其家人被安置于此。——译注

[4]　法国荣誉军团勋章是法国政府颁授的最高荣誉，1802 年由拿破仑设立，曾为法兰西共和国做出过卓越贡献的军人和平民都列名其中。——译注

[5]　拉雪兹神父公墓是巴黎市内最大的墓地，也是全世界知名度最高的墓地之一，法国作家巴尔扎克、英国作家王尔德、波兰音乐家肖邦等人均葬于此。——译注

法国人民的生活中。

　　较之土豆在法国或德国的艰难扎根之旅，在欧洲西北边缘的潮湿地带，因为小麦长势一向不好，土豆往往更易被当地接受。特别是在爱尔兰，由于气候和社会环境对土豆生长十分有利，早在 17 世纪晚期，这种作物即已深受长期挣扎在生存边缘的农民的欢迎，并很快渡过爱尔兰海来到了英格兰。在深厚土壤和潮湿气候的作用下，威尔士北部和英格兰西北地区同样为土豆的生长提供了优越条件。尤其是兰开夏郡（Lancashire），一度成为土豆生产的中心，1686 年，当地甚至有一位牧师成功起诉了 13 位教区居民，要求对他们之前 3 年种植的土豆征收什一税 —— 这充分说明，那时土豆已经成为一种适销对路的农业作物。换言之，土豆是一种出于商业目的而生产的农作物 —— 农民种植土豆，是为了赚取收入，而非单纯满足家庭日常的饮食所需。的确，到了 18 世纪中叶，英格兰西北地区的土豆产量已经相当可观，大量的土豆从利物浦输出，运往直布罗陀和其他港口（甚至有记录显示，仅爱尔兰首都都柏林一地，当时每年就有多达 20 艘船只运送土豆前往）。[1]

　　土豆开始进入商业领域具有重大意义，不难看出，人们已经做好了购买土豆的准备，这标志着一个令人瞩目的开端：土豆注定会在欧洲现代史上有所作为，并在经济和社会领域发挥重要作用。越来越多的人开始习惯种植和购买土豆，和以往不同，这并非由于受到饥荒威胁或者其他任何食物短缺所致，而是因为他们真正认识到了土豆的优

----

[1]　Salaman, 1985, pp. 451-453.

点，且能够买得起。萨拉曼在其著作中引用了一个土豆在兰开夏郡罗奇代尔市（Rochdale）发挥作用的例子。1773 年，当地土豆获得了大丰收，以至于小麦价格骤然跌落到"穷人也能买得起面包"的极低水平。[1] 这虽然不过是土豆在经济领域产生影响的一个个例，但其中同样暗示着土豆蕴含的巨大潜力。

几个世纪以来，在人类的全部活动中，超过 90% 用于食物的生产和分配。而作为支撑这些活动的主要口粮，谷物是维持国家稳定的不可或缺之物。但是，谷物供应其实是非常脆弱的立国之基。收获的数量和质量像天气一样喜怒无常，没人可以确定谷物供应是否能够保持充足。但是，对于谷物供应不足会导致的后果，所有人都十分清楚：人们发起暴动，威胁推翻政府。早在古罗马时期，帝国的第二任皇帝提比略（Tiberius）就曾发出警告，如果中断罗马的谷物供应，就会导致国家的彻底毁灭。[2] 从那以后，没有任何政府敢于无视这一关乎自身统治的告诫。

但是，谷物供应和政府政策的关系极为复杂，国家稳定与否并非唯一的焦点问题。作为一种重要商品，谷物同样是经济活动关注的对象之一。当政府试图努力确保供应和控制价格时，投机商人却在利用谷物供求的波动赚取（或者损失）财富。或者说，驱动市场的主要因素是利润动机，而非将食物从生产者手中送到消费者手中这一单纯目的。事实上，整个国家最大规模的食物流动，可能更多的是为了扩充富人的口袋，而不是填饱穷人的肚子。小麦价格飙升进而推动面包价

---

[1] Salaman, 1985, p. 454.

[2] Rickman, 1980, p. 2.

格高涨，到了用今天的标准来衡量大多数人都买不起面包的程度，这种情况在历史上屡见不鲜。[1] 最终，土豆应运而生。

在小麦难以立足的地方，土豆却能茁壮成长；在可以毁掉谷物收成的恶劣气候中，土豆却能艰难求生。因之，土豆受到了政府和商品市场的热烈欢迎。这不仅由于土豆是一种对穷人来说较为廉价的食物来源；也不完全在于土豆是一种可供买卖的商品；土豆可以对谷物供求的剧烈波动形成一定缓冲同样并非决定因素。应该说，上述特点共同构成了土豆的独特价值，而除此之外，土豆之所以饱受青睐，还在于其可以为市场释放更多的谷物。如果能够说服人们种植和食用更多的土豆，那么就会有相应的谷物可供出售。这样一来，土豆也就推动了谷物的角色转型，后者的主要意义不再是单纯作为农民的主要食物而存在，而是转而开始在塑造国内和国际贸易市场中发挥重要作用。在 18 世纪，我们如今熟知的井井有条的谷物贸易市场尚未成形。[2] 当欧洲谷物短缺时，没有来自加拿大、拉丁美洲、南非、俄罗斯或澳大利亚的货源可供进口。此后，随着交通条件改善而带来的殖民帝国扩张，这一贸易体系将逐渐形成。与此同时，通过将谷物由单纯的食物塑造为国家经济的有力支柱，土豆的出现加速了这一进程的最终完成。

换言之，在现代经济和政治秩序得以奠定的过程中，土豆发挥了不可或缺的作用。当国家稳定之基开始由粮食供应向商业贸易转变时，土豆缓和了这一本应剧烈的历史进程。

---

[1] Hobhouse, 1999, p. 268.

[2] Hobhouse, 1999, p. 256.

亚当·斯密在 1776 年出版的《国富论》中对土豆大加赞赏，但早在大约一个多世纪之前，人们就已经坦率承认了这种作物蕴含的经济潜力并创作了大量著述。譬如，一位经济独立的伦敦居民约翰·福斯特（John Forster）在 1664 年出版了一本题为《英格兰的幸福正在与日俱增》（*England's Happiness Increased*）的小册子。[①] 根据当时的写作习惯，这本书的副标题要长得多：

或者

一种用于拯救未来艰难岁月的可靠且简易的方法

通过

种植一种名为土豆的块根植物

这种作物（加入小麦粉）

每年有 8 到 9 个月的时间，可以制作上好、美味且有益健康的面包，

费用不过是之前的一半

与此同时

通过种植一亩土豆，英格兰和威尔士数以万计无以为生或者不知如何

赡养家庭之人，每年可以挣到 30 英镑

为了穷苦之人的利益而创作和出版

作者：约翰·福斯特先生

在出版这本"为了穷苦之人的利益"的小册子时，福斯特特意将其献给了"蒙上帝恩宠之人，位高权重的统治者，大不列颠、法国

---

① 关于 Forster 小册子中的内容参阅 Forster, 1664/2001。

和爱尔兰国王，信仰的捍卫者查理二世"，从中不难看出背后隐含的
经济动机。虽然显而易见，这本小册子在向那些最需要帮助的人宣传
土豆的价值方面付出了值得称赞的努力，但其同样介绍了土豆的传入
为何可以为国王的收入提供稳定的补充。在题为"王国之利"的章节
中，福斯特宣称，这种新作物的"首要功用"将是让农民"在不受任
何强迫的情况下，高兴且自由地"每年为国王上缴 4 万或 5 万英镑的
额外收入。福斯特解释说，这一计划可以通过严格控制土豆的种植
权来实现。国王应当对种植土豆的权利保持垄断，只向 1% 的家庭颁
发许可证。这样的话，只需 1 万张许可证，就可以为整个英格兰和威
尔士供应土豆，而为了享有这种特权，每张许可证需要支付 5 英镑年
费。只需如此低廉的费用，就能成为当地唯一有权种植和销售土豆的
人，大家无疑乐意支付，王室金库自然也就可以迅速充实。

此外，福斯特在题为"次要功用"的章节中继续写道，随着土豆
开始被人们视为一种食物，进而在日常饮食中逐渐占据重要地位，人
们就会减少对小麦的消费。因此：

……在每个丰收之年，数量充裕的各种谷物都可以被节省下来，
经由海路运送到其他国家，国王陛下及其臣民都将从中受益匪浅。原
因如下：首先，为了购买谷物，载有外国货物和商品的船只经常往来
本国，国王陛下的关税收入将会有所增加。其次，通过出售谷物，我
们能够与那些受惠国家继续保持友好和同盟关系，国王陛下（如果需
要的话）在对抗外国入侵或者镇压国内动乱时，可以获得他们的支援
和帮助。

　　没有证据表明，查理二世曾经采纳过约翰·福斯特呈上的方案。这也许是因为，查理二世已经从英国皇家学会（The Royal Society）提出的建议中对土豆及其潜力有所了解（1661 年和 1662 年，查理二世两次颁发特许状，正式批准了皇家学会的成立）。的确，在皇家学会正式记录的第一批研究主题中，土豆的社会和经济效益正是其中之一。

　　英国皇家学会始创于 1660 年，其宗旨是对具有科学价值的问题进行研究和汇报。威廉·哈维（Harvey）、罗伯特·胡克（Hooke）和罗伯特·波义耳（Boyle）等知名学者都是其早期成员；其会议讨论的主题包括哈维关于血液循环的研究，吉尔伯特（Gilbert）对磁性的认识，以及哥白尼（Copernicus）、开普勒（Kepler）、伽利略（Galileo）和弗朗西斯·培根（Francis Bacon）的理论。诚然，皇家学会的部分研究深入到物质的本质、宇宙的奥秘和诸如此类的奇妙问题之中，但其研究方向亦不乏关注现实问题的一面。1662 年，皇家学会专门成立了一个致力于农业和养殖问题的委员会，明确指示其开始研究土豆的用途及其栽培方法。

　　1662 年 3 月 18 日，农业委员会开会讨论巴克兰（Buckland）先生提出的关于土豆的建议，这位来自萨默塞特（Somerset）的绅士特意致信皇家学会，主张大力栽培土豆以作为预防饥荒的手段。根据会议记录，委员会赞成巴克兰的意见，提议"凡是拥有土地的皇家学会成员，都应当开始种植这种块茎作物，并说服自己的朋友进行同样的尝试"。土豆块茎和栽培指南由巴克兰先生和罗伯特·波义耳提供，后者是皇家学会的一名成员，在其位于爱尔兰的土地上，土豆已经在茁壮成长。此外，波义耳还被指定对这一推广土豆的举措的成效进行汇报；农业委员会的另外一名成员约翰·伊夫林（John Evelyn）则

126

"在皇家学会要求下"迅速发表了一篇文章，对土豆的栽培方法进行了详细介绍，在文章最后，伊夫林指出："栽培土豆的方法和价值应该在日报上发表，以将其介绍给整个国家……这样的话，那些适合并且打算栽培土豆的地方就可以得到恰当的指导。"①

如果有记载表明，皇家学会当时对土豆的积极倡导——不仅其成员种植土豆块茎，而且推动日报大力宣传土豆的优点——的确为这种作物变成 17 世纪晚期英格兰田地和餐桌中的一抹亮色发挥了重要作用，无疑将会使人感到得偿所愿。作为初出茅庐的皇家学会成长道路中的坚实一步，这也会是农业委员会所提建议最令人心满意足的结果。但事实并非如此。相应举措似乎后继无力，或者半途而废：在皇家学会不久之后发表的一份关于英国农作物及其栽培的报告中，甚至根本没有提及土豆的名字。② 因此，尽管皇家学会的倡导无疑促进了知识分子阶层对土豆的了解，其研究成果也为土豆的潜力留下了早期的学术记录，但其发挥的实际作用则极为有限。当然，皇家学会的推广在一定程度上为未来重视土豆的舆论风潮提供了权威的依据，而正是这一舆论风潮最终确立了土豆作为一种替代主食的重要地位。对于皇家学会这只当时羽翼未丰的雏鸟来说，如果我们把对于土豆的倡导视为一根羽毛的话，这根羽毛更像是皇家学会未来得以搏击长空的内在基础，而非华丽耀眼的外在装饰。

显然，推动土豆流行欧洲的并非任何单一因素；同样也没有任何
127 证据表明，曾经发生过一场大规模战役加速了土豆接管整个欧洲餐桌

---

① 转引自 Salaman, 1985, p. 447。

② Lennard, 1932, p. 23.

的令人瞩目的进程。饥馑、战争、不同人士的倡导以及商品市场的贪婪，共同推动了土豆的地位由饱受争议到大受赞扬的转变。随着时光飞逝，甚至在那些曾经大力谴责土豆的布道坛上，最终也响起了赞美的声音。在法国，对于部分仍对土豆怀有抵触情绪的地区，政府官员给当地所有神父下发了介绍土豆及其优点的情况说明，要求他们在布道时向民众宣读。[1] 在挪威，由于当地神职人员早已习惯将农业生产作为传教生活的重要组成部分，"土豆牧师"（他们的绰号）之名响彻大江南北。譬如，1775 年，盖于斯达尔（Gausdal）（位于挪威首都奥斯陆以北 100 公里处）的教区牧师收获了超过 11 吨土豆，并于次年将土豆种子分发给了教区内全部 120 户农家。[2]

土豆传入挪威的时间相对较晚，但当托马斯·马尔萨斯（Thomas Malthus）于 1799 年游历挪威时，当地土豆的栽培已经相当广泛，在其《人口原理》（*Essay on the Principle of Population*）一书中，马尔萨斯记录了如下观察："几乎所有地方的土豆栽培都取得了显著成功，其种植面积仍在不断扩大，逐渐成为了一种常见食物。"[3] 无怪乎马尔萨斯写作了大量关于人口数量和粮食供应之间关系的论文。根据他的观察，人口数量的上升会比食物供应的增加快得多，由此，马尔萨斯得出了结论，如果这两个因素无法保持平衡，悲惨的后果将随之发生。

马尔萨斯广为传播的人口和食物的论文引发了一场真正的讨论热潮，对于如何实现并保持二者之间必要平衡的争论层出不穷。的确，当时的人们有充分的理由感到担忧。从 1750 年到 1800 年，在短短 50

---

① Vandenbroeke, 1971, p. 30.

② Drake, 1969, pp. 64, 54.

③ Malthus, 1914, p. 162; 转引自 Drake, 1969, p. 63。

年间，欧洲人口的数量由大约 1.4 亿增长为 1.88 亿（而且还会继续上升，1850 年，欧洲人口可能将达到 2.66 亿；到了 1900 年，这一数字将膨胀为 5 亿）。

在当时的欧洲，人口数量的增长已经成了一大难题。尽管传染性疾病所导致的死亡人数一如既往（事实上，在快速发展的城市中，死亡率甚至要更高一些），但人们的婚龄越来越小——这往往会增加孩子出生的数量。同时，在 18 世纪中后期，"非婚生育率出现了令人吃惊的增长"[1]。在上述因素的综合作用之下，许多出乎父母预期而降生的婴儿惨遭抛弃，或者被以其他方式处理掉。到了 1811 年，法国的弃婴问题已经非常严重，拿破仑被迫下令建立弃婴医院。弃婴医院的门口安放了一个转盘，使得父母可以在不被发现或者不必面对令人尴尬的盘问的情况下，把婴儿通过转盘送到医院之中。这一举措被许多国家效仿，并得到了普遍施用。在这些被抛弃的儿童中，超过半数是已婚夫妇的子女。

这些机构很快就不堪重负。没有几个弃婴能够在医院中得到照料，绝大多数接收的婴儿立刻会被送往位于乡间的护理机构，而在那里，许多孩子死于营养不良或疏于看护，甚至仅仅是由于不堪长途跋涉之累就早早夭折。这些数据都有详细记录，令人无比震惊。在一些意大利弃婴医院，高达 80%—90% 的婴儿在 1 岁前死亡。在 1817 年到 1820 年的巴黎，数据显示，当地弃婴数量占到了全部新生儿总数的 36%；仅 1818 年一年，就有 4779 名弃婴被送入了该市的"婴儿之家"，而在短短 3 个月时间里，其中 2350 人就已经离开人世。在整个

[1] Langer, 1963, p. 8.

法国这 3 年间出生的全部儿童中，有 20%—30% 注定要被遗弃到这些弃婴医院之中。①

我们现在几乎已经很难听说弃婴医院的名字，但在那个年代却家喻户晓。很多人谴责这一制度是将杀婴行为合法化；有人则讽刺，弃婴医院应该挂出一个"政府出资杀害儿童"的牌子。托马斯·马尔萨斯在参观了莫斯科和圣彼得堡由俄罗斯皇室资助建立的弃婴医院之后写道：

鉴于这些机构的儿童死亡率实在高得离谱……也许可以这样说，如果有人想要控制人口增长，而又对具体手段漠不关心，那么，没有什么措施可以比建立足够数目的弃婴医院并让它们无限接收弃婴更有效了。

考虑到迅速增长的人口数量给人类社会带来的巨大问题，人们对其后果的关注程度要大大高于其成因自然不足为奇。人口增长是如何发生的？许多人满足于将此归咎于据说在城市下层阶级之中普遍存在的沉溺淫欲的恶习。但他们没有意识到，当时的城市在人口方面远远不能做到自给自足；事实上，城市人口的惊人增长主要源于农村人口涌入的推动。在栽培土豆的田地旁边，农民结婚越来越早，生育子女越来越多。过去由父亲一人耕种的土地，现在为 4 个儿子所分割，而在每个儿子得到的土地上，都能够种下足以养活自己的小家庭的土豆；这片土地现在承载了 4 个家庭，而在一代人之前只有 1 个家庭；　129

① Langer, 1963, p. 8.

现在有 12 个孩子，过去则只有 4 个。马尔萨斯的论述再清楚不过了，"食物越多，人口越多"，他把欧洲人口膨胀这一看似无法解决的难题归咎于土豆的引入。他写道，土豆的引入使人口数量的增长明显超过就业机会的上升最终成为现实，因之，土豆会导致工资和生活水平的降低。[①] 但是，马尔萨斯没有意识到工业革命将要喷薄而出的对廉价劳动力的巨大需求。

尽管欧洲人口的大幅增长和土豆的引入几乎同时发生这一事实无可否认，但要证明二者之间具有能够为学界所认可的因果关系总是十分困难。19 世纪，有些农学家断言，土豆"毫无疑问对欧洲产生了重大影响，在现代欧洲的塑造过程和文化基因中，土豆发挥了比其他任何客观存在之物都要强大的作用"。还有一些经济学家毫无保留地声称，"种植土豆导致了欧洲人口的快速增长"[②]。相较之下，人口学家和社会学家则要更加谨慎。一方面，他们认为有必要确认，人口增长的原因确实是出生率的上升，而非受到营养状况改善和健康水平提升所致的死亡率下降。另一方面，开垦额外土地、完善排水设施和改良农业技术，同样可能对人口增长发挥至关重要的作用。

因此，直到 20 世纪中期，随着量化科学成为人类学研究中不可或缺的组成部分，之前几代学者们曾经提出的大胆论断得到了统计数据的支撑。此后，在瑞士阿尔卑斯山[③]、喜马拉雅山[④]、挪威[⑤]、俄罗斯

[①] 参见 Langer, 1963, pp. 11, 13。

[②] 参见 Langer, 1963, p. 17。

[③] Netting, 1981, chapter 7.

[④] Fürer-Haimendorf, 1964, p. 10.

[⑤] Drake, 1969, chapter 3 and p. 157.

和中国等地开展的研究以其详细的具体数据证实了这一结论：土豆被栽培在哪里，当地的人口随之增长。二者之间存在直接联系。甚至一个位于西班牙中部地区的小村庄，随着当地农民将溪水引入村中和开始栽培土豆，也在 18 世纪晚期出现了人口增长和经济繁荣，在土豆出现之前，当地的土壤只能种植橄榄树和扁桃树。[1] 此外，这些研究还表明，在大力栽培土豆的地区，居民不仅数量显著增加，而且更为健康高大。[2] 荷兰历史学家克里斯·范登布鲁克声称："因此，我们可以大胆宣布，土豆栽培的不断扩散意味着西欧历史上首次找到了解决食物问题的最佳方案。"[3]

尽管土豆对于整个欧洲都具有重要意义，但其影响最为显著之地还是爱尔兰。在 17 世纪早期土豆传入之前，爱尔兰居住的人口可能不足 100 万到 150 万。到了 1700 年，当地人口上升到 200 万；1 个世纪之后，又增长到 500 万，并于 1845 年飙升至 850 万——在当时爱尔兰的全部人口中，超过 90% 完全依赖土豆为生。[4] 如果没有土豆，人们就会陷入饥馑。因此，当 1845 年和 1846 年，一场可怕的疾病对这种作物造成沉重打击时——病害就像瘟疫一样在田地之间蔓延，染病土豆的茎叶开始发黑，地下的块茎则迅速腐烂——成千上万的人不幸丧生，还有数十万人通过移民到英格兰和美国才得以勉强幸存。

130

....

① Brandes, 1975, p. 180.
② Baten and Murray, 2000.
③ Vandenbroeke, 1971, p. 39.
④ Clarkson and Margaret Crawford, 2001, p. 9.

图 9

第 9 章　土豆生长之地

塞西尔·伍德汉姆–史密斯（Cecil Woodham-Smith）写的关
于爱尔兰土豆饥荒的著作《大饥荒》（*The Great Hunger*）出版于
1962 年，但我直到 1964 年末才读到这本书，此前我们曾在位于
爱尔兰西海岸的康纳马拉住过 18 个月。当时我们在一个名叫巴利
纽（Ballynew）的内陆村庄租了一套房子，距离克莱根湾（Cleggan
Bay）不远。"Ballynew"源于爱尔兰语"an baile nua"，意为"新城
镇"，但巴利纽从来都不是一个城镇，甚至从传统观点来看，可能连
村庄也算不上。当地没有鳞次栉比的房屋，没有商店，没有教堂，没
有酒吧，也没有通往周边农田的平坦道路。这里只是一群房屋的集
合，散布在一座小山漫长而平缓的南坡上，彼此之间保持着一定距
离。实际上，这个村庄只是一座由草原、农田和沼泽组成的人烟稀少
的小山，沿路一直通向奥伊沃特（Ooeywalter）和奥伊扬丹那瓦沃夫
（Ooeyandinnawarriv）附近的悬崖峭壁，大西洋的潮水从那里汇入名
为巴利纳基尔港（Ballynakill）的宽阔海湾。整个村庄大约占地 500
英亩，和周边其他村庄以溪流和自然形成的水道相分隔，这种界线过
去被称为"mearings"。在方圆 2 英里之内，存在着 5 个这样的村庄。

我们在巴利纽逗留的时候，只有 12 户人家住在那里。当地的农
业主要包括饲养小肉牛和两三头奶牛、照料在小山北坡吃草的绵羊、
种植燕麦、制备干草、收集可以用作建材和燃料的泥炭，以及在田地
里埋上一堆 praties（爱尔兰农村对土豆的俗称）。整个冬天，当地人

把大量土豆储藏在稻草覆盖的狭长地窖中，并在来年夏天之前将其一扫而空。

133   为了生计，当地人会根据时令出售牛奶、羊毛、绵羊、母牛或者公牛。到了冬天，他们则出卖劳动力——整修道路，每天能赚 1 英镑；或者给那些位于卡尔顿（Cartron）的大宅修筑篱笆。约翰·科因曾经在俄勒冈州（Oregon）的波特兰（Portland）学过建筑技术，他会骑自行车到里塞斯（Recess）（往返 20 公里）去，那里正在开发一处酒店和服务站。住在邦道格拉斯（Bundouglas）附近海边的约瑟夫·希纽（Joseph Heanue）买了一辆车，通过提供司机服务挣了一点儿钱（除了我们和收费员约翰·詹姆斯[John James]之外，希纽拥有周边地区唯一的汽车）。一位上了年纪的亲戚去世使科尼利厄斯（Cornelius）得到了一处房产，他给这座房子安装了供水系统（水源来自帕特里克·科因[Patrick Coyne]在山上的土地中的一处泉水），修建了卫生间和化粪池，从而从我们这里赚得了一些房租。（"你会觉得每周 25 先令的房租太贵吗？"）但总而言之，整个巴利纽都没什么钱，也没什么人。

巴利纽的 12 户人家总共包括大约 50 名男女老少。大多数家庭由一个儿子（或者女儿和女婿）担任家长，他留在或者返回家乡照料年迈的父母，其他子女均已搬走或移居国外。孩子很少，同样，他们也预计会在长大成人之后离开这里，去别处寻找自己的机遇。正是因为这样，即使到了 1960 年代，巴利纽的人口数量仍然在不断下降，这在一定程度上可以视为一个多世纪以来爱尔兰人口统计的缩影。人口普查数据显示，1841 年，爱尔兰人口数量为 817 万 5124 人；1961 年则下滑到 424 万 3383 人。(其中包括北爱尔兰 [①] 142 万 5042 人,爱尔兰共和国独立后,北爱尔兰成为英国的组成部分。)但是,人口下降最快的阶段是这一时期的头十年,同时在整个爱尔兰岛上,正如巴利纽的人口普查数据所呈现出的悲哀事实,人口减少最明显的地区是南方各郡,这些地区后来组成了爱尔兰共和国。1841 年,巴利纽的 493 英亩农田养活了 298 人——152 名男性和 146 名女性。10 年之后,那里仍然生存的人口只有以往的三分之一稍多——总共 113 人,其中包括 53 名男性和 60 名女性。

　　大饥荒始于 1845 年,但其影响直至 1849 年仍未彻底消除。康纳马拉在饥荒中承受的打击尤为沉重,但巴利纽还不是当地受灾最严重的地区。其他地方的损失更加惨痛,譬如,在前文所述的两次人口普查期间,居住在邦道格拉斯的人口数量从 194 人骤降至 20 人;莱特盖什(Lettergesh)的人口则从 219 人下降到 64 人;莱特香巴拉(Lettershanbally)更是从 61 人降为仅剩 4 人;等等。这种惨剧遍及各地。

　　发生于 1840 年代的土豆歉收使爱尔兰遭遇了严重的饥饿和营养不良,最终引发了前所未有的大量死亡,《大饥荒》一书对这一事件进行了极为深刻的记录。在康纳马拉住了几个月之后,我才第一次读了这本书,其中呈现的内容让我对于在来到此地之前并未涉猎相关内容深感庆幸。如果我对这段历史有所了解,我不确定自己是否还有勇气深入这样一个曾经在英国人手中经历了如此苦难的爱尔兰社区。这

134

----

① 爱尔兰岛可以分为北爱尔兰和爱尔兰共和国两个地区。在爱尔兰岛大部分地区成立独立的爱尔兰共和国的同时,北爱尔兰地区民众多为信奉新教的英国后裔,所以从爱尔兰脱离,加入英国。——译注

部著作实际上是一篇尖锐的控诉书：英国政府未能预见危机的到来，也没有在灾难降临时采取快速而有效的应对措施。

塞西尔·伍德汉姆-史密斯被《星期日泰晤士报》（*Sunday Times*）称赞为"有勇气讲述可怕的事实"。这部著作对于饥荒的描述建立在一丝不苟的学术研究基础之上，并通过精妙的文字技巧加以呈现，这使其观点看上去不容置疑，而且充分反映了全部的历史事实。简而言之，《大饥荒》是一部令人极为信服的作品。在阅读的过程中，我有好几次从书本中抽身而出，去和帕特里克·科因一起查看在北坡的羊群，或者和大个子迈克（Big Mike）一起玩飞镖游戏，试图搞清楚在这段历史发生之后他们为什么还能继续容忍更多来自英国的不速之客。但是我很快发现，帕特里克对此不怎么关心；大个子迈克则倾向于将任何对过去之事的询问看作一个讲述自己在北爱尔兰冲突时期[①]的冒险经历的大好时机，当时他成了支持黑棕部队[②]（Black and Tans）的邻居汤姆·希纽（Tom Heanue）的监狱看守；科尼利厄斯则摇了摇头回避了这个问题。过去了，他说，一切都过去了。现在谁还担心这个呢？

我从未听到过当地的任何人将那场大饥荒描述为影响了他们生活的重大事件。或许当时我的调查没有现在这么深入，也很有可能他们只是不愿讨论这个问题。对于某个话题保持沉默，并不意味着

---

① 北爱尔兰冲突，是指 1960 年代后期开始，到 1990 年代后期签订北爱和平协议为止，在北爱尔兰发生的一系列暴力活动，爱尔兰共和派、保皇派、皇家阿尔斯特警队，英国陆军等各派力量均涉入其中。——译注

② 黑棕部队，又称英国皇家警队后备队，是皇家爱尔兰警队部署的两支准军事部队之一，用于镇压爱尔兰共和军在爱尔兰发动的革命。——译注

听众对其缺乏感情。科尼利厄斯的母亲 —— 我的孩子叫她马伦奶奶（Granny Mullen），我也这么记录她的名字 —— 偶尔会提及在她的一生中所经历的艰难岁月。当我带给她一包海螺时，她会说"愿上帝保佑你"，然后提起那些年代：由于饥饿的民众不知疲倦的采集，即使在海潮最低时，岸边几乎也找不到一只海螺或贻贝。在大饥荒时期，她的祖父母可能还是孩子。他们在饥荒中幸存，成千上万的其他孩子则死掉了，但我从来没有听她谈起那个时候的故事。

据说，在讲述三代人之前或者更为久远的时候发生的事情时，口述史并不比神话更有可信度。科尼利厄斯会对他和其他人到北边挖掘泥炭时在沼泽边发现的一些石头遗迹进行长时间的思索：究竟是谁制造了这些东西？他同样对那块矗立在他位于巴利纳基尔湖畔的土地上闪闪发亮的白色石英石深感困惑：这块石头来自何方？它的用途是什么？是谁把它摆在这儿的？他曾经带我沿着那条几乎难以识别的被称为丹麦路（Danes' road）的石头小路散步，并给我讲述那些人们找到"仙女箭"的故事，以及故事主角看到的在锡安山（Sheeauns）（其名来自爱尔兰语的 Sidheá，意为仙女之山）夜色中飘荡的点点灯火。他对这些久远的传说故事津津乐道。但是，对于仅仅一个世纪以前的马伦一家的故事，他却只字未提。他会长篇大论地向我介绍这个家族在 20 世纪初的活动，以及他们定居于巴利纽的历程 ——"现在看来，他们不是给我们在这儿留下一栋大房子吗？"还有美国亲戚的故事 ——"当然，在经历了 1929 年的经济崩溃之后，他们失去了所有，不再是百万富翁了。"然后又转回来对邻居的行为评头论足，譬如今年谁会第一个去晒干草。

对于这种沉默，我必须承担相当一部分责任，毕竟，在读过伍德汉姆-史密斯的杰作之后，我也不是特别渴望讨论大饥荒这个沉重的话题。但除此之外，沉默尚有其他原因。一些比我更为冷静的学者早已注意到，爱尔兰人实际上不愿深入探究大饥荒的细节，他们满足于将这一事件局限于家族历史中的非正式记录。爱尔兰历史学界同样倾向于回避这个主题。譬如，《爱尔兰历史研究》（*Irish Historical Studies*）杂志在创办之后的头 50 年里只发表了 6 篇有关大饥荒的论文；从 1974 年创刊到 1993 年，《爱尔兰经济和社会史》（*Irish Economic and Social History*）从未发表过大饥荒相关文章；在煊赫一时的《爱尔兰历史里程碑》（*Milestones in Irish History*）一书中，收录了大量对那些如教科书般耳熟能详的历史事件进行介绍的论文，包括克朗塔夫之战①（the battle of Clontarf）、伯爵逃亡②（Flights of the Earls）以及联合法案③（the act of Union）等等，但其中却没有为大饥荒留下只言片语。④

　　然而，"大饥荒"无疑是爱尔兰现代史上的主要事件，它对爱尔兰的重要程度不亚于大革命之于法国、工业革命之于英国、内战之于美国。这可能是整个世界历史中最广为人知的一场饥荒，但直到 1962 年《大饥荒》一书出版之前，人们从未付出全力来从头至尾地讲述这个故事。（1956 年曾经有人出版过一本相关文集⑤，但被批评为

....

① 1014 年，爱尔兰国王布莱恩·博鲁（Brian Boru）率军在都柏林附近的克朗塔夫击败本土叛军和维京海盗的战斗。——译注
② 1607 年，为了反抗英国对爱尔兰的统治，爱尔兰本土贵族蒂龙伯爵休·奥尼尔（Hugh O'Neill）与泰尔康奈尔伯爵奥唐奈（O'Donnell）乘坐法国船只逃亡。——译注
③ 1707 年，英格兰和爱尔兰通过《联合法案》合并为大不列颠王国。——译注
④ O Gráda, 1993, pp. 98-99.
⑤ Edwards and Williams (eds.), 1956.

"毫无生气，而且对事件进行了高度美化"①。）这部著作的流行甚至在一定程度上削弱了爱尔兰历史的根基，以至于在 1963 年，有人邀请都柏林大学历史系的三年级学生围绕"《大饥荒》是一部伟大的小说"这一主题创作批判文章；但是没人能真正反驳伍德汉姆–史密斯的观点：在大饥荒之前，"爱尔兰地区的生存基石和爱尔兰人的繁衍存续全部且唯一的依靠就是土豆"②。

136

　　哦！在这个广阔的世界上，没有人能战胜我们，

　　无论他们居住在加拿大寒冷的山丘，还是炎热的日本；

　　只要我们一直栽种和享用这些美好的土豆，

　　在如此适宜我们生活的爱尔兰绿色山谷。③

　　康纳马拉沿海一线遍布着怪石嶙峋的悬崖峭壁，在辽阔的大西洋中形成的滚滚波涛在这里戛然而止。当地人表示，土豆是 400 年前由西班牙无敌舰队送到爱尔兰的，"就像上帝从天堂赐予的礼物"。当时，弗朗西斯·德雷克率军将无敌舰队一直驱逐到北海一带，而在奥克尼群岛（Orkneys）附近，西班牙的残余军舰为大西洋的狂风所席卷，被迫漂向康纳马拉海岸。据当地人说，大约有 25 至 30 艘西班牙帆船在岸边撞得粉身碎骨，在它们装载的货物中，就包括许多装满土豆的木桶。

　　船上的 200 名西班牙水手和运载的一些品种优良的阿拉伯马打算

----

① O Gráda, 1992, p. 19.

② Woodham-Smith, 1962, p. 30.

③ 一首由 John Graham 创作的诗歌，作者去世于 1844 年，转引自 Kahn, 1984, p. 56.

挽救自己的生命。当地传说记载，这些马匹跑到了康纳马拉的山区之中，并和当地的野生矮种马杂交，形成了举世闻名的马种——康纳马拉小马。与之相对，那些水手们的命运则要悲惨得多。当地人最初收留和照顾了这些水手，作为回报，水手则向当地农民传授了烹饪和栽培土豆的方法。然而很快传来了指令：村民们必须把每一个西班牙水手交给英国当局，违者将处以死刑。在全部俘虏中，最终只有一名贵族和他的侄子得以通过缴纳赎金而免于一死，其他所有人则"在当地人的低声抱怨和哀悼中"于 1589 年 6 月下旬在戈尔韦（Galway）的圣奥古斯丁修道院被斩首。

　　然而，在康纳马拉流传的土豆于 1589 年传入爱尔兰的说法并没有得到普遍认同，甚至在爱尔兰国内亦有争议。在康纳马拉以南的科克郡（Cork）附近，当地人将土豆的引进归功于沃尔特·雷利爵士。据说，雷利的园丁率先在主人位于约尔地区（Youghal）的庄园里栽培了这种来自弗吉尼亚的块茎，这块土地由伊丽莎白一世赐予雷利，作为雷利镇压了几起棘手的爱尔兰人起义的回报。如果这一说法属实，那么土豆的传入不会早于 1586 年，雷利在这一年得到了这处庄园；也不会晚于 1603 年，当时雷利失去了女王的宠幸，并被关在伦敦塔[①]里，度过了 14 年的时光。

137　　　勇敢的沃尔特·雷利，
　　　　英明女王[②]的专属骑士，

------

① 伦敦塔（Tower of London），是位于伦敦泰晤士河畔的一座著名官殿、要塞和监狱，大量英国王公贵族和著名人士曾在其中关押。——译注
② 英明女王（Queen Bess），是英国女王伊丽莎白一世的昵称之一。——译注

他从弗吉尼亚带至此地，

那种令人欣喜若狂的块茎。

他将其小心种下，

约尔的长势如此喜人；

来自芒斯特[①] 的土豆啊，

如今已经四海扬名。[②]

　　无论土豆进入爱尔兰的确切日期和具体环境究竟如何，这里都是把土豆视为一种主要口粮作物而加以接纳和栽培的极为合适的区域。爱尔兰的降水充足而温和，霜冻极为罕见，还有足够的土地让农民播种和收获大量的土豆，以满足整个家庭全年的饮食所需。此外，当地农村人口极度贫困，由于种种原因，在爱尔兰的苦难历史中，即使在风调雨顺的时节，他们也始终挣扎在饥荒的边缘。对于这些贫苦民众而言，土豆就是救世主。起初，爱尔兰农民是出于绝望才开始被迫栽种土豆的，但他们很快就发现了这种作物的优点。因此，爱尔兰人是北欧地区第一批利用土豆杰出的生产能力和营养价值的民族，并开始将其作为谷物的补充作物（并最终取而代之），尽管在人类此前的文明史中，谷物始终是更受欢迎的主食——只要人们可以选择。无论在什么情况下，只要人们还有选择，无论这种选择的希望是多么的脆弱和渺茫，土豆都难以撼动谷物的优势地位，直到社会和经济环境的改变将这一线希望彻底断绝。但是，爱尔兰

---

① 芒斯特（Munster），爱尔兰南部省份。——译注

② 转引自 Salaman, 1985, p. 153。

人从来就没有任何选择，因此，爱尔兰和土豆的历史在冥冥之中被紧紧联系到了一起。

"你想要了解英格兰、爱尔兰和土豆的历史纠葛？首先你要这样去思考：爱尔兰就像英格兰的后门，英格兰人则担心这扇后门会一直敞开着。"

我不能确定汤姆·奥马利（Tom O'Malley）是不是真的说过这么直截了当的言论，但当他在位于克莱根的码头酒吧（Pier Bar）醉醺醺地灌下一品脱啤酒时，这的确是他能说出来的话。汤姆的认知和当地的许多地主容易得出的结论一样，其中反映了部分的历史事实。英格兰人总是对位于爱尔兰海对岸的领土投以贪婪的目光——那里山清水秀，气候温和，但是英格兰人从未成功占领和统治那片土地。英格兰人尝试过，但他们从未彻底征服爱尔兰人的心，无论是通过谈判，还是动用武力。然而，他们的企图为爱尔兰留下了层出不穷的痛苦和仇恨。此后，宗教改革的发生更为这团久已郁结的仇恨之火添上了一把以宗教信仰为名的燃料。作为极为虔诚的天主教国家，爱尔兰是罗马、法国和西班牙的天然盟友，新教国家英格兰则从未与这些欧洲强国实现长期的和平共处，反而对其一举一动始终怀有高度戒备之心。由于具有共同的信仰，爱尔兰可能会与英格兰的欧陆敌手结成同盟，这种风险是英格兰难以承担的。因之，对英格兰人而言，只有占领爱尔兰，才能确保自己不会被敌人从后门入侵。

在汤姆·奥马利的码头酒吧里，爱尔兰人就是如此看待这个问题的。尽管英格兰人的暴行凶狠又残忍，但当地人认为，这只能强化爱尔兰人坚决抵抗的决心。层出不穷的小规模抵抗最终演变为大规模叛乱。1580 年，在英格兰军队摧毁了每一个市镇、城堡、村庄和农舍之后，领土化为焦土、自身无家可归的爱尔兰德斯蒙德伯爵（Earl of Desmond）被迫向西班牙国王腓力二世求援。一支由西班牙国王和罗马教皇联合组成的部队被迅速派出，并在丁格尔半岛（Dingle Peninsula）顶端的斯梅里克（Smerwick）地区踏上了爱尔兰国土，但这支队伍很快就被击败了。据说，由于缺乏足够的力量穿越整个爱尔兰把这些俘虏安全押送到都柏林，英格兰人屠杀了他们，并把尸体全部剥光，堆放在沙滩上。这些俘虏共计 600 人。英格兰军队的指挥官格雷勋爵（Lord Grey）向伊丽莎白女王汇报说："他们是我所见过的最勇敢和最优秀的士兵。"女王则以其优雅的笔迹亲手回复了一句极为罕见的称赞：

　　全能上帝的大能之手已经显现出了无坚不摧之力……世人从此以轻视我们为耻；我对此十分欢喜，你们已被上帝选中，成为其施展荣光的工具。[①]

　　腓力二世的入侵蓄谋已久，他的目的并非单纯为了援助爱尔兰人，更主要的是希望以此作为教皇收复失地的第一步棋。如果在爱尔兰取得胜利，信仰天主教的军队将可以通过后门进攻英格兰。但是，这支队伍失败了，并且招致英格兰人更残酷的镇压。芒斯特省被夷为平地，畜群一扫而空，土地无人耕种，与此同时，"饥荒又吞噬了在刀剑下苟且偷生的一切"。一名官员报告说："在不到半年的时间里，

---

① Froude, 1893, pp. 584, 590.

芒斯特省仅仅由于饥荒而死亡的人数就超过了 3 万，这还不包括被绞死和屠杀的人数。"①

著名诗人埃德蒙·斯宾塞（Edmund Spenser）目睹了一些当时的惨状，他在爱尔兰生活了 18 年，在此完成了《仙后》（Faerie Queen）的大部分内容：

139   他们徘徊于森林和树丛的每一个角落，只能用手向前爬行，因为他们的腿已经无力支撑自己的身体；他们看起来就像死亡的枯骨，讲话时如同鬼魂在坟墓里哭诉；他们只能以腐肉为生，只要能找到这些东西，他们就会为可以活下去而高兴；是的，他们一个接一个地行进着……如果发现了一块儿长着豆瓣菜或者苜蓿的土地，他们就会迅速涌入其中，享受一顿暂时的盛宴，然而这种方式注定无法一直挽救他们的生命。仿佛在一夜之间，一切都消失了，一个人口稠密、物产丰盈的国度突然之间变成了人畜的禁区。然而毋庸置疑，在连绵的战事中造成大量死亡的并非刀剑，而主要是极其严重的饥荒。②

在芒斯特沦为废墟的同时，布拉巴宗（Brabazon）上校占领的康诺特（Connaught）几乎遭受了同样的悲惨命运，这位占领者意在确保"无论圣徒的修院还是诗人的乐园，无论森林还是山谷，无论房屋还是庭院，都无法成为叛军赖以躲避这位军官及其士兵的避难所，直到整片土地化为灰烬"③。但在康诺特省的极西之地，也就是康纳马拉

---

① Froude, 1893, p. 603.

② 参见 Wilde 1851/1989, p. 9。

③ Froude, 1893, p. 602.

地区，爱尔兰人一直抵抗到了最后关头。汤姆·奥马利对于这段历史非常清楚。罗德里克·奥弗莱厄蒂（Roderic O'Flaherty）在 1684 年出版了一本题为《西康诺特志》（*A Chorographical Description of West or H-Iar Connaught*）的著作，记录了这一地区周边的风土人情，任何对克莱根、巴利纽及其附近地区的早期历史怀有疑问的人都可以从书中找到参考，汤姆收藏了这部著作 19 世纪的再版。如果汤姆·奥马利的藏书没能给出相关的答案，码头酒吧里的常客的看法也可以提供一定帮助。

奥弗莱厄蒂家族、乔伊斯家族（the Joyces）和奥哈洛伦家族（the O'Hallorans）（这些姓氏至今仍在当地极为常见）共同控制着康纳马拉地区的大部分土地，1641 年，随着英格兰国王和议会之间激烈的斗争给了爱尔兰人一个反抗自己一贯鄙视的新教统治者的机会，奥弗莱厄蒂家族迅速带领爱尔兰人重新拿起了武器。这场叛乱整整持续了 11 年，据说有 50 多万爱尔兰人（占当时爱尔兰总人口的三分之一）死于刀剑、瘟疫和饥荒，或者早在克伦威尔（Cromwell）① 感到胜券在握从而以强力推行其臭名昭著的《爱尔兰殖民法案》②（*Act of Settlement*）的 1652 年之前就被驱逐出境。根据法令，多达 10 万名爱尔兰叛乱者被判处死刑；全部叛乱者的财产均被没收；与之相对，英格兰人则获得了在爱尔兰建立殖民地的权力。用克伦威尔自己的话说，任何拒绝

----

① 奥利弗·克伦威尔（Oliver Cromwell），17 世纪英国资产阶级革命的代表人物，曾逼迫英国君主退位，出任护国公，成为英国事实上的国家元首，多次镇压爱尔兰叛乱。——译注
② 1652 年，英国议会颁布的关于处置爱尔兰人及其土地的法案，对参与叛乱的爱尔兰人处以死刑、没收财产和驱逐出境等惩罚，爱尔兰大部分土地落入英格兰人之手。——译注

接受英格兰统治的爱尔兰人都必须被送进"地狱或者康诺特"①。而在康诺特省内部，像康纳马拉这样以窝藏"敌人和其他残忍有害之人"而闻名的地区的居民，要么正式宣布屈服，要么就等着被"作为敌人被抓捕、屠杀和摧毁，其牲畜和其他财产也将被全数没收"②。

140 康纳马拉境内全部居民的财产都被没收了。奥弗莱厄蒂家族的土地被分割成小块，随即分配给了一批英格兰贵族。作为率领家族英勇作战的领袖，埃德蒙·奥弗莱厄蒂（Edmond O'Flaherty）在战败之后就陷入了通缉之中，当他逃到伦维尔（Renvyle）附近一片阴暗的树林中时，乌鸦的聒噪将追捕的士兵引到了他和几个同伴藏身的洞穴里。士兵们几乎已经认不出这个被他们俘虏的可怜而憔悴的男人。

> 说实在的，凡是亲眼见过他们的人，都会认为他们是飘荡的幽魂而不是人类，他们看上去是如此可怜，不仅长期缺少食物，而且始终生活在恐惧之中。③

埃德蒙·奥弗莱厄蒂最终在戈尔韦被处决，但是这个姓氏却得以永世流传，尤其是作为那本汤姆·奥马利极为珍惜的藏书的作者。

---

① 1652 年，对爱尔兰殖民法案又补充了一项新的法令，这一法令规定将财产被充公的爱尔兰人强迫移至荒凉的康诺特省。——译注
② Berresford-Ellis, 1975.
③ O'Flaherty, 1684/1846, p. 408.

博因河战役 ① （1690 年）和《利默里克条约》② （The Treaty of Limerick）（1691 年）最终使英格兰获得了对爱尔兰政治和经济表面上的控制权。新教移民们不仅占据了当地大部分富饶的土地，而且控制了整个国家全部社会、经济和政治特权。仍然坚持信仰天主教的爱尔兰人实际上已经没有任何公民权利可言，而英格兰人仍然在不断强化对被剥削者的压迫，我们不难判断，爱尔兰人的不满究竟会发酵到何种程度。18 世纪初，英格兰人制定了一系列苛刻的刑法条文，其中明确规定：爱尔兰天主教徒永远无权投票，也不能当选议员；他们不能加入地方政府，也无法成为律师和法官，或者担任警长和任何王室官职；他们不能在陆军或海军中服役；他们不能购买或继承土地，即使是来自新教徒的馈赠也不允许接受；他们持有的租约不得超过31 年；他们无法进入大学学习，也不能在学校任教；他们不能拥有任何价值超过 5 英镑的马匹，也不准招募超过 2 个学徒（亚麻行业除外）；他们更不准和新教徒通婚。最值得注意的是，新刑法禁止在天主教徒中施行长子继承制，这也就意味着，爱尔兰天主教徒的长子只有改宗新教才能继承家庭的全部财产，否则，遗产必须分配给所有子女 —— 为了确保冥顽不化的天主教徒的经济生存能力会逐步下降。③

但是，再多的禁令也无法削弱爱尔兰天主教徒的坚定信仰。尽管时刻面临严刑峻法的威胁，民众仍然涌向废墟、谷仓、沼泽和其他偏　　141

---

① 　博因河战役（The Battle of the Boyne），1690 年，信仰天主教的退位英王詹姆斯二世在爱尔兰叛乱，其与信仰新教的英王威廉三世在博因河进行了一次大规模战斗。战役最终以詹姆斯二世失利告终，新教教徒在爱尔兰的地位得以确立。——译注

② 　博因河战役结束后，部分詹姆斯党军队坚持抵抗，1691 年，双方在利默里克签订条约，允许投降的爱尔兰人前往法国，并赋予英格兰人在爱尔兰的诸多特权。——译注

③ 　Maxwell, 1954, pp. 125-126.

僻之地，在那里，虔诚的神父们甘冒生命危险举行天主教弥撒仪式。
迫害只会强化民众的忠诚。对于爱尔兰人来说，几个世纪以来，民族
感情已经一刻也无法和宗教分割。因此，宗教成了隐藏在"地下爱尔
兰"的坚强堡垒，古老的风俗、音乐的传统、遥远的传说，都在宗教
中得以栖身。大众迷信、仙女信仰、圣井崇拜、逝者苏醒和葬礼恸哭
也都保存了下来，尽管爱尔兰天主教徒被迫生活在高压控制和极度贫
困之中。

对于爱尔兰天主教徒来说，宗教尚且可以苟延残喘，而权利和
教育则难觅踪迹。英格兰人还制定了一套禁令，旨在确保逐步把仍然
握于爱尔兰人之手的珍贵之物掠夺过来。尽管英格兰人颁布的刑法需
要一段时间才能在爱尔兰天主教社会的各个领域中慢慢发挥其预设作
用，但是这些法律仍然对每一个爱尔兰人形成了威胁，尤其是那些财
产未受剥夺，而又坚持传统信仰的人。财产和信仰形成了对立，无法
估计究竟有多少人选择了改宗新教这条相对容易的道路，但相关文献
清晰地表明，越来越多的爱尔兰天主教徒发现自己所处的社会阶层
正在日益滑向赤贫的深渊。在一个农业仍然是其经济支柱的国家，农
村地区的贫困远较城市地区更为明显。1725 年，爱尔兰不到 10% 的
人口居住在 8 个最大的城市之中，而其余 90% 的人口则居住在农村，
并以农业生产为生。[1]

土地是爱尔兰的核心问题，不仅为了养活生长于斯的爱尔兰人，
而且也为英格兰绅士创造收入，后者现在拥有没收而来的数百万英
亩土地。当地在 18 世纪早期建立的土地所有权模式在近 200 年的时

---

[1] Cullen, 1987, p. 84.

间里几乎没有发生任何改变：2000 多个犬牙交错的大型庄园占据了
爱尔兰的绝大部分土地，其中大多数庄园的占地面积在 2000 英亩到
4000 英亩之间；还有几十个规模极为巨大的庄园，每个占地都超过 5
万英亩。[①]

　　英格兰人没收的财产囊括了爱尔兰大部分最为肥沃的田地；其中
绝大多数都可以获取丰厚的利润。尤其当贸易正在日益成为个人发达
和国家繁荣的愈加重要的决定因素时，大家可能会预计，这些地主会
充分利用自己刚刚获得的战利品以发展贸易。有些地主的确如此，他
们积极推动在当地举行投资和开发项目，从而为 18 世纪爱尔兰农业
出口的大幅增长做出了显著贡献。但这些积极分子只是罕见的例外。
绝大多数地主满足于把财产交到耕种田地的佃农手中，并以一年收取
两次租金的形式来获得收入。这些地主大多住在英格兰，作为"缺席
地主"[②]，他们在家乡同样有庄园需要管理（也有财富需要消费），对
于居住在一个落后的国家，身边还要紧紧围绕着对英格兰人怀有深深
的、公开的仇恨的天主教徒，这些英格兰地主们毫无兴趣。

　　缺席不仅孕育着冷漠和无知（乔纳森·斯威夫特 [Jonathan Swift]
声称，英格兰人对爱尔兰的了解程度还不如对墨西哥），一个贪婪的
"中间人"阶层同样应运而生。对于中间人而言，只要能够在地主的
预期收入和佃农愿意支付的租金之间拉开差距，他们就能获取丰厚利
润。中间人并非全部都是品行恶劣之人，他们中的绝大多数本身就是
爱尔兰人和天主教徒，但整个阶层的名声却不可避免地被大量的负面

142

··

① Dickson, 2000, p. 117.
② 缺席地主（absentee landlords），又称不在地主，指在爱尔兰拥有大量田产，而本人长居英格兰
的英国地主。——译注

记载所玷污。当时的一位社会观察家写道，中间人"是该死的克伦威尔给爱尔兰带来的压迫者们最恶劣的象征，也是任何人类都从未遭遇过的最残酷的折磨"。另一位学者则指出，中间人不仅是"贫苦佃农的吸血鬼"，而且是"为一个国家的毁灭而添砖加瓦的那种最暴虐的昏君，他们催收租金时贪婪又无情，在迫使佃农交出最后一文钱之前决不善罢甘休"。①

中间人喜欢尽可能长时间地向地主承租一座庄园——有时长达 31 年——然后再以较短的期限向外转租。较之长期租约，短租意味着可以更加频繁地提高租金，从而获取更高的收益。中间人从分租的佃农手中获取的租金，往往要超过他们付给地主的 3 倍。此外，按照规定必须从租金收入中留出的一部分备用开支或维修经费也大多少之又少，全进了中间人的口袋。根据英格兰的法律，地主必须在土地上建造房屋以及农场运作所需的一切设施；任何一名劳工都有权利获得一些土地和一间小屋，作为他们在农场劳作的回报，但上述的一切在爱尔兰都不需要。因此，如果庄园现有的任何设施出现问题，佃农必须做出选择：要么容忍下去，让自己和家人屈从于只会变得越来越糟的环境；要么选择自行修缮，而中间人不仅肯定会拒绝为此掏钱，而且甚至不会流露任何感激之意。这就难怪"农场总是被退租的佃农折腾到破破烂烂、一贫如洗；阴沟堵塞，水渠和篱笆破败不堪，地力枯竭，杂草丛生；住宅和工房要么倒塌，要么严重失修"。

143　　当佃农的租约到期时，如果中间人选择（那些心地丑恶之徒往往会这么做）公开拍卖承租权，当前正在这片土地上辛勤耕作的旧租

① Connell, 1950, pp. 66-67.

户没有任何优先权。土地将属于出价最高的投标人。因此，人们已对这样的情况习以为常，"旧的租户不愿轻易搬迁，因为没有任何其他地方可供自己和家人居住和生活，出于可能失去立足之地的恐慌，这些佃农在拍卖中会不停提升竞价，直到租金已经远远超过其合理价值"[①]。而且更有可能发生的是，佃农在恐惧驱使下喊出的租金，要远远超出自己的承受能力，到了应该支付租金的时候，他们只能祈求上天的保佑。上天当然无法显灵，为了宽限时日，佃农只能立下誓言或者签署借据，列出无法按期支付租金时所要付出的种种代价，这样一来，当中间人委托执行官员来牵走佃农的牲畜，或者把整个家庭赶出这片佃农称之为"家"的土地时，租户没有任何抗议的资格。16 世纪的英格兰制定了《济贫法》，要求教会和地方绅士对赤贫之人施以援手，爱尔兰则完全没有类似的法律和规定。对于一个负债的人来说，为了生存下去，必然会欠下更多的债务。一块越来越小的土地；一份越来越短的租约；承诺清偿债务，或者以实物支付……无论如何，这都是爱尔兰佃农滑向绝对贫困的历史行程。

但是，在爱尔兰人步入深渊的同时，从英格兰财政部和各大会计事务所的角度来看，爱尔兰显然正处于蓬勃发展之中。在克伦威尔重新征服爱尔兰之后，当地迎来了长达 30 年的经济增长，这在很大程度上需要归功于英格兰介入以奴隶和糖为核心的三角贸易[②]之后所引发的对爱尔兰牛肉、黄油和硬饼干的不断膨胀的需求；进入法国市场

---

① Connell, 1950, pp. 73-74.

② 16—19 世纪，欧洲商人在美洲、非洲和欧洲这三个地区之间开展的贸易。欧洲商人把工业品从欧洲运到非洲，就地换成黑人奴隶；再把黑人奴隶从非洲运到美洲，购买生产的糖、烟草和白银；最后把美洲商品运回欧洲卖掉，再采购欧洲产品，如此循环。——译注

同样对爱尔兰经济增长功不可没，随着时间推移，法国很快成了爱尔兰黄油和皮革最重要的消费客户。[1] 然而，国际市场对动物产品的需求使爱尔兰农村经济迅速做出反应，形成了改耕地为牧场的热潮，这一转变对中小农民造成了极为沉重的打击，甚至连一些资源不足的富农也未能幸免 —— 其产生的影响将彻底改变爱尔兰乡村的面貌。

随着牧场主、乳制品公司和投机者们开始在蓬勃发展的畜牧贸易中争夺牧场，大量村庄被迫迁移，成千上万的佃农流离失所。人们曾经赖以为生的谷物被只能喂养牲畜的牧草所取代。在英格兰"圈地运动"中随处可闻的哀叹如今在爱尔兰重现："如果只剩下驯服的家畜取代了它们野生的同类在我们的土地上游荡，那我们也不比那些野蛮的印第安人高贵多少，因为显而易见，被前者吞噬的人命甚至要比后者更多。"[2] 尽管抱怨如此雷同，回应却大不一样。英格兰农民得到了政府的报偿和支持，而爱尔兰"被迫迁离的农民则似乎只能躲入山区"，以至于这片敏感的地区往往需要容纳极为尖锐且层次分明的邻里关系：为数不多的长期劳工在大片大片的牧场中工作；越来越多的佃农家庭则只能在牧场毗邻的山区的不毛之地中艰难求生。在土地最为贫瘠之处，人口却最密集 —— 这种不成正比的复杂关系是决定未来事态走向的关键特征：这是由市场力量和地主举措联合塑造而成的爱尔兰乡村的反常面相。[3]

佃农身处苦难之中，地主和中间人日益贪婪，几个世纪以来用以维系社区的共同义务开始遭到忽视，最终完全瓦解；与此同时，金钱

① Dickson, 2000, pp. 114-115.

② Connell, 1950, p. 91.

③ Dickson, 2000, p. 124.

和贸易的重要程度则在不断上升——当然，上述种种变化都并非爱尔兰所独有。尽管时间、地点和程度各异，但当中世纪时期基本自给自足和以本地为基础的农业经济开始转变为现代冷冰冰的以市场为导向的经济模式时，欧洲每个国家都经历了这一切。无论什么地方，随着市场的供求关系占据了主导地位，农民们习以为常的、代代相传的生存权利或耕作方式愈发遭到了质疑、搁置或公然无视。没有同情的余地，没有斟酌的时间。现在重要的是金钱。只要能从中获利，我可以供应你需要的一切。

数百万人的生命变成了工业革命的燃料，这磨平了新的风气本应面临的尖锐阻力。一个更加美好的新世界出现了——某些地方进步的速度快到令人吃惊；但在爱尔兰，这一变化却被一系列独一无二的复杂因素推迟了：土豆的到来；地形和气候极为适合栽培土豆；由于采用了这种新型作物，农村人口滑向贫困的速度有所放缓。

至于土豆究竟是在什么时候成为爱尔兰人饮食中不可或缺的组成部分的，目前尚无确凿无疑的证据。萨拉曼认为，早在1630年，土豆就已经在爱尔兰人的日常饮食中基本确立了统治地位，但他使用的相关证据一直饱受质疑。① 似乎更有可能的是，尽管17世纪早期土豆就已经在爱尔兰开始了栽培，但直到17世纪末期才最终成为当地饮食中的主角。在此之前，占据上风的仍然是传统食物。在一篇关于土豆引入前爱尔兰传统食物的引人入胜的论文中，社会历史学家安东尼·卢卡斯（Anthony Lucas）从9世纪到17世纪的文献中发现了当

---

① Connell, 1950, p. 126.

地饮食传统令人惊讶的持续性。简而言之，爱尔兰的饮食习惯完全是被当地农村经济的畜牧特质所塑造而成的。只要看看绿色的谷地和环绕的群山，任何人都只能得出同样的结论，爱尔兰生来就是饲养牲畜的天堂（甚至现在也是这样，永久牧场占据了超过 70% 的爱尔兰农地）。罗德里克·奥弗莱厄蒂在书中记录了康纳马拉当时饲养的大量牲畜："因此，当地最主要的产品和销量最大的货物是牛肉、黄油、牛油、兽皮和奶酪。"[①] 的确，畜牧产品在当时的文献中出现的频率极高，很多象征畜牧和半游牧社会的风俗习惯也在当地广泛存在，譬如土地公有、联合租地，以及个人声望与拥有牲畜的数量息息相关，以至于一些历史学家认为，较之西欧地区的农民，中世纪晚期的爱尔兰居民似乎和东非地区游牧民族之间有着更多的相似之处。[②]

　　和马赛人[③]（Maasai）以及其他非洲游牧民族一样，爱尔兰人更看重牲畜产出的奶而不是肉。爱尔兰人不怎么吃肉（而且猪肉吃得要比牛肉更多），但却习惯以加仑为单位痛饮牛奶，并以各种各样的方式消耗更多的牛奶。一位观察家在 1673 年写道："爱尔兰人实在是我见过的最热爱牛奶的民族，他们大概有 20 种不同的花样来制作乳制品，尤为奇怪的是，当地人最喜欢的口味居然是发酸的牛奶。"（今天东非游牧民族也是如此）[④] 爱尔兰最受欢迎的乳制品似乎一直是"酸凝乳"（bonnyclabber），这是爱尔兰语 bainne clabair 的音译，意

① 转引自 Clarkson and Crawford, 2001, p. 16。O' Flaherty, 1684/1846.

② Clarkson and Crawford, 2001, p. 25.

③ 马赛人，东非现在依然活跃的，也是最著名的一个游牧民族，人口将近 100 万，主要活动范围在肯尼亚的南部及坦桑尼亚的北部。——译注

④ Lucas, 1960, p. 21.

为"黏稠的牛奶"。难以适应这种口味的人往往对其不屑一顾，在他们看来，酸凝乳就是将牛奶静置，直到"乳脂析出，握于手指之间，就像一层柔软的皮肤"。那些热爱酸凝乳的人则会用很多词汇来形容它："这会是你尝过的最新颖和最鲜美的饮品"，一种美味而"非常浓稠的牛奶饮品……冒着黄色气泡，需要咀嚼才能吞咽下去"。①

牛奶也被爱尔兰人用来做粥——"美妙的白粥……这是所有食物中最顺滑、最美味的珍宝"。一些中世纪时期的资料声称，国王的儿子可以食用小麦粥，用蜂蜜调味；贵族的儿子的粥则由大麦和黄油制成；至于下层阶级的后代，则只能依靠粗劣的燕麦和变味的奶油勉强度日。奶酪同样受到欢迎，不过当地的一些奶酪实在太硬了，据说曾经有一块奶酪取代了弹弓上的石头，杀死了凯尔特传说中统治康诺特的梅芙女王（Queen Maeve）。②

当然还有黄油。夏天，徘徊在爱尔兰草场之上的奶牛会产出大量的牛奶，搅乳机里漂浮的奶油往往有一手掌厚。16 世纪末的一位旅行者在康诺特留下了记录："当地的平静和安宁是如此持久和美好，以至于民众饲养了大量牲畜，尤其是奶牛，它们产出的黄油数量实在惊人。"③当地人会用树皮把黄油严密包裹起来，"然后再埋藏到沼泽、溪流或者淡水池塘之中"，并且认为，这种被称为"绿色黄油"的东西在如此储存条件之下永远不会变质。但对于到访爱尔兰的早期英格兰游客而言，绿色黄油简直声名狼藉，有人将其描述为"难以形容的

146

① Lucas, 1960, p. 22.
② Lucas, 1960, p. 25.
③ 转引自 Clarkson and Crawford, 2001, p. 19。

恶心"①。萨拉曼曾经品尝过一回，那桶黄油在地下埋藏的时间可能长达一个世纪，而他对此的叙述轻描淡写而又意味深长，"即使能吃，但没必要"②。

和欧洲大多数地区一样，谷物是土豆引入之前爱尔兰主要的能量食物：燕麦种植最为广泛，小麦最昂贵，黑麦不怎么常见，大麦则主要用来酿造啤酒。燕麦面包是人们最常吃的食物；小麦面包则是下层社会永远无力承担的美餐。尽管自己买不起，佃农们还是会种植并收获大量小麦，因为这永远是一种价格高昂的商品。因此，即使大部分农地都变成了牧场，仍然有地主坚持种植谷物，而对于佃农来说，他们唯一能够付得起租金的办法，就是在种植填饱自己的燕麦的同时，再种上一片小麦。

因此，随着经济压力的加剧，农民生产的谷物和黄油开始越来越多地进入市场，而非自己的肚子。市场掠夺了爱尔兰农村的生存之基，农民本应用来养活自己的食物随着市场贸易而流失。一船一船的谷物。到 17 世纪末，爱尔兰以每年超过 5000 吨的规模向外出口黄油。③ 到 1665 年，平均每年有 6 万头牛和近 10 万只羊穿越爱尔兰海。事实上，爱尔兰出口的牲畜数量实在太多，以至于遭到了受到冲击的英格兰牧场主的抱怨，迫使官方禁止了这一贸易。在走私者立刻介入并接管了大部分贸易的同时，爱尔兰农民已经将注意力由活畜出口转向了养羊剪毛。不久之后，爱尔兰羊毛的质量已经足以和英格兰最好

---

① 转引自 Froude, 1893, p. 600。

② Salaman, 1985, p. 217.

③ Clarkson and Crawford, 2001, p. 20.

的产品展开竞争。①

　　这种对爱尔兰农民的罪恶而沉重的压榨局面本应迅速崩溃，但却因土豆的出现而重获新生。具有讽刺意味的是，艰难的社会和经济环境迫使佃农们转而食用一种能够让其苟且偷生的食物，这一难得的积极因素却反而使恶劣的社会制度维持了更长时间。从来没人知道，一碗拌上黄油和牛奶的煮土豆泥，竟然要比人们念念不忘的小麦面包更加健康、更有营养。此外，土豆也更容易成活，其受到爱尔兰变幻莫测的气候的影响相对较轻，产量却可以达到谷物的 4 倍。因此，将同一块土地由谷物改种土豆，就可以让更多的人吃得更好；农民的劳动不仅产出了更多的热量，而且最重要的是，即使在谷物歉收的年头，人们总能靠土豆勉强活下去。还有另外一个优点：土豆可以从田地里挖出来之后直接煮熟吃掉，而要把谷物加工成可以食用的面粉，还得额外付给磨坊主一笔现金或者实物。

　　尽管具有种种好处，但在引入爱尔兰之后的头 100 年左右的时间里，土豆仍然只是一种用以预防饥荒的补充食物；直到 17 世纪晚期，大部分爱尔兰佃农才开始把土豆视为一种主要的过冬食物。那时，对于任何一块土地或金钱资源有限的农民来说，土豆较之谷物亩产量更高的优势都已经十分显而易见。只有短短 50 年，土豆就迅速变成了佃农和小农场主一年到头大多数时候的主食。也正是在那半个世纪里，土豆最终摆脱了庭院藩篱的束缚，蔓延到遍及爱尔兰全境的数百万英亩的田地中，其栽培面积出现了惊人的扩张。

　　1742 年，当地政府专门颁布了一项"鼓励开垦无利可图的沼泽"

147

---

① Trow-Smith, 1957, pp. 229-230.

的相关法律，允许罗马天主教徒（在此之前，他们被禁止占用无主之
地）开垦 50 英亩沼泽，以及毗邻的半英亩耕地，这是导致土豆栽培
面积迅速扩张的一个重要因素。对于那些利用新法的佃农来说，收成
会比他们曾经种植过的任何谷物都要更好的土豆是一种极为理想的首
选作物。此后，随着市场经济的发展，牧场的扩张戛然而止，甚至出
现了恢复耕地的逆转，土豆得到了更加广阔的扩张空间。在这一过程
中，很多农场主功不可没，他们想要在曾经放牧过畜群的地方种植谷
物，而自己却囊中羞涩，无力支付工人现金。因此，作为工资的另外
一种形式，这些农场主们给了工人一小块土地来栽培土豆。上述因素
产生了极为深远的影响，土豆栽培、土地分割和人口增长形成了互为
因果的关系：人口增长的速度越快，土豆在日常食谱中一统天下的趋
势就越明显。

　　植物育种家是另外一群为土豆栽培面积的迅速扩张而贡献良多的
开拓之人。可能更多的是受到勇攀学术高峰的驱动而非经济利益的刺
148　激，学者们对土豆浆果种子的杂交实验很快给田地带来了一系列新品
种。1730 年，一位农学家记录了 5 个新的土豆品种，其中 3 种极受
欢迎。白色品种可以在 1 月播种，6 月底收获；黄色果实的品种的块
茎可以在收获之后长期保存，直到来年夏天；还有黑色品种——这
是第一个真正出色的土豆杂交品种：

　　　　真正懂行的专家最为看重的是黑色品种的土豆（其得名于表皮
　　颜色很深，而非果实发黑）：这种土豆可以为劳动者提供更高能量
　　的饮食；还能一直保存到下一季土豆收获之时……既然这个国家的
　　民众发现了这种土豆得天独厚的优点，他们当然会逐渐放弃栽培其

他品种。这种土豆可以长得非常大，其中部分块茎的直径已经达到 4 英寸。①

　　更有营养，更加美味，更易保存 —— 现在，土豆的社会地位已经得到了一定提升，它不仅成为一种有资格出现在绅士餐桌上的食物，而且在专业人士圈子里获得了高度认可。一位虔诚的土豆仰慕者甚至创作了一首真正的赞美诗："这是我们拥有的最丰硕的果实；路过的每间小屋都随处可见其美好品质。它们不仅哺育了优秀的战士和水手，而且培养了高尚的市民和丈夫。"在下文中，这位诗人进一步称赞了土豆对生育能力的促进作用："声名显赫而又医术高明的医生劳埃德（Lloyd），常常把土豆作为晚餐推荐。那些上天尚未赐予子嗣的贵妇，最后总能满意而归。"②

　　从 1687 年到 1791 年，爱尔兰人口从 216 万上升到 475 万，增长了一倍以上。从 1791 年到 1841 年的 50 年间，又有 340 万新增人口，总人口膨胀到 815 万。值得注意的是，这段时期还有 175 万爱尔兰人移民到北美、苏格兰、英格兰甚至澳大利亚，也就是说，当地出生的人口总数接近 1000 万 —— 在 154 年（从 1687 年到 1841 年）里，几乎增加到 5 倍。历史学家肯尼斯·H. 康奈尔（Kenneth H. Connell）写道："可能没有任何一个西方国家，能够将如此之高的人口自然增长率保持如此之久。"③

....

① 转引自 Salaman, 1985, p. 161。
② 转引自 Bourke, 1993, p. 17。
③ Connell, 1962, p. 60.

最贫穷的地方，人口增长速度是最快的。[1] 农村的生育率要比城镇高得多，康纳马拉和康诺特的生育率则是全国最高的。[2] 当时的英格兰评论家很快将爱尔兰迅速增长的人口归咎于道德懈怠和行为堕落，但事实真相从来不是如此简单。事实上，我们有充分理由相信，康纳马拉的佃农要比英格兰评论员的城市邻居们品行更为端正。

当时的文献留下了大量对佃农生活的描述，他们居住在骇人听闻的环境中，身边往往还围绕着几十个衣衫褴褛、流着鼻涕的孩子。但这些记录普遍忽略了一个事实，在整个 18 世纪，90% 的爱尔兰人都忠诚于自己的婚姻，非婚生子极为罕见。[3] 在这个天主教国家里，被剥夺了公民权利和发展机遇的民众转而拥抱宗教，并将其视为保存自己的道德和信仰的"地下爱尔兰"的坚固堡垒。在爱尔兰，贞洁是无价之宝。

议会的一个特别委员会被告知，"爱尔兰女性有着非凡的道德品质"，"当地女性似乎更加贤惠，对婚姻的忠诚也比英格兰女性更稳定"。即使那些不幸陷入男性"以婚姻为幌子的诱奸行为"的女性，也不必完全指望男性的"高尚品质"才能使其和自己步入婚姻殿堂。一旦出现这种情况，当地的神父总是会要求这对男女结婚，如果男方拒绝接受神父的警告，来自女方家庭和朋友的肢体劝说通常会收到奇效。特别委员会还被告知，在当地接受调查的 800 名受雇于政府的英格兰男性中，"由于女性贞洁的缘故，几乎全部都在那里结了婚"。

....

①　O Gráda, 1993, pp. 6-8.

②　Connell, 1950, p. 34.

③　Clarkson and Crawford, 2001, p. 134.

非法性行为……遭到禁止，这不仅是一种自然而然的道德要求，同时也是出于一种对上帝的强烈而虔诚的敬畏，这种认识已经深深铭刻在这个国家的女性的思想之中，而且在神父的告诫之下始终坚守并不断强化。当爱情一旦进入我们的内心，它所追求的目标绝对无法经由玷污别人的肉体和灵魂来实现，而是要通过我们的救世主和他的使徒所认可和祝福的神圣的婚姻，无论贫富，婚姻永远是高尚的。①

　　这些评论让我想起了 1964 年冬天奎因（Quinn）神父在莱特弗拉克（Letterfrack）和卢登（Ludden）神父在塔丽克罗斯（Tullycross）组织和监督的舞会，女孩儿穿着不断摆动的短裙，平时经常戴鸭舌帽穿长筒靴的男孩儿这时也会身着盛装，硬着头皮跳那些很难跟上节奏的舞蹈。一支当地乐队演奏着震耳欲聋的音乐。昏暗的灯光，到处都是芬达和可乐，屋外的黑暗中明灭着香烟的火光，一切似乎都很暧昧，但奎因神父和卢登神父从未远离。他们十分清楚，谁可能会禁不住诱惑。神父会在周五聆听忏悔；如果有人错过了周日的弥撒，神父就会在周一找上门来，要求做出解释。十几二十岁的年轻人抱怨着各种束缚，周边总有流言蜚语，大家都很了解彼此的一切。

　　在康纳马拉，我从来没有见过任何一对情侣在公开场合接吻，甚至连牵手也没有——温柔的轻触，眼神的交错，这似乎就已经是他们爱意的全部。然后是婚礼。约瑟夫·希纽娶了玛丽（Mary），科尼利厄斯·马伦娶了玛格丽特（Margaret）。科尼利厄斯总会在适当的时候做该做的事情：推着婴儿车里的安妮（Anne）沿街散步；就像不知

150

----

① Connell, 1950, pp. 48-49.

道该如何停止那样咧嘴大笑；满是老茧的手轻柔地将毯子拉开，露出女儿稚嫩而美丽的脸庞。马伦奶奶则坐在火炉旁边，正对着她第一个诞生在爱尔兰的孙辈轻声细语，"再过一会儿，我就把茶端下来"。

在不久的将来，先后又有 8 个孩子追随着安妮诞生在这个家庭。这所房子的主要区域就是一间大厨房，前门进入，后门离开。厨房左面的墙上安放着一个宽敞的大壁炉，泥炭燃起的炉火上悬挂着一个黑色的水壶。壁炉的两边各有一个小房间，在厨房的对面墙上还有另外两个。房子里没有洗手间，后门廊有一个水槽，从科尼利厄斯给我们的房子安装的供水系统引水；还有一张桌子，几把椅子，一个橱柜。这不是一座富丽堂皇的房子，但当我们在 10 年后回来看望科尼利厄斯一家时，屋里回荡着孩子们的欢声笑语。科尼利厄斯坐在火炉旁边，仍然像往常一样戴着帽子穿着靴子，温柔地和孩子们谈笑。他是一位已到中年的丈夫和父亲，婚姻和子女给他带来了快乐，如果不是在爱尔兰，像他这样的男性本来可能已经放弃了了解这种快乐的希望。

物质财富对科尼利厄斯而言毫无意义。土地、房屋和牲畜只是谋生的手段，而孩子们则是珍贵的礼物。你会发现：这里没有拥抱和亲吻那样夸张的肢体语言，只有柔情和爱意将孩子朴素地包裹在父母身边，无论他们在现实生活中距离多么遥远。从如今我们大多数人所处的物质世界的视角来看，社会科学家们认为，一个自给自足的社会更欢迎孩子，因为子女可以在父母年老时提供支持。但这绝非全部的真相，其中还有更深层的因素影响。在一个除了本土产品之外别无所求的自给自足的社区，孩子是大家最想得到，也是可以得到的最珍贵的礼物，给人惊喜，并且让人喜爱。

我说，"亲爱的，我已厌倦了孤身一人　　　　　　　　151
如果你不厌烦，请成为我可爱的新娘。"
她说，"我要问问我的父母，明天才能给你答复
如果一切顺利，让我们相聚在那个土豆生长的花园。"

她的父母同意了婚事，如今我们已有了 3 个天使，
两个女孩就像她们的母亲，那个男孩简直是另一个我。
我们会教育他们做正人君子，引领他们步入正途
我将永远不会忘记，那个土豆生长的花园。

图 10

第 10 章　饥荒的种子

1964 年，当我们还住在巴利纽的时候，科尼利厄斯是当地居
民中最后一个去田里栽培土豆的人；住在锡安的迈克·奥哈洛伦（Mike O'Halloran）永远是第一个，甚至 2 月还没结束，他就已经在屋后的花园里提前翻好了留给土豆的土地；约翰·科因和帕特里克·科因兄弟在很多事情上都难以达成共识，但双方在联合照料一块土豆田方面合作融洽，就在圣帕特里克节①之后不久，他们就和其他人一样种下了土豆。但一直到了 4 月，科尼利厄斯仍然没有行动，甚至连土地都没清理干净。吊钟花沿着乡间小路抽出了新叶；紫罗兰和报春花的绽放稀释了树篱下白屈菜的单调乏味；产羔期很快就会结束，燕子也马上要回归屋檐下。大家都知道，科尼利厄斯是一个闲云野鹤而又特立独行的人，他从来不认为努力工作会对身心健康有益；但即使对于这样的一个人而言，如此漠视栽培主要作物的工作也是十分不同寻常的，这使得村民之间议论纷纷。自从约翰·科因的奶牛不小心卡在齐胸深的水渠里之后，还没有什么事情能够在村里引发这样的紧张情绪。而科尼利厄斯享受着其中的每一分钟。

这一天最终还是来了，科尼利厄斯把自家在田地里过了一冬的奶牛赶了出去，村里眼尖的观察家们还注意到，他没有关上农场的大

---

① 圣帕特里克节（St Patrick's Day），纪念爱尔兰守护神圣帕特里克的节日，时间是每年 3 月 17 日。——译注

门。早晨过了不久，汤姆·金（Tom King）就开着拖拉机从克莱根出发，不仅把科尼利厄斯的整片土地都翻耕了一遍，还留出了整齐的田垄，一切工作完成之后，甚至才到喝下午茶的时间。第二天，科尼利厄斯开始在田垄上播种土豆，块茎之间保持 1 英尺的距离，轻轻地撒上一层石灰，然后再把田垄的土翻一遍。

154   到了收获的季节，没有迹象表明土豆受到了播种延误的影响。科尼利厄斯表示，在他播种时，土壤温度要高一些，土豆可能更适应这种环境。不管怎么说，在霜冻来临之前，他已经收获了足够的土豆，都贮藏在房子后面的地窖里。大部分土豆个头很大，呈椭圆形，而且口感黏糯。如果在中午或者下午茶时间去马伦家拜访，科尼利厄斯很有可能正在大嚼一碗直接从锅里端出来的热腾腾的土豆，带皮煮熟之后，把这些土豆切开，再配上一小撮盐和一小块黄油（或者少许牛奶），实在是人间美味。在被邀请到科尼利厄斯家做客的那个周日（在康纳马拉，宴席通常在午餐时举行），我们也曾经品尝过这样的土豆。科尼利厄斯说，这是他的母亲专门为我们准备的一顿大餐。他们买了半条羊腿，连同土豆炖了大半个上午。用餐时，我们的餐盘里盛着土豆和几片羊肉，再浇上肉汤，凝结成块的羊脂随着液体的流动扩散到冷盘的边缘。的确是难以忘怀的一餐。餐后科尼利厄斯和我们畅饮的那种"烈性酒"（私酿威士忌）则令人印象更加深刻。

    和那时的大多数巴利纽人一样，马伦一家也是在明火上烹饪的，他们对于加热食物的方式毫不在意。几乎所有进入房子里的东西都要放到火上煮一煮：蔬菜、白粥、鸡蛋、鱼、肉，甚至就连培根，大家也觉得最好是剁块煮熟，而不是切成我们习惯的薄片。马伦家里没有任何烤炉或者烤箱，在过去的日子里，当地人常常把铸铁锅直接放在燃烧的煤块上烤制苏打面包，盖子上还要堆放更多的煤。但当我们住在康纳马拉的时候，马伦奶奶已经很少这样做了。家里没有冰箱，也没有厨房里琳琅满目的锅碗瓢盆，只有一个水壶挂在火堆上方的钩子上，煨着满满一壶热水，旁边放着一个沉重的长柄平底锅。当时是1960 年代。几个世纪之前，除了煮土豆之外，爱尔兰农村居民并不需要掌握太多烹饪技巧，时至今日，他们在这方面几乎没有什么改变。

只需要一块土豆田，你就可以养活一家人，无论这块层层分割的土地多么狭窄，甚至只是一处无人的沼泽或者陡峭的山坡。在可以租用拖拉机之前，"懒床"（Lazy-beds）是深受当地人喜爱的土豆栽培方式。当然，"懒床"不过是个约定俗成的名字，实际上，在接下来的一系列辛勤劳作中，完全没有懒惰的容身之处：给宽达一米的长条土地施肥；在其上排列土豆种子；在种子两侧挖掘深沟；把泥炭覆盖在土豆上；从深沟中挖土堆高田垄；待土豆出苗后再次给田垄培土。这固然是一项艰苦的工作，但同时也是变湿地和瘠土为耕地的最好方法。回报也很诱人 —— 非常美味的食物，而且数量充足。

有观点指出，土豆之于爱尔兰人，就如同椰子之于南太平洋小岛上的居民，是一种美味的食物。土豆没法让人们过上安宁而奢华的生活；产量丰富的土豆只能通过提升饮食的质量和数量来"养活大量生育能力强大的年轻女性和性欲旺盛的青年男性"[1]。正如一名18 世纪的旅行者所暗示的那样，爱尔兰的"年轻夫妇不会因为缺少一个安乐窝来孕育后代就在独身生活中荒废自己的青春"[2]。

155

----

[1]　Clarkson and Crawford, 2001, p. 232.

[2]　Young, 1892, vol. 2, p. 120.

他们往往年纪轻轻就结了婚。教会固然鼓励这种行为，但艰难的生活条件同样助长了这种趋势。婚姻不会让一切变得更糟，两人共同分担则可能会让人更容易忍受艰辛。还有什么其他因素吗？当时的爱尔兰年轻人深知，无论自己多么努力、多么节俭，也没办法获得大量的财富。不像等到出师之后就可以发家致富的学徒，爱尔兰的年轻人没有任何推迟婚姻的动力；一味等待同样没有任何意义，他们永远也不可能积累到足以保障家庭未来的资本。而现在，尽管年纪尚轻，在土豆的帮助下，他已经可以享受妻子儿女的陪伴。

新婚夫妇的小家最初可能只是父辈房子中的一个角落，尽管兴建一座新房并不需要花费多少精力和资金。我们发现，当地佃农的最初住处往往还是比较舒适的，也很适应生活和劳动所需。[①] 但随着地主和中间人的横征暴敛，佃农逐渐失去了扩大和改善居住环境的能力和意愿。一座 18 世纪典型的佃农住宅只有 4 面墙，墙基有时还会掺上一些石块，墙体则只有草和泥；屋顶则由树枝搭起骨架，再覆上泥炭、稻草、灯心草或者土豆秧；屋内是泥土地面，中间安放着一个火炉，家人环坐在火炉四周。房子没有窗户，也没有划分内部区域。

一位游客曾经留下了这样的记录："这个国家穷人的居住环境，让我无法不把他们视作未开化的野人"，"房子内部通常没有任何隔断，丈夫、妻子和一大堆孩子就在同一片空间中朝夕相处，睡觉时大家都在稻草或灯心草上挤成一团，如果这户人家稍微有点钱，奶牛、牛犊、猪，甚至还有马，也都会住在同一个屋檐之下"。另一位游客则完全无法想象人类居然可以在这样的环境中生存："他们的小

① Salaman, 1985, pp. 199-200.

屋几乎没有一件可以被称为家具的物事；有些家庭甚至连被褥也没有，农民们拿出一些蕨草，再铺上一些稻草，然后就穿着工装睡在这上面。"[1]

但是，只要爱尔兰人还有土豆，他们的饮食水平就比欧洲很多地方都要高。几英亩土地就可以生产出一个家庭根本吃不完的土豆，即使在平常年景，剩下的土豆也足以养活一头猪。这种饮食固然单调，但绝无短缺之虞。从 18 世纪晚期到 19 世纪早期，有很多关于农民日常消耗粮食数量的记录得以保留，邓恩郡（Down）的一名农场主认为，食用 14 磅[2]土豆难以满足一名劳工的日常所需；基尔代尔郡（Kildare）主教则指出，"在 24 小时内，一名劳工至少需要食用 3 份重量为半英石[3]的土豆，也就是 21 磅"。这些说法显然略显夸张，历史学家肯尼斯·H. 康奈尔的意见相对保守，他认为，一名成年爱尔兰人日均消耗土豆的数量在 10 磅左右；而即使除了上述土豆和水之外，一名爱尔兰劳工不再摄入其他物质，他也完全没有营养不良的风险；如果按照当地的习惯，每顿饭再喝上一杯牛奶，生化学家 —— 只要不是美食家 —— 就可以认定，这位劳工所需营养已经得到了充分的满足。据测算，这种以土豆和牛奶为主的饮食每天可以提供 4000 卡路里热量，作为比较，推荐摄入的热量仅为 3000 卡路里；与此同时，土豆和牛奶中还含有大量的蛋白质和钙、铁等微量元素，以及丰富的维生素，完全可以满足人体所需。[4]

156

---

[1] 转引自 Connell, 1950, p. 58。

[2] 磅，是英美等国的重量单位，1 磅约合 0.454 千克。——译注

[3] 英石，是英国的重量单位，1 英石约合 14 磅或 6.35 公斤。——译注

[4] Connell, 1962, pp. 59-60.

　　一个爱尔兰佃农的典型形象是这样的：一家人饱受贪婪成性的地主压迫，不仅只能身着破衣烂衫，而且往往需要和猪、鸡共处一室，但是普遍保持着相当不错的营养状况，因此可以将出生率维持在接近生理极限的高点。在土豆的哺育下，爱尔兰的年轻夫妇大多身体健壮、性欲旺盛、生育能力极强；他们结婚很早，而对天主教反对堕胎的禁忌的尊重更激励了没完没了的生育；土豆泥可以和乳酪混合成很好的辅食，使得爱尔兰女性可以早早断奶，这又削弱了母乳喂养带来的避孕效果，从而缩短了生育间隔；土豆使丈夫和子女茁壮成长，这一数量充足而又营养丰富的健康食品将死亡率维持在极低的水平。此外，栽培土豆带来的劳动力需求也把佃农一家束缚在土地上，使其得以避免不时肆虐城市的传染病的侵袭。[1] 新生儿的数量越来越多，成年前夭折的儿童数量越来越少，这也就意味着，未来潜在父母的数量也在一代一代地迅速增长。200 万、300 万、400 万……一直到 800 万：爱尔兰人口的增长和土豆栽培面积的扩张一样令人叹为观止。前者因后者而引发，后者又因前者而加剧 —— 因果关系循环往复。

　　如此迅速的人口增长不可能永无止境地持续下去，早晚会有一些恢复平衡之举，在 1740 年到 1741 年间，爱尔兰爆发的一场饥荒为可能发生的惨剧提出了严肃的警告。根据威廉·王尔德（William Wilde）于 1851 年编撰的 "爱尔兰饥荒情况表"（Table of Irish Famines）的记载，1740 年，爱尔兰提前迎来了一个严酷而漫长的寒冬，整个国家的土豆收成都被严寒摧毁；与此同时，由于河流结冰，水磨无法正常工作，碾磨谷物也变得困难；1741 年夏季同样留下了悲惨的记忆，谷物

----

① Clarkson and Crawford, 2001, p. 233.

歉收，杂草丛生，这都进一步恶化了食物短缺的状况。 157

贫穷和不幸浮现在每张脸庞之上，即使富裕之家也无力扶危济贫，路上随处可见已死和将死之人；由于长期以野草和荨麻为食，人人面有菜色；……不知有多少村庄已经逃亡一空。如果这个国度中的每个家庭都有人丧生——这是很有可能的——那么，人口死亡数量一定不会低于 40 万。[①]

尽管上文对死亡人数的估计只是没有严谨根据的猜测，但当前研究已经证明，1740 年和 1741 年饥荒的严重程度不容置疑。[②]但是，这场惨剧并未给世人带来太多触动，反而为土豆在 18 世纪后半叶引人注目的大肆扩张扫清了道路。这的确是土豆的"黄金时代"，其不仅证明了自己"无论在宫殿还是猪圈，都广受欢迎"，而且达到了：

一种前所未有的完美，穷人能够以此为生，富人也可偶尔大快朵颐；不仅如此，土豆现在已经成为一种商品，在很短的时间里，对"爱尔兰土豆"的赞颂就传遍了欧洲的每个角落；这个称呼直至今日仍然名副其实，毕竟在培育土豆方面，爱尔兰人确实贡献卓著。[③]

一位英格兰农场主，同时也是皇家学会会员的亚瑟·杨（Arthur Young）在 1776 年至 1779 年间对爱尔兰农业的发展状况进行了大量

---

① 参见 Wilde, 1851/1989, p. 14。

② O Gráda, 1993, p. 3. Dickson, 1998.

③ 转引自 Bourke, 1993, pp. 18-19。

调查，他看到了欣欣向荣的一面：作为英格兰和国外市场无法自给自足的粮食、肉类、黄油、亚麻和其他产品的原料产地，爱尔兰拥有巨大的发展潜力；土豆已经成为他称之为"贫穷苦力"的主要食物。杨对自己见到的土豆栽培的广阔面积印象深刻；但与此同时，他也对爱尔兰佃农被迫忍耐的恶劣居住环境感到震惊。杨对迫使佃农落入如此贫困境地的在外地主和中间人进行了毫不迟疑的批判，但他仍然对土豆奉上了真心实意的赞颂：

我曾经听说过很多对土豆的非议，有人认为土豆不够健康，有人则指出土豆无法为沉重的体力劳动提供足够的营养；但在爱尔兰，上述观点显然无法成立。和世界上其他任何国家一样，这里的穷人身体158 健康，体格强壮，吃苦耐劳。尽管受到政治压迫，这个国家的民众却有着健壮有力的躯体，陋室里挤满了孩子；这个国家的男性强壮，女性美丽。在亲眼目睹了这一切之后，我无法相信他们赖以维生的食物会对健康有害。

在杨看来，爱尔兰佃农的饮食水平要比英格兰的同行更好：

和英格兰穷苦居民相比，爱尔兰人的饮食要丰富一些，如果有人对此表示怀疑，只需要关注二者饮食之间的差异。众所周知，英格兰劳工在消耗面包和奶酪时往往极为吝啬；与之相对，爱尔兰人食用土豆的数量却多到令人难以置信。爱尔兰家庭就餐时，一家人往往手拿火腿围坐在一大盆土豆的四周，不仅前来讨饭的乞丐会得到暖心招待，甚至连猪、公鸡、母鸡、火鸡、鹅、狗、猫，也许还有奶牛，也可以和家人一样分享同样的一餐。在多次亲眼目睹这一场景之后，没人可以质疑爱尔兰的食物是多么充裕，我还需要补充的是，这样的一餐会让人感到轻松和愉快。①

一切似乎都是那样的完美：不断推陈出新的美味而高产的土豆品种，充足的土地，强壮而顺从的劳动力队伍。讽刺的是，土豆曾经是帮助佃农在地主的封建压迫和剥削下勉强求生和快速繁衍的救世主，现在却变成了爱尔兰参与蓬勃兴起的国际贸易的能量基石。只要佃农仍然可以靠土豆养活自己，地主就可以要求他们继续提升劳动强度，以生产更多的可供出口的商品。

在所有出口商品中，谷物是最令人动心的目标。《谷物法》在其中发挥了重要作用。这一法律规定对爱尔兰出口谷物提供补贴，并对进口谷物征收关税。1784 年，为了鼓励农场主为国家生产更多的谷物以增加出口，爱尔兰通过了这一法律，"在短短几年间，整个国家的面貌就发生了改变 —— 爱尔兰几乎从一个畜牧国家变成了一个农耕国家"②。这一变化极为迅速，且影响深远。涉入其中的土地的具体面积难以计算，但是亚瑟·杨指出，在他到访前一年还在进口谷物的贝尔法斯特（Belfast），现在已经变成了出口谷物的重镇；而在从 1770 年开始的 50 年间，爱尔兰的小麦出口增长了 20 倍，燕麦出口增长了 10 倍，这些数据必然表明，大量牧场已经转为耕地。让佃农们手忙脚乱的还不只是谷物：市场对亚麻布的需求激增，这意味着　159

---

① Young, 1892, vol. 2, pp. 43, 45.
② 转引自 Connell, 1950, p. 109。

作为其原料的亚麻纤维（一种亚麻籽，其茎干中富含细长的纤维组织）也必须得抓紧时间播种和收获，亚麻纺织逐渐变成了一种家庭手工业，这为爱尔兰亚麻布出口数量的大幅增长做出了重要贡献——1750 年代，爱尔兰每年出口 1200 万码[①] 布料，到了 1790 年代，这一数字激增到 4000 万码。4000 万码，也就是超过 22000 英里，几乎足以环绕地球一周，这还仅仅是一年的数字。[②]

实际上，在 18 世纪晚期，爱尔兰生产的亚麻布确实环绕着地球——当欧洲列强们在对海外殖民地和利润丰厚的贸易航线你争我夺时，船只上翻涌的船帆大多来自爱尔兰。这是新的一轮大航海时代，美洲、西印度群岛、南非、澳大利亚，无数年轻的殖民地正等待着被征服。而随着拿破仑对整个欧洲发起挑战，这也是战火纷飞的时代。所有这些都意味着，欧洲的农场主们不能再满足于单纯的为本国提供粮食和商品，还要保证对海军、商船和遥远的殖民地也要供应不辍。在这一过程中，极为沉重的负担不成比例地压到了爱尔兰人的身上。

仅举一个例子：19 世纪初，英格兰全部进口食物的 70% 来自爱尔兰。[③] 对于资本家和银行家而言，这当然再好不过，但是对于那些真正创造财富的农场佃农来说又如何呢？他们的确拥有土豆，但是土豆的好处正在对他们不利。土豆实在太便宜了，劳动力也很廉价，所以只要雇佣和养活更多的劳动力，商品的产量就会增加。此外，由于就业市场充斥着廉价劳动力，完全没有改善劳动待遇的必要。加之爱尔兰国内市场需求不断萎缩，也就难以推动经济改革和转型，毕竟佃

---

① 码，是一种英美制长度单位，1 码约合 0.9144 米。——译注
② Connell, 1950, p. 98, Appendix III.
③ Overton, 1996, p. 88.

农没有任何购买力。看上去一切都很糟糕，但是只要商品的价格保持稳定，甚或随着英格兰和其他地方的需求增加而继续上涨，那么农场主、中间人和地主们都会赚钱；而只要土豆能够茁壮成长，佃农们也能保持健康，努力工作。但是这种情况已经无以为继。

已经有整整两代或者更多的爱尔兰人依靠土豆长大成人，他们不仅身体健康，而且生育能力极强。这样的情况并不鲜见：50 年前，仅仅一对青年男女结成夫妇，随后相对保守地生育了 5 个子女，而时至今日，整个家族可能至少有 100 张嘴在嗷嗷待哺。为了养活这些新生人口，本已细碎的土地被再次分割；还要开垦新的沼泽；或者用铁锹铲平似乎无法利用的山坡：这哪里是什么"懒床"！而除了糊口之外，佃农还要支付租金。生活如此艰辛，对于爱尔兰人来说，甚至在严酷的冬季，鞋子也并非值得优先购买的必需品，毕竟相较之下，衣服、农具、家具和盐对于家庭生活更加不可或缺。要买这些东西，就得有钱；要有钱，就得有东西可卖。由于生计所迫，爱尔兰人卖掉的东西，往往是那些一直以来让当地以土豆为主的饮食变得更富营养的补充食物。猪就是其中的代表，这本来是人体所需的蛋白质和脂肪的重要来源，但现在必须要被出售： 160

佃农总是认为猪太过昂贵，自己和家人不配享受这种东西。黄油、家禽和鸡蛋也一样，本来这些都是他的财产，但产出这些东西的可怜家庭同样没有权利食用。爱尔兰佃农究竟靠什么生活？他们赖以为生的是那些在市场上换不来多少钱，甚至压根不值钱的东西：土豆是最主要的食物。他们得以留给自己享用的另外一种东西甚至比土豆还要廉价——提取黄油之后剩下来的那些牛奶。[①]

土豆的黄金时代并没有持续太久——大概五六十年，其开端始于 1740 年和 1741 年爱尔兰大霜冻爆发之后的 20 年间，到 1815 年拿破仑战争结束时宣告终止。战争结束导致谷物价格暴跌，而在之前市场繁荣时，农场主们已经和地主约定了水涨船高的租金，现在他们必须寻找其他方式来支付。土地是他们的救命稻草。一位观察家写道，"把农场主对土地的态度形容为'渴望'，远不足以反映当时的实际状况"，"他们垂涎欲滴，甚至为之痴狂；土地之前被分割成了碎片，对于这些碎片的争夺无比惨烈，甚至到了这样一种程度：如果不能用合法手段获取，那么就通过犯罪来夺取"。在康诺特，对土地的竞争尤其残酷。[②]

随着农场主们开始追求规模经济，之前无限分割的小块土地被重新整合。成千上万的佃农及其家庭被驱逐，除了到土地仍然分租的地方加入求租的人群之外，他们别无选择。随之而来的是更小的土地、更短的租约和更高的租金。只要土豆还能让自己活下去，佃农愿意承诺付出一切，但是，甚至连土豆慷慨的极限最后也被打破了。田里已经种满了育种家刚刚引入的最新品种，尽管这种土豆产量更高，营养价值却较低，而且更容易染病。

爱尔兰于 19 世纪早期引入的土豆品种"码头工人"（Lumper）的产量，比那些推动当地人口快速增长的传统品种"黑色"（Black）、

----

① 转引自 Clarkson and Crawford, 2001, p. 86。
② 转引自 Connell, 1950, p. 70。

"苹果"（Apple）和"杯子"（Cups）高出 20%—30%，但其缺点同样明显。的确，在一些文献中，对"码头工人"的描写听起来就像马上就要鸣响的丧钟：

> 在刚刚引进的时候，这种土豆几乎连当猪食都不够格，它既不像其他优良品种那样有着较高的淀粉含量，也不如其他品种美味可口，这种土豆含水量高，寡淡无味。从营养学角度来看，作为一种人类食物，这种土豆比瑞典萝卜强不了多少。这实在是一个差劲的品种，松软潮湿……既不健康也不可口，如果有"杯子"土豆可选的话，甚至连乌鸦都不会尝一口这玩意儿。
>
> 我希望对任何打算推广"码头工人"的人加以严惩……这种土豆甚至用来喂猪都很勉强，没有任何一个国家的民众会认为这种土豆适合人类食用，对于那些全靠土豆补充体力的重体力劳动者来说就更糟糕了。[①]

必需品的缺乏迫使成千上万的爱尔兰人移居国外，而国内的生活更加糟糕。由于摄入热量不足而导致的持续饥饿，驱使一些劳工食用半生不熟的土豆。这些人把土豆块茎尚未熟透的核心部分整个吞下，因为他们深信，在完全煮熟的部分被吸收干净之后，这些坚硬的土豆块会继续在胃里消化，从而延长这顿饭带来的饱腹感。但这种观点是完全错误的。人类无法消化生土豆，只有煮熟之后，其营养成分才能供人体分解吸收。因此，尽管劳工们可能暂时抑制住了对食物的需

161

---

① Bourke, 1993, pp. 36-37.

求，但他们反而丢掉了自己非常需要的营养和能量。[1]

到了 1815 年，多达 470 万爱尔兰人以土豆为主要食粮，其中 330 万人除了土豆之外一无所有。[2] 这一年，不只是拿破仑的命运在滑铁卢战役中盖棺论定。注定要发生的还有爱尔兰的末日。

塞西尔·伍德汉姆-史密斯在《大饥荒》中写道，在 1845 年饥荒爆发之前的 45 年时间里：

> 不少于 114 个委员会和 61 个特别委员会接到指示，就爱尔兰的情况提出报告，它们的结论无一例外地预示着灾难：爱尔兰处于饥饿的边缘，人口迅速增长，四分之三的劳动者失业，居住环境骇人听闻，生活水平低到令人难以置信。[3]

那时，佃农仅仅因为身为天主教徒就会遭到歧视的法律已被废除，但政府长期没有采取任何可以避免灾难的举措，也并未做出安排来改善赤贫阶层的生活，直到 1830 年代，政府决定将英格兰刚刚通过的《济贫法》修正版施行于爱尔兰时，救济工作才开始提上日程。然而，较之英格兰的原版法律，爱尔兰采用的版本更加严苛：救济仅以家庭为单位进行；救济的范围被局限在济贫院内，一旦济贫院人满为患，未被收容的贫民将得不到任何救济；没有任何院外救济。此

162

----

① Clarkson and Crawford, 2001, p. 184.

② Bourke, 1993, p. 52. Bourke 并未给出具体年代，但这一数据和 1815 年的估算一致，参见 Connell, 1950, p. 25。

③ Woodham-Smith, 1962, p. 31.

外，政府当时认为，一个运转良好的济贫院应该阻止贫民申请救济；即使对于已被收容的贫民，也应限制他们在济贫院中待得太久。

为了确保《济贫法》所规定的济贫院合理分布，爱尔兰被划分为130 个被称为救济区的行政单位，每一区内都设有专属的济贫院，每个济贫院则由一个选举而成的监护人委员会负责管理，运营开支则来自当地征收的税费。也就是说，救济区和济贫院需要自给自足（不过为了建造这些屋舍，政府提供了贷款）。在划分救济区和建造济贫院的同时，为了确保济贫院内供应的日常饮食必定比院外民众的饮食水平更糟糕（也更廉价），政府派出了大量专员以调查爱尔兰各地的饮食状况。事实证明，要实现这一目的极为困难，因为在这个国家的广阔领土中，无论早餐、午餐还是晚餐，人们都是吃 4 磅或 5 磅土豆，再配上一点儿牛奶或乳酪，专员们无法想象，还有什么饮食比这更糟。在调查了爱尔兰 2500 个教区中的三分之二之后，专员们发现，土豆不仅是穷人唯一的食粮，而且正在不断侵蚀富农的饮食结构。尽管燕麦粥、牛奶、卷心菜、鲱鱼、培根和牛肉还没有从农村中产阶级的餐桌上完全消失，但已慢慢变成了一年只能享用几次的奢侈之物。[1]

济贫院建成和开放的速度令人印象深刻，到 1845 年秋季已有118 所开始运营，这一进展无疑使政府得到了些许安慰，因为正是在这一年，由于一种此前一无所知的疾病，爱尔兰的土豆植株开始迅速枯萎和死亡。如前所述，土豆歉收也曾引发过局部困难，因此地方官员们可能认为，新的救济计划可以缓解 1845 年歉收带来的部分后果。但是，爱尔兰土豆此时面对的是一种全新的疾病，病害如同野火一般

----

① Connell, 1950, pp. 158-159. Clarkson and Crawford, 2001, p. 70.

席卷了整片田野 —— 其蔓延速度之快就像随风传播 —— 几乎没有一
株土豆能够逃脱感染。

爱尔兰一直在盼望着一场大丰收：今年种植了整整 250 万英亩
土豆，面积比去年增加了 6%。佃农"心满意足"，农场主"兴高采
烈"，整个国家"洋溢在快乐和繁荣之中"，甚至开始期待迎来"爱
163 尔兰历史上的一个光辉灿烂的时代"。当年土豆预计可以收获 1500 万
吨，足以满足所有需求。唯一对这一前景不太满意的群体是一些商业
农场主们，因为"今年土豆一定产量丰富，售价低廉"，他们颇为后
悔自己在种植土豆上花了不少钱。①

然而到了 9 月，病害毫无征兆地突然降临，并且冷酷无情地迅速
蔓延到全国各地。在短短几天时间里，此前还在傲然绽放着深绿色叶
子和紫色花朵的成片土豆田毁于一旦，地上只剩下了枯萎发黑的土豆
秧，地下的块茎则因真菌感染而开始腐烂。甚至就连早就已经收获储
藏起来的土豆，也在几周内腐烂变质，无法食用，最终变成了一堆毫
无用处且臭气熏天的垃圾。

自从 14 世纪爆发的黑死病以来，欧洲再也没有听说过像此次袭
击爱尔兰这样严重的灾难。1846 年，同一种病害再次摧毁了当地重
新种植的作物，而 1847 年和 1848 年同样未能幸免，爱尔兰遭受的苦
难仍在不断加剧。而由于农场主们几乎放弃栽培土豆（1847 年，爱
尔兰土豆种植面积仅为 28.4 万英亩），在第一波疫情中侥幸存活的幸
存者们被迫挣扎着寻找其他的食物来源。② 在短短几年内，爱尔兰人

---

① Bourke, 1993, p. 90.
② Turner, 1996, pp. 228-230, 245-247.

口就减少了 200 多万，其中超过 100 万人直接死于饥饿和其他饥荒相关疾病，另有 100 万人移民国外。

在饥荒爆发之前，爱尔兰西部的康纳马拉的每平方英里土地大约需要养活 500 人，据说，这里既是欧洲人口密度最高的农村，同时也是欧洲最为贫瘠的土地。[①] 这里的全部土地被几个历史悠久的家族所控制，其中的绝大多数仍然住在当地，尽管巴利纽村的土地是被不在当地的投机者们所控制的，这些投机者们对农业发展或佃农需求都毫不关心。毗邻的巴利纳基尔地区的 10000 英亩土地同样管理不善，直到 1839 年罗伯特·格雷厄姆（Robert Graham）买下这片土地之前，其在长达 20 年的时间里始终处于法院监管之下。格雷厄姆的儿子后来写道，在购入这里的资产时，"到处都是穷人……当地的房舍就像印第安人破烂的棚屋，在区区 5 英亩土地上，住着 20 户人家"[②]。为了将零散的土地整合为大型农场，格雷厄姆退租了很多佃户，并且彻底夷平了 3 个村庄。这些行为让格雷厄姆一家在当地声名颇为狼藉，尽管在康纳马拉的其他地区，佃户和地主的关系似乎一直还算不错。支撑这一论点的主要证据是，在政府对爱尔兰的土地所有权进行调查时，很多当地地主表示，违约行为微乎其微。

从某些方面来看，康纳马拉的佃农是幸运的。他们生活在这个国家的极西之地，政府控制最为薄弱。毗邻的海洋则提供了丰富的鱼类和海藻资源，前者可供食用，也可以用来支付租金；后者则是栽培

164

---

① Michael Gibbons, personal communication 2004, Clifden.

② 转引自 Villiers-Tuthill, 1997, p. 4。

土豆的上好肥料。当地的大多数家庭能够靠土地和捕鱼自给自足，如果确有需要，还可以打上几天零工。佃农往往会养一两头牛来生产牛奶和黄油，几只绵羊则可以让女主人把羊毛织成袜子和其他衣服。诚然，大部分人处于贫困之中，但正如 1840 年济贫专员的调查结果所反映的，"这种贫困还不能称之为一无所有"，"当地很少会遇到游荡行乞的乞丐"。①

当地的交通状况极为糟糕，对于唯一市镇克利夫登（Clifden）来说，通过海路连接戈尔韦（60 英里）、韦斯特波特（Westport）（50 英里）和全国其他任何地方（首都都柏林在 100 英里以外），都要比崎岖不平的陆上交通方便得多。在镇上做生意的商人屈指可数，他们利用沿海运输的小型船只把货物输入当地，再以同样的方式运出农产品。仅 1835 年，从克利夫登就向伦敦和利物浦输送了 800 吨燕麦，这是当时康纳马拉经济活力的一种反映：不算赤贫，没有乞丐；尽管当地人口极为稠密，但是可以自给自足，并且能够产出畅销的盈余谷物。

济贫专员在考察之后认为，克利夫登必须建立一座能够收容 300 名贫民的济贫院。这将是镇上最大的建筑，但是地方纳税人对其建设和运营持消极态度。他们必须得支付其运营开支，而由于当地土地过于集中，纳税人数量过少，每位拥有大片应税土地的地主需要承担的开销实在太过高昂。地主们采取了极为成功的拖延战术，因此，尽管合同早在 1841 年 1 月就已签署，而且建筑工作进展迅速，但直到 1845 年 12 月，济贫院才开放投入使用，又拖延到 1847 年 3 月才收容了第一批贫民。那时，赤贫已经蔓延四方。成千上万处于饥饿之中的民众

----

① Villiers-Tuthill, 1997, pp. 7, 11.

不仅严重营养不良，而且饱受疾病摧残。其中很多人注定会死去。

1845 年的最后几个月，导致土豆绝收的怪病袭击了康纳马拉，摧毁了大部分土豆。应该说，这一轮病害造成的后果并不严重，当地此前已经多次经历程度类似的粮食短缺，民众们依靠自己储备的粮食和资源挺了过来。修路工程提供了一笔收入，克利夫登的商店也有粮食出售，尽管价格很高。但在 1846 年，病害的再次袭来大大加剧了困难的严峻程度。粮食连续颗粒无收，储备已在去年耗尽，民众已经卖掉或者典当了全部值钱的家当以换取糊口的食物。最大的问题并非缺乏粮食，而在于最需要帮助的下层民众没钱去购买粮食。

为了应对 1845 年的粮食歉收，政府在全国各地建立了供应玉米面的救助站——这当然不是一种理想的食物，但肯定足以控制饥荒。但是，即使这种玉米面，也不能免费发放给贫民（济贫法严禁院外救济）。只有当粮食市场的价格被认为过高时，这些救济粮才能在由政府控制的救助站出售。当时政府深信，私营企业和自由市场会解决一切问题。然而，即使是那些足够"幸运"可以在修路工程中觅得一份活计的劳工，收入也不足以应付养家糊口的开支；对于其他民众来说，情况只会更糟。

灾难已经再明显不过了。1846 年 12 月，《戈尔韦守护者报》（*Galway Vindicator*）的头版头条是一篇题为《人民必须挨饿吗》的文章：

人民的处境从未像现在这样糟糕——不仅极度贫困，而且无计可施。食物价格已经飙升到了可怕的高度，如果政府还不立刻采取迅速干预手段以降低粮价的话，我们将迎来二选一的注定结局：要么人民为了保全自己的生命而奋起反抗；要么在沉默中成百上千地悄然毁灭。除此之外，没有其他道路。如果农场主、商人、磨坊主、餐饮商、面包师和食品供应商都冷酷无情而又贪婪成性——人类的每一种情感都会为其贪得无厌而羞愧，甚至耶稣基督之名也因之蒙羞——只要有一星半点的可能，他们就要从穷人的躯体中榨取财富，在对民众可耻的公开掠夺中赚到盆满钵盈。在这种情况下，考虑这个国家的安定是否还能维持下去是没有任何意义的。[①]

　　与此同时，全国各地的济贫院都人满为患，相关规定随即进行了修订，使任何拥有哪怕四分之一英亩土地的贫民都没有被收容的资格。这一修正的目的，显然是为了限制申请进入济贫院的人的数量，但这并没有起到什么作用。对于那些足够绝望的贫民来说，济贫院就是生存下去的一线希望，为了顺利获得救济，放弃自己最后的一小块土地再正常不过。然后当他们被勒令离开济贫院时（身体健全的人最后都会被驱离），就只能加入无家可归的乞讨大军。在那些济贫院无力收容贫民的地方，犯罪而后坐牢是另外一种走投无路的选择。当时有很多怀有同情心的地方法官受到了警告，因为他们给那些只是犯下轻微罪行的贫民处以重刑，意在将其送入监狱，然后活下来。1848 年 1 月，设计容量为 110 人的戈尔韦郡监狱关押了564 名"近乎赤身裸体，而且饥肠辘辘"的罪犯，其中 157 人要被送往国外继续服刑，一些囚犯宁愿被送到澳大利亚，也不愿留在康纳

166

----

① 转引自 Villiers-Tuthill, 1997, p. 45。

马拉等死。①

克利夫登济贫院已经住满了人，但是为其日常运营提供资助的账户却空空如也，甚至入不敷出。商人们要对此承担部分责任，他们利用这种危机，对其供应的货物收取高昂的费用。济贫院内的条件已经恶化到了骇人听闻的程度，基本设施无人维护，已经无法使用的卧具也没有更换，宿舍里甚至不提供夜壶。一名巡视员指出："我必须万分克制，才能不去记录那些随之发生的令人厌恶之事。"很快，恶性斑疹伤寒的症状开始在济贫院中蔓延，进一步增加了饱受侮辱且处于饥饿和绝望之中的贫民的恐慌。当 1847 年冬季来临时，在济贫院收容的 300 贫民中，有 45 人出现了发烧症状，压垮了济贫院本不充足的医疗设施。济贫院每周都有新增的死亡病例，一名医生的助手也发了烧。

济贫院的资金极度短缺，主要也是由于地方纳税人没钱来履行自己的承诺。济贫院在 1847 年 5 月应该收到 22426 英镑资金，但一直到 8 月，才仅仅收到了 129 英镑。当然，地主之所以违约，是因为他们没有从佃农手中收到任何租金，毕竟佃农也没钱。但是，仍有一些佃农饲养着牲畜，因此，当地主的代理人被派去没收牲畜以抵扣租金时，往往会爆发激烈的冲突。根据一位代理人托马斯·德赖弗（Thomas Driver）的记载，当他们尝试从巴利纳基尔教区所属的图林（Tooreen）带走牲畜时，他和 6 名男子遭到了大约 40 人的攻击。在民众向其投掷石头的同时，德赖弗得到了十分明确的警告：如果他和助手胆敢牵走畜栏里的任何牲畜，围堵的人群"就会要了他们

----

① Villiers-Tuthill, 1997, pp. 64, 122, 125, 130.

的命"。在锡安地区也发生了类似之事，德赖弗等人打算抓走2头牛，但立刻被挥舞着棍棒和石头的约60人团团围困，他们的性命又一次遭到了威胁，牲畜也回到了主人手中。

非常明显，政府希望通过建立自给自足的济贫院网络以向处于困境之中的爱尔兰穷人提供救济的宏伟计划根本无法遏制这场袭击爱尔兰的巨大灾难。济贫院里早已人满为患，而贫民正在路上和家中慢慢死去。1847年1月，威廉·福斯特（William Forster）为基督教公谊会（贵格会）救济委员会调查了康纳马拉的饥荒情况，在本多拉加村（Bundorragha）（如今有无数游客在此拿出相机，以捕捉镜头中克拉瑞湾［Killary］的美丽风光）的240名居民中，有13人"死于食物匮乏"，其余居民也都骨瘦如柴：男性普遍憔悴不堪，待在家里的女性甚至虚弱到难以站立，孩子则因痛苦而嚎啕大哭。福斯特还访问了克莱根，他在那里发现：

我无法用语言形容这种令人痛彻心扉的苦难。我很快被一群男人和女人所包围，他们更像饥饿的狗，而非我们的同类，无论身材、表情还是哭声，无一不在表明他们正在遭受饥饿的折磨……在一间小屋里，有两个瘦弱的人——实际上已经皮包骨头——直挺挺地躺在潮湿的地板上，他们穿着破烂的衣服，虚弱到动弹不得。还有一个年轻人已经因患痢疾而奄奄一息，为了让他活下来，他的母亲已经典当了所有的家当。我永远也忘不了他那听天由命、毫无怨言的语气，他告诉我说，他需要的药品就是食物……

……在海边的一间我们几乎需要匍匐才能进入的简陋小屋里，我们发现一个可怜的孩子还活着，但是她已经无力起身，只能在一团漆黑中躺在潮湿的泥土上；她的身上没有衣服，只盖了一块破布，头上的屋顶还正漏着雨。自从母亲去世后，她一直依靠别人送来的食物和水苟延残喘。①

　　在整个饥荒时期，克莱根村一直位于海湾的北侧。拿破仑战争期间，海湾的岬角上曾经竖起过一座坚固的石头信号塔，这是沿着爱尔兰西海岸架起的一条防御锁链中的一环，以确保英格兰的后门始终紧闭，村子就在岬角下挤作一团。20 世纪 60 年代，这座废弃的高塔依然矗立在地平线上，吸引方圆 900 英亩的目光。而在饥荒之后，这片土地为经营茶叶的川宁（Twining）家族的一个后裔所买下，但是克莱根村已经变成了一片断壁残垣。甚至就连"克莱根"这个名字也转移到了海湾对面的诺克布拉克（Knockbrack），邮局将设在那里的地区办事处命名为"克莱根邮局"，此后，诺克布拉克逐渐变成了今天的克莱根村。

　　克莱根村穿越海湾的变迁是当地历史中的一段插曲，当我在从海岸转向巴利纽的公路上遇到约翰·詹姆斯·麦克洛克林（John James McLoughlin）时，他给我讲述了这个故事。旧克莱根村曾经所在的那块土地目前为约翰·詹姆斯所有，他本人就住在公路旁边的一栋漂亮的二层小楼里；在大约半个世纪以前买下这块土地之后，他的父亲用村里废弃的石头和石板修建了这所房子。如今，旧克莱根村只剩下几排残破的墙壁和一个没有房顶的马厩，这个马厩附近有大约一两英亩草地，约翰·詹姆斯在那里放牧自己的牲畜。旧村下面的海岸线礁

168

---

① Society of Friends, *Distress in Ireland 1846-1847*.

石上密布着各种贝类和海螺，总有黑腹滨鹬和蛎鹬在卵石和海藻间觅食。在每个早春时节，成群鲑鱼逆流而上，穿越狭窄的河口游入安尼劳恩（Anillaun）湖，并把上游的锡安溪视作自己良好的产卵床。

约翰·詹姆斯认为，对于一个村庄而言，克莱根村旧址是一个不错的地方。这里坐北朝南，背靠群山。村民们在农场辛勤劳作，种植土豆，并在北方饲养牛羊。他们可以钓鱼，还有为出海准备的船台和码头。他说，川宁家族来到这里之后就把整个村庄搬离原址，在新的地方为劳工们建造了屋顶由石板搭建的石屋，但在此之前，旧址已经建立了很多屋舍——传统的那种：屋顶由茅草堆成，房子很小，壁炉就要占据整整一面墙；由石块砌成的围墙抹上一层灰泥，可以遮风挡雨；还有石灰刷成的小窗，简陋的泥土地面，以及意在保持室温的低矮的天花板。

你去过那边的巨石阵（cromleac）吗？我去过。那是一组排列呈矩形的直立巨石，石阵上方精巧地安放着一块平板巨石。这些石头极为显眼地矗立在距离旧克莱根村几百码的海岸上。这是一座凯尔特古坟，坟中之物和覆盖的泥土早在很久之前就已尽数风化，但这仍然是对谁才是克莱根最古老居民的极为有力的证明。一座纪念碑，没有任何碑文，也没有花团锦簇的记录，仅仅是你从口耳相传中了解到的当地历史中极为厚重的一部分。

第11章 亚当的子孙

从海面向伦敦桥溯流而上时看到的泰晤士河的景色是再动人不过的了。在两边，特别是在乌里治（Woolwich）以上的这许多房屋、造船厂，沿着两岸停泊的无数船只，这些船只愈来愈密集，最后只在河当中留下一条狭窄的空间，成百的轮船就在这条狭窄的空间不断地来来往往。这一切是这样雄伟，这样壮丽，以至于使人沉醉在里面，使人还在踏上英国的土地以前就不能不对英国的伟大感到惊奇。[①]

那是1842年的深秋，弗里德里希·恩格斯（Friedrich Engels）第一次来到英国。恩格斯是德国一位纺织厂厂长的长子，那年22岁，他的父亲在曼彻斯特投资建立了一家名为"欧门—恩格斯"（Ermen and Engels）的棉纺织厂，恩格斯当时正在经由伦敦前往曼彻斯特的路上。老恩格斯曾希望，把儿子送到国外生活，让繁忙的商业事务挤占他的时间和精力，这个年轻的煽动者就会放弃，或者至少稍加调整在德国已经形成并且一直发展的激进倾向。然而这只不过是痴心妄想。在离开德国的途中，恩格斯还特意拜访了卡尔·马克思（Karl Marx）（后者当时在科隆编辑一份反政府报纸——《莱茵报》[Rheinische Zeitung]）。在曼彻斯特这个工业革命真正的发祥地，恩

---

① Engels, 1892, p. 23. 此处及后文恩格斯、卡莱尔的原著，部分转引自《英国工人阶级状况》，人民出版社1956年译本。——译注

图 11

格斯必然会接触到极端的富裕、贫穷和剥削，这只能坚定其为社会改革和革命而斗争的决心。确实，曼彻斯特和工业化的英格兰非但没有改变恩格斯的任何观点，反而进一步证实了其合理性，从而强化了他对共产主义运动的忠诚。1848 年，马克思和恩格斯联合撰写并发表了《共产党宣言》，为共产主义运动提出了明确的解释。

171

　　恩格斯在 1844 年指出，在他第一次踏上英国土地的 60 年前，"英国和其他任何国家一样，城市很小、工业少而不发达、人口稀疏而且多半是农业人口"；"现在它却是和其他任何国家都不一样的国家了：有居民达 250 万的首都，有许多巨大的工业城市"，还有勤劳而明智的稠密的人口，其中三分之二从事贸易和商业活动；当然，这些商业活动的兴起，离不开"供给全世界产品而且几乎一切东西都是用极复杂的机器生产的工业"的推动。恩格斯因之认为："产业革命对英国的意义，就像政治革命对于法国，哲学革命对于德国一样。"

　　英格兰的工业革命始于棉纺织业，在 80 年的时间里，兰开夏郡从恩格斯描述的"一个偏僻的很少开垦的沼泽地"变成了一座熙熙攘攘的工业城市，人口增长到过去的 10 倍，利物浦和曼彻斯特这样的大城市也随之出现，并且还产生了一长串以制造业为主的市镇——博尔顿（Bolton）、罗奇代尔、普雷斯顿（Preston）、奥尔德姆（Oldham）等——"好像用魔杖一挥"。但是，推动历史车轮滚滚向前的机械发明却并非源自天赐的魔法，商人一贯灵活的经商头脑此时也没有发挥什么作用。的确，如果说工业活动的迅速增长有什么神奇配方的话，那就是英国有足够的劳动力去挖煤、炼钢、制砖、建造工厂和操作织布机。

　　从后见之明的角度来看，18 世纪晚期，土豆在英格兰和整个欧洲推动的人口增长，其用意似乎就是为了促进工业发展的不断前进。或者换言之，工业革命的目的，就是要雇用那些土地现在无力容纳的多余之人。但现实与臆测截然不同。正如雷德克里夫·萨拉曼所指出的，土豆是"为工业领袖奉上的一份天赐好礼，不仅资本家们大力鼓励推广土豆，而且很多没有意识到土豆可能造成的影响的好心人同样参与其中"[1]。

当然，所谓可能造成的影响，指的就是土豆提供了廉价而丰富的食物，使得工业资本家可以借此压低工资，并且以足够低廉的成本生产货物，最终占领企业赖以生存的广阔外国市场。讽刺的是，土豆确乎是天赐好礼，在奴隶贸易（曾使之前数代资本家发家致富）废除的几十年间，变得唾手可得的土豆自然而然地创造了另外一支奴隶大军。事实上，对于资本家来说，雇用工人要比使用奴隶强得多：资本家可以随意雇用和解雇劳动力，而不需要浪费之前为奴隶投入的资金；此外，工人们完成相同工作的成本也要比奴隶更低。正如亚当·斯密在《国富论》中所指出的：

据说，奴隶的损耗，损失在雇主，自由佣工的损耗，损失却在他自身。此外，要是我可以这样说，用作补充或修补奴隶损耗的资金，通常都由不留心的雇主或疏忽的监工管理；但修补自由佣工损耗的资金却由自由佣工自己管理。一由钱财通常管理得漫无秩序的富人管理，所以管理上自亦漫无秩序；一由处处节省和锱铢必较的穷人自己管理，所以管理上亦是处处节省和锱铢必较。在这样不同的管理下，

----

[1] Salaman, 1985, p. 342.

相同的目的却需要有大不相同的费用。所以，征之一切时代和一切国民的经验，我相信，由自由人作成的作品，归根到底比由奴隶作成的作品低廉。①

亚当·斯密的上述观点创作于 1776 年，当时土豆对欧洲人口增长率的重大影响还不明显。弗里德里希·恩格斯抵达英国时，这两个因素——自由的劳动力和快速增长的人口——在工业革命的潜力和需求中找到了共同的目标。曼彻斯特这座城市本身，以及恩格斯在纺织业中所处的地位，使其得以从第一手视角展开观察，当越来越多的民众渴望工作而又缺乏就业机会时，可能会发生什么：吊诡的是，在这种情况下，工厂主反而可以雇用更少的人，只需利用劳动者之间的竞争。譬如，如果一个资本家过去需要雇用 10 名工人，每日工作时长为 9 小时；那么现在他可以只雇用 9 名工人，并在工资不变的情况下，要求工人每天工作 10 小时。失业的威胁足以确保所有工人同意以更低的工资完成工作。成本降低了，工人减少了，失业劳动力的规模却增加了。

无论欧门—恩格斯棉纺织厂当时是否同样采取这种做法，19 世纪工业界的行业规范和职业道德迫使恩格斯在曼彻斯特过着双重生活：一方面，他得忠于作为"资本主义剥削者"的父亲的公司；另一方面，他也在积累将来用以呼吁结束这种剥削的相关证据。显然，这种极度分裂的生活很难维持下去。事实上，恩格斯很快就离开了家族企业，并在首次泰晤士河航行差不多两年之后，出版了题为《英国工

---

① Smith, 1853/1776, section 8, p. 36.

173　人阶级状况》（ *The Condition of the Working-Class in England in 1844* ）
的著作，收录了事实、证据和亲身观察所获得的材料。这本著作最初
以德语写就，并在德国出版；引人注目的是，尽管这是一本对英国社
会进行严厉指控的作品，但更确切地说，它是一份对维多利亚时代早
期英格兰大量人口生活状况极为生动的记录，但英语译本要到 1892
年才首次出现。

　　在本书中，恩格斯记录了他在访问英格兰工业城市时亲眼目睹的
很多场景 —— 充斥着肮脏和厌恶，他特别提到了曼彻斯特的一个工
人区，其情况之糟糕甚至使恩格斯怀疑自己是否有所夸张：

　　　重读了一遍自己对它的描写，我应当说，我不仅丝毫没有夸大，
而且正好相反，对这个至少住着两三万居民的区域，我还远没有把它
的肮脏、破旧、昏暗和违反清洁、通风、卫生等一切要求的建筑特点
十分鲜明地表现出来。而这样一个区域是在英国第二大城，世界第一
个工厂城市的中心呀！如果想知道，一个人在不得已的时候有多么小
的一点空间就够他活动，有多么少的一点空气（而这是什么样的空气
呵！）就够他呼吸，有什么起码的设备就能生存下去，那只要到曼彻
斯特去看看就够了。……要知道，一切最使我们厌恶和愤怒的东西
在这里都是最近的产物，工业时代的产物。属于旧曼彻斯特的那几百
所房子老早就被原来的住户遗弃了，只是工业才把大批的工人（就是
现在住在那里的工人）赶到里面去；只是工业才在这些老房子之间的
每一小片空地上盖起房子，来安置它从农业区和爱尔兰吸引来的大批
的人；只是工业才使这些牲畜栏的主人有可能仅仅为了自己发财致
富，而把它们当作住宅以高价租给人们，剥削贫穷的工人，毁坏成千

上万人的健康；只是工业才可能把刚摆脱掉农奴制的劳动者重新当作无生命的物件，当作一件东西来使用。[1]

恩格斯认为，工业时代所产生的残暴和堕落，甚至比奴隶制度还要多。他引用了关于过度使用童工的数据，以嘲弄 1834 年《工厂法》提供的微不足道的救济——这一法律将 9 至 13 岁儿童的工作时间限制在 9 小时，14 至 18 岁儿童的工作时间限制在 12 小时。恩格斯写道，孩子们"像野草一样完全没有照管地生长起来"，而他们的父母则在没几个人能活过 40 岁的情况下从事着无休止的劳作。的确，在恩格斯所调查工厂里的 22094 名工人中，只有 126 人超过 45 岁。工人们有选择吗？完全没有。济贫院本应为失业和无力养活自己的贫民提供庇护，但其实际作用似乎更多表现为阻止而非吸引那些需要救济的人。正如恩格斯引用的一篇文章所感慨的："如果上帝惩罚人的罪过，就像人们惩罚人的贫穷一样，那么，亚当的子孙们该是多么可怜啊！"

但是，恩格斯并不认为，控制成本的资本家和贪得无厌的地主是造成英格兰劳工困境的唯一因素，爱尔兰人同样是他（和其他很多人）指责的对象，自从土豆开始导致当地人口激增，每年都有成千上万的爱尔兰人背井离乡前往英格兰。[2] 因此，由于英格兰不得不在应对本国人口增长的同时兼顾爱尔兰人口增长带来的大部分冲击，英格兰实际上受到了土豆催化的人口增长的双重困扰。恩格斯指出："爱尔兰人在家乡没有什么可以丢掉的，而在英格兰却可以得到很多

174

---

[1]　Engels, 1892, pp. 51, 53-54.

[2]　Engels, 1892, p. 90.

东西。自从爱尔兰人知道，在圣乔治海峡彼岸只要手上有劲就可以找到工资高的工作那时起，每年都有大批大批的爱尔兰人到英格兰来。"他同时认为，当前身处英格兰的爱尔兰移民数量已经超过 100万，而且新的移民还在以每年 5 万的速度递增。爱尔兰人不受欢迎。的确，正如维多利亚时代最具影响力的社会评论家之一托马斯·卡莱尔（Thomas Carlyle）在 1839 年明确指出的，爱尔兰人处于社会鄙视链的末端：

　　一群群悲惨的爱尔兰人使我们的城镇变得昏暗。所有的大街小巷都有爱尔兰人的野蛮面孔向你打招呼，这些面孔流露出假装的纯朴、浮躁、无理、穷困和嘲讽。英格兰马车夫在赶着马车过去的时候用鞭子抽爱尔兰人，而爱尔兰人却用自己的语言咒骂他两句，并脱下帽子向他行乞。[①] 这是我们的国家必须消灭的一种最糟糕的祸害。穿得破破烂烂、从来不知道发愁的野蛮的爱尔兰人，随时都在准备着去做那种只要手上有劲、脊梁结实就可以胜任的任何工作，而工资只要够他买土豆就行。调味品他只需要盐；过夜的地方只要随便在哪里碰到一个猪圈或狗窝就觉得不错，他住在草棚里面，穿一身破烂衣服，这种衣服脱下和穿上都十分困难，只有在节日或特别隆重的场合才这样做。英格兰人要是不能在这种条件下工作，那他就找不到工作。英格兰人同样可能愚昧无知，但如果不愿从一个正派的人类堕落为卑劣的猿猴，他就不能继续下去……不大文明的爱尔兰人不是凭着自己的

---

① 《英国工人阶级状况》（人民出版社 1956 年译本）如此翻译，而本书所引原文系"英格兰车夫用自己的语言咒骂爱尔兰人"。——译注

长处，而是凭着自己的短处把本地的英格兰人排挤出去，占据了他们的位置。他肮脏而无所用心，耍滑头，发酒疯，他是道德堕落和秩序混乱的祸根……我们会对瘟疫进行隔离，可是我们从来没有遇到像爱尔兰人这样的瘟疫；为了对付爱尔兰人，我们可以采取什么隔离手段？……爱尔兰的不幸已经缓慢而不可避免地蔓延到我们身上，最终成为我们自己的不幸。[①]

175

恩格斯完全赞同卡莱尔的如下观点：

这些花 4 便士像牲口一样挤在轮船甲板上迁移到英格兰来的爱尔兰工人，总是随遇而安的。最恶劣的住宅在他们看来也是很好的；他们不大讲究衣着，只要能勉勉强强地穿在身上就行；他们不知道什么叫鞋子；他们的食品是土豆，而且仅仅是土豆……这些小破屋子里面如何肮脏，如何不舒适，是很难想象的。爱尔兰人不习惯使用家具。一捆麦秸、几件完全没法子穿的破烂衣服，这就是他的床铺。一个木墩子、一把破椅子、一只当桌子用的旧木箱，再多就不需要了……[②]

由此，恩格斯不禁发问，当自己的"竞争者是处于一个文明国家可能有的最低的发展阶段上的，因而他需要的工资比其他任何人都低"的时候，英格兰的工人还有什么希望呢？不仅工资一天一天降低，甚至仅仅爱尔兰人的存在，就"足以使那些在他们影响之下的英

---

① Carlyle, 1899, vol. IV, pp. 138-140.
② Engels, 1892, p. 92.

国同伴趋于堕落"：

> 实际上，如果注意到，几乎每一个大城市中都有五分之一或四分之一的工人是爱尔兰人或在爱尔兰式的肮脏环境中长大的爱尔兰人的孩子，那就会了解，为什么整个工人阶级的生活、他们的习俗、他们的才智和道德的发展、他们的整个性格，都染上了爱尔兰人的许多特征，也就会了解，为什么在爱尔兰人的竞争之下，现代工业及其最直接的后果给英国工人造成的那种令人愤慨的状况还会更加恶化。[①]

176 但是，爱尔兰人在英格兰恶劣的居住和工作环境，并不能完全归咎于他们自己。事实上，就连他们背井离乡的选择，也并非全然自己的责任。正如卡莱尔大方承认的：

> 即便现在，我们英格兰人也要对邻近岛国所承受的长期不公付出苦涩的代价。不用怀疑，不公随处可见……英格兰确实对爱尔兰犯下了罪孽，我们最终将收获 15 代人的恶行所招致的全部报应。

英格兰不能坐视自己的"爱尔兰兄弟"在家里挨饿，卡莱尔继续说：

> 爱尔兰人到这里来是理所当然的，这是我们应受的诅咒。唉，对他们而言，这也不是一种享受。为了自己曾经遭受的苦难复仇，这当

----

① Engels, 1892, pp. 93-94.

然不是一种直接或者有趣的方式……但这的确是一种极为有效的手段。现在是时候了，我们要么选择改善爱尔兰人的生活水平，要么把他们赶尽杀绝。[1]

生存还是毁灭？卡莱尔其实只是随口一提，但在 7 年之后，当土豆歉收使爱尔兰陷入严重饥荒时，一种极其刺耳的意见开始出现：上帝其实赞成第二条道路，英格兰应该遵从上帝的旨意，不必抱以同情，也不要提供任何援助。英格兰银行医师、皇家学会会员（同时也是湿电池的发明者）阿尔弗雷德·斯梅（Alfred Smee）明确地表达了这种观点：

如果放任不管，这种可怕的局面就会得到自我纠正：民众应该控制自己的社区和生活，是他们自己造成了今年土豆的严重歉收。民众也应该依靠自己的资源生存，没有食物的话，他们就应该饿死。数以百万计的饥饿和野蛮之人早晚会让这个国家陷入灭顶之灾，现在这种情况只是加剧了他们的困境。最后，随着大批爱尔兰人因饥饿而死，幸存者也就可以获得新生。[2]

但是，正如阿尔弗雷德·斯梅所指出的，爱尔兰人有一个"有钱有势"的邻居，不仅同情其遭受的苦难，而且"希望可以减轻他们的痛苦"。希望？事实上，英国政府别无选择。在经过了长达数个世纪的宗教、军事、经济、社会和政治冲突之后，爱尔兰问题获得了空前

177

---

① Carlyle, 1899, vol. IV, pp. 138-139.

② Smee, 1846, p. 160.

的人道主义关注。数百万人正在挨饿，成千上万的人奄奄一息，他们同样是维多利亚女王的臣民，理应得到英国政府的照顾和关注。

当时的英国首相是罗伯特·皮尔（Robert Peel），其领导的保守党政府主要代表了拥有大量土地的贵族利益，而后者对爱尔兰饥荒的态度与阿尔弗雷德·斯梅的观点如出一辙。权势不容小觑的工业领袖同样赞成这种意见，甚至那些为工人权利和合理工资而大声疾呼的社会活动家亦然。导致英格兰人的意见如此一致的重要因素，是人们普遍相信爱尔兰问题的出现源于其自身的罪恶。正如雷德克里夫·萨拉曼所记录的，当饥荒的惨状促使维多利亚女王宣布在全国举行祈祷和代祷仪式时，为此创作的祷文甚至也暗含了这一主张。在全国各地的教堂、礼拜堂和犹太会堂等类似机构中，会众们进行着由衷的祈祷："请万能的上帝免除使各种维持生命必需之物陷入匮乏的天罚，尽管这一惩戒是由于我们的种种罪孽和不敬所理应招致的。"①

了解罗伯特·皮尔爵士的人描述他举止从容、谈吐谨慎，有着格外冷峻的笑容，"就像棺材上镶嵌的银牌一样"。日记体作家查尔斯·格雷维尔（Charles Greville）指出，皮尔"没有任何讨人喜欢或者曲意逢迎的品质"，尽管大家可能很难对他抱有好感，但没有人会不尊重他。极强的责任心和高尚的正义感是皮尔最为重要的特质，作为一名政治家和公务员，他以卓越的技巧将这些特质展现得淋漓尽致。②他有感情极深的妻子和 7 个孩子，还有一群对其非常关心的知交好友。1850 年，时年 62 岁的皮尔不幸坠马身亡，举国为之哀

---

① Salaman, 1985, p. 314.

② Woodham-Smith, 1962, p. 37.

悼——"从女王陛下到最卑微的劳工"——这是一场完全出乎意料的情绪爆发。根据查尔斯·格雷维尔的记载，尽管他知道皮尔在全国范围内颇具影响力，但他"完全没有意识到，这种影响力会像现在显示出来那么深刻、强大和普遍"。卡莱尔同样写道，整个国家"对这位伟人满怀深沉的感激之情，但他本人在世时却对此一无所知"。尽管哽咽难言，惠灵顿（Wellington）公爵仍然坚持在上议院发表了演讲，赞扬皮尔对于坚持真理的热爱，仿佛对于政治家来说，这是非常难能可贵的品质。甚至就连曾经对皮尔大加批判的人也为自己的反应而感到惊讶，其政敌托马斯·麦考莱（Thomas Macaulay）写道："我从未想过，自己竟然会为皮尔的逝世而伤心落泪。"①

　　罗伯特·皮尔的父亲是英国最早的（也是最富有的）棉纺织商之一，在 1790 年代，老皮尔就已经雇用了大约 15000 名工人，每年向政府缴纳各类税费超过 4 万英镑。有了这样的家族传承，皮尔对可能影响工业繁荣的相关问题非常了解。1800 年，随着家族被授予贵族爵位，随之而来的是大量乡村地产，皮尔对土地利益同样愈加精通。皮尔是一个家财丰厚的人，从孩提时代起，他就习惯于养尊处优的生活，在父亲于 1830 年去世后，皮尔的年收入超过 4 万英镑。皮尔举办的宴会以其质量和风格而颇具盛名——每次大约 20 到 30 名宾客，由一组身着橙色和紫色制服的仆人招待。根据一位传记作家的记载，就连一向以不懂礼数著称的迪斯雷利（Disraeli）也对皮尔的招待印象深刻："晚餐令人惊讶的丰盛"，他对妹妹说，"第二轮菜包括了干橄榄、鱼子酱、丘鹬派、鹅肝酱，以及各种腌鲱鱼的拼盘等等，真是

178

令人印象深刻"。①

　　1845 年 8 月，皮尔政府接到了第一份关于爱尔兰因土豆作物患病而面临饥荒威胁的消息，这是对于时任内政大臣詹姆斯·格雷厄姆（James Graham）爵士之前发出的关于今年土豆预期产量的问询的回复。这种问询本来是常规操作，主要是为了估算在即将来临的冬天中全国的粮食供应状况。但随着英格兰东南部和伦敦周边地区粮食作物"受损严重"和"完全被毁"的报告不断传来，担忧开始逐渐升温。与此同时，在怀特岛②（Isle of Wight）、比利时、荷兰和法国等地，也同样传出了类似灾难爆发的消息。

　　1845 年 8 月 23 日，享有盛名的《园丁纪事报》（Gardeners' Chronicle）发表声明："在土豆作物中爆发了一种致命的病害"，"除了英格兰北部之外，我们到处都能听到这种重要作物突然被毁的消息；比利时的农田据说已经完全荒芜；甚至就连考文特花园市场③也几乎无法找到一个完好的样本……"英国当局深知，如果这种病害继续向北一路传播，后果将不堪设想。3 周之后，他们的担忧得到了证实。9 月 12 日，《园丁纪事报》暂停了原定内容的出版，转而刊登消息："我们非常遗憾地停止原刊出版，目前，土豆瘟疫已经明确在爱尔兰登陆，都柏林周边的土豆作物正在突然枯萎……在土豆普遍腐烂绝收的情况下，爱尔兰将何去何从？"④的确，何去何从呢？

　　但至少在接下来的一两个星期里，希望尚未完全断绝。政府收到

---

① Gash, 1976, p. 189.

② 怀特岛，是英国南部海岸近海处的一个岛屿。——译注

③ 伦敦著名市场，现为集菜市场及购物商场于一身的商业中心。——译注

④ *Gardeners' Chronicle*, 12 September 1845, editorial.

了一些有关爱尔兰局势的正面报告，10 月初，内政大臣甚至重拾信
心，留下了这样的记录："一些来自爱尔兰的言过其实的报告引发了
我们的过度担忧，尽管土豆作物受到了一定破坏，但其产量不会显著 　179
低于平均水平。"与此同时，爱尔兰警队的全部工作人员也接到了指
示，要求每周汇报各自辖区内的土豆作物状况，但他们获取的情报并
不乐观。当收获季节来临时，除了土豆作物全数遭到破坏之外，警察
几乎没有其他情况可以汇报。

爱尔兰总督黑茨伯里勋爵（Lord Heytesbury）自都柏林发回报
告，表示当地疫情非常严重，需要政府密切关注，皮尔随即派遣了
一个科学委员会前往调查，成员包括植物学家约翰·林德利（John
Lindley）博士（同时也是《园丁纪事报》的编辑）、化学教授莱
昂·普莱费尔（Lyon Playfair）博士和同为化学教授的罗伯特·凯恩
（Robert Kane）爵士。他们没有浪费时间，事实上，根本不需要多么
深入的调查就可以得出结论：爱尔兰土豆作物的一半要么已经被毁，
要么就要被毁。在 10 月下旬写给皮尔的信中，普莱费尔指出，"爱尔
兰的现状让人满怀愁思，必须用极为严肃的角度来看待"，"我们确
信，之前收到的关于爱尔兰土豆疫情的报告并非言过其实，而是过分
乐观……我很抱歉给您传递了如此沮丧的信件，但是我们不能自我
隐瞒，实际情况比公众想象的要糟糕得多"。①

与此同时，针对如何缓解一旦土豆完全被毁所引发的爱尔兰大
规模饥荒，皮尔和内政大臣詹姆斯·格雷厄姆爵士交换了意见。1845
年 10 月 13 日，皮尔在一份备忘录中评估了所有可能的选项，最终得

----

① Woodham-Smith, 1962, pp. 35-36, 39-40.

出结论，必须向爱尔兰供应谷物，而为了实现这一目的，"消除谷物
进口障碍是唯一行之有效的解决办法"。同日，格雷厄姆也给皮尔提
出了建议：

> 我们可以轻而易举地从美国进口玉米，而且价格低廉，但是，如
> 果免除了进口玉米的税费，我们将难以招架那些盛行一时的反对意
> 见：当上帝为其子民提供了他们所习惯的食物时，为什么这些人类的
> 主要食物 —— 面粉和燕麦 —— 需要通过人为手段以限制供应？我们
> 免除关税合理吗？以后还能重新开征这些一度免征的税种吗？如果爱
> 尔兰人民因缺乏食物而陷入绝境，他们是否应该维持现有的极低生活
> 水平？ ①

皮尔和格雷厄姆不约而同提到的进口障碍是《谷物法》的存在。
该法律要求对英国进口谷物征收高额关税，以确保其价格不会低于本
180 土农产品。这一法律显然人为抬高了谷物的价格，而且，正如格雷厄
姆所指出的，为了养活饥饿的爱尔兰人而免征关税，将不可避免地引
发英格兰贫困家庭理应享受同等福利的呼声。

形式各异而实质类似的《谷物法》已经实施了好几个世纪，其目
的是为了保护地主的收入，他们往往占有大量土地，生产了全国大部
分小麦和其他谷类作物（统称为谷物）。根据这一法律规定，只有在
本土谷物由于产量不足和需求高涨导致价格被抬升到极高水平时，才
允许国外谷物进口，而且需要征收高额关税，进口谷物因之总是比本

----

① McLean and Bustani, p. 820.

土谷物更贵，消费者完全被剥夺了获取廉价谷物的资格。此外，由于国内谷物需求格外旺盛，只有丰收才能勉强满足，在缺乏竞争的情况下，本土谷物绝无滞销之虞。因此，只要《谷物法》仍然保留，地主们就可以从自己拥有的土地中获得可观的回报。

支撑《谷物法》运作的基本逻辑是，主食的生产必须始终是一项有利可图的事业，从这一立场出发，在生产者能够收回全部成本并且获得足够利润——也就是有利可图之前，消费者没有任何理由期待食物价格的下降。在之前的几个世纪里，这种设想可能都是合理的，毕竟当时 90% 的人口都在土地上辛勤劳作，过着基本自给自足的生活；在这种情况下，一定程度的保护有助于吸引对发展大型农业企业的投资，其带来的好处无疑会渗透到整个国民经济之中。但在 19 世纪，随着工业化的快速发展，越来越多的民众开始购买而非种植自己的食物，《谷物法》的弊端日益凸显：当廉价谷物可以从欧洲大陆、波罗的海、加拿大和美洲进口时，为什么英格兰的面包仍然在以奢侈品的价格出售？

尽管土豆已经取代谷物成为爱尔兰贫民的主要食粮，而且得到了英格兰工人阶级的日益青睐，但对面包的渴望——作为英国人理应享受的一种合法权利——仍然强烈到足以在《谷物法》存废之争上分裂整个国家。地主和议会中的保守派议员对这一法律的支持根深蒂固，但是规模迅速扩大的劳工阶级的反对意见同样与日俱增，很快，就连后者的雇主也开始积极加入反对的一方。他们意识到，相关法律的废除不仅意味着得到廉价食物的工人会降低对更高工资的诉求，而且还将彻底打开自由贸易的大门，从而使资本家获得更为廉价的制造原料和更为广阔的商品市场。曼彻斯特商会很快就向议会发起了正式请愿，并采取行动将反对派的力量团结在一起。1838 年，在棉纺织商理查德·科布登（Richard Cobden）和约翰·布莱特（John Bright）的政治领导之下，反谷物法联盟正式成立。

反谷物法联盟发起了声势浩大的宣传动员运动，但就在他们努力争取全国民众支持的同时，议会——作为一个"捍卫传统和既得权利的堡垒"——同样保持团结一致。反对废除《谷物法》的议员人数极为惊人。即使在 1832 年《改革法案》①（Reform Bill）已经做出了有利于工厂主和中产阶级利益的改变之后，下议院 90% 的议员席位仍由地主的代表所占据，上议院更是完全由势力强大的地主组成。② 局面一度陷入僵持。尽管出于人道主义和经济方面的考虑，全国大多数人都在为废除上述法律而大声疾呼，但即使是私下对这一提议表示赞同的议员（人数相当不少）也不敢公开表达自己的观点，因为他们害怕激怒选区中的地主。塞西尔·伍德汉姆-史密斯认为，除了内战之外，英格兰历史上还没有过什么事件像废除《谷物法》这样引起了如此之大的反响。③ 没有一位资深政治家愿意承担提议废除这一法案的风险，但是爱尔兰饥荒的不断恶化改变了态势，正如反谷物法联盟的领导人约翰·布莱特后来所指出的，"我们正在与之对抗的饥荒，最终成为我们的助力"④。

然而，至少在短时间内，许多政治家仍然没有严肃对待有关爱尔

....

① 《改革法案》是英国在 1832 年通过的关于扩大下议院选民基础的法案，其改变了下议院由保守派独占的状态，加入了中产阶级势力，是英国议会的一次重大改革。——译注

② McCarthy, 1879, vol. 1, p. 349.

③ Woodham-Smith, 1962, p. 45.

④ 转引自 Stakman, 1958, p. 17。

兰土豆歉收的报告。到了 1845 年 10 月下旬，皮尔和格雷厄姆无疑已经意识到，今年土豆的歉收将导致来年种薯的缺乏，从而使得对食物救济的需求仍将持续。在 11 月 1 日举行的内阁会议上，皮尔向同事们提出了这个难题：

> 我们是否应该维持《谷物法》的实施？
> 我们是否应该修改《谷物法》的实施？
> 我们是否应该暂停《谷物法》的实施？
> 我们是否可以在维持现行的对谷物自由进口的限制的同时，由于正在发生或可能发生的短缺，为部分民众的基本生计投入公共资金？
> 我必须要说，我们不能这样做……①

这种逻辑上的冲突是无法避免的：在未来的很长时间里，爱尔兰都需要耗费大量公共资金以提供规模空前的救济，在这种情况下，如果贸易保护主义仍然把谷物价格人为地维持在高位的话，对于必须承担赈灾支出而又支付谷物溢价的英格兰消费者无疑极不公平。皮尔认为这是无法容忍的，但是其保守党政府的同僚们却有不同看法。皮尔写道："内阁以非常明显的多数票否决了我向他们提出的建议，只有 3 人赞成我的意见。"但是，皮尔随后采用的说服策略发挥了作用，在当月晚些时候举行的一次会议上，除了 2 人之外，全部内阁成员都同意了皮尔的提议。作为一名极为保守的内阁成员，上议院议长惠灵顿公爵的转变居功至伟。当然，惠灵顿公爵的倒戈，并非由于其在皮尔的劝

182

---

① McLean and Bustani, 1999, p. 820.

说下赞成废除《谷物法》，而是因为他相信，如果皮尔无法如愿以偿，整个政府都会垮台。公爵曾经向一位朋友私下透露，爱尔兰的"烂土豆搞砸了一切"，"它们把皮尔吓得要死"，乡间绅士们也都失魂落魄。[1] 较之私下的激烈表态，公爵向内阁提交了一份更为温和的备忘录：

> 我认为，《谷物法》以其现存状态延续对于本国农业至关重要，尤其是对爱尔兰的农业……但是，一个对国家有利的政府要比《谷物法》或者其他任何事项更为重要，只要罗伯特·皮尔拥有女王陛下和公众的信任，并有能力履行职责，他所领导的政府的施政方针就必须得到支持……我诚恳地建议内阁支持皮尔，我代表我自己宣布，我会支持他。[2]

有了内阁的支持，现在皮尔还要说服议会，包括皮尔所在党派的很多成员在内，议员们仍然坚决反对废除《谷物法》。尤其是随着皮尔的政治意图被泄露给媒体，议会更加兴起了一股谴责皮尔背叛的浪潮。的确，在议会和全国各地的大型庄园中，议员和地主们不曾忘记，仅仅在不到 6 个月之前，皮尔对他现在正打算提出的议案曾经明确表示过反对意见。事实上，要求完全废除《谷物法》的议案每年都会被提交给议会，然后引发一场十分激烈的辩论；这已经成了每年的惯例，而由于这一议案必然会遭到否决，政府的资深成员甚至往往不需要出席，更不必参与辩论。但是作为首相的皮尔本人曾经公开反对

---

[1]　Greville, 1927, vol. 2, p. 179.

[2]　转引自 McLean and Bustani, 1999, p. 822。

该议案。在议会的发言台前，皮尔宣布："考虑到这一事项的重大意义，以及我所处的立场，我不愿意对这个提交议会的迫切问题进行秘密表决。"他随后发表了一次长篇演讲，必须指出的是，与其说其演讲内容是支持《谷物法》本身，不如说是陈述反对废除《谷物法》的理由。皮尔最后总结："我将对这一议案投出坚决的反对票。"废除《谷物法》的动议最终以 132 票的劣势被否决。①

　　皮尔对废除《谷物法》的激烈反对发生于 1845 年 6 月，而现在是 1846 年 1 月，爱尔兰人民正处于饥饿之中。实际上，皮尔的真正意图是以爱尔兰危机为契机，对国策进行重大调整，其影响在当时与黑斯廷斯战役或《大宪章》(*Magna Carta*) 难分伯仲。②《谷物法》的废除开辟了自由贸易时代，确立了 19 世纪晚期英格兰工业经济的蓬勃发展。事实上，这一事件也是英格兰从小型农业国家转变为富有工业强国的关键。这本身就是历史性的时刻，但它同时也是由土豆引发重大政治事件的一个杰出范例。

　　皮尔本人否认"是爱尔兰饥荒带来的残酷和无助使其下定决心废除《谷物法》"这一说法，而是声称自己"逐渐确信这些法律在原则上是错误的"。也许确实如此，但和其同时代的人显然认为，如果没有爱尔兰饥荒的威胁，改变相关法律的时机可能会被无限期推迟。③毫无疑问，皮尔在雄辩的演讲中大量引用了来自爱尔兰饥荒的信息，以此说服不情不愿的议会投票废除《谷物法》。1846 年 3 月 27 日，一场激烈的情感爆发使皮尔的演讲达到高潮：

183

---

① 　Peel, 1853, vol. 4, pp. 528-530.

② 　关于这一问题的启发性讨论，可以参阅 Lusztig, 1995。

③ 　McCarthy, 1879, vol. 1, pp. 366, 359.

难道你还在犹豫是否需要防范可能发生的饥荒，因为它也可能不会到来吗？难道在如此极端的情况下，你还打算指望运气吗？或者说，我的上帝！难道你还要坐在斗室之中去考虑和计算，在你不得不向民众供应食物之前，他们还能忍受多少次腹泻、血漏和痢疾吗？这些预防措施可能并非完全必要，但一旦面临风险，预防措施不就派上用场了吗？难道在预防过度方面犯错，不比完全忽视预防工作更好吗？[①]

1846 年 5 月，废除《谷物法》的法案（对受到影响的地主给予补偿）以 98 票的多数得到通过 —— 在执政的保守党中，有三分之二的人投了反对票；但是全部反对党成员都投了赞成票。上议院（有权直接否决这一法案）的转向则更加引人注目，惠灵顿公爵使绝大多数乡间绅士们相信，一个良好政府的稳定要比《谷物法》的存废更加重要。而且，公爵进一步指出，无论如何，即使废除《谷物法》的法案此次未能通过，这个问题只会在下一届议会时再次出现。[②]

在忙于政治斗争的同时，皮尔并未忽视爱尔兰面临的困境。早在废除《谷物法》议案提交议会之前，皮尔就已经开始安排将谷物通过海运送往爱尔兰受灾最严重的地区。在未经内阁或议会批准的情况下，皮尔凭借个人声望说服了银行家托马斯·巴林（Thomas Baring）爵士，从美洲秘密购买了价值 10 万英镑的玉米运往爱尔兰，这也是政府援助计划的第一批物资。1846 年 3 月，这些谷物如期到达，并开始投入赈灾，这比谷物免税进口法案的通过早了 2 个月。

① Peel, 1853, vol. 4, p. 639.

② McLean and Bustani, 1999, p. 825.

讽刺的是，在《谷物法》废除之后的几周时间内，谷物价格反而达到《谷物法》施行过程中罕见的高点 —— 仅仅是由于对爱尔兰的救济给谷物市场带来了巨大的需求。雷德克里夫·萨拉曼引用了当时一位作家的记录，英格兰总共为爱尔兰购买了价值 3300 万英镑的谷物。[①] 投机生意极度盛行，"好像整个世界的谷仓都被用来存储小麦、燕麦、大米和玉米 —— 只要是任何饥饿的爱尔兰人能吃的粮食"。谷物炒家以比几个月前（当时《谷物法》仍在实施）高出 1 至 2 倍的价格从国内外购买谷物期货，几乎耗尽了全国的黄金储备，甚至威胁到了作为中央银行的英格兰银行的财务稳定。当时，由于"铁路狂热"（得名于那些头脑清醒的评论人士）所带来的旺盛金融需求，英格兰银行本身已经承受了相当巨大的财政压力。

1825 年，世界首条商业铁路在英格兰斯托克顿（Stockton）和达灵顿（Darlington）之间正式运营（路线全长 40 公里），在经过缓慢的起步阶段之后，到 1840 年代早期，铁路每年运送的旅客数量已经超过了 500 万人。在随后的数十年间，这一数字还要膨胀 20 至 30 倍。[②] 遍及全国的机械化交通系统究竟能为工业经济发挥什么作用？在 1840 年代中期"铁路狂热"到达顶峰时，这种对于未来的美好预期深深影响了整个国家，在当时英格兰国内的全部投资中，超过 60% 与铁路有关。[③] 在民众期望快速而又轻易地获取回报的投机心理驱动之下，股票市场陷入疯狂之中。

在铁路建设的第一波热潮掀起之后，大部分吸引投资的铁路项　185

[①]　Salaman, 1985, p. 299.

[②]　Vance, 1986, p. 216.

[③]　Boot, 1984, pp. 4, 7.

目主要集中于在本地城镇和铁路干线之间建设支线，但是敢于冒险的投机者则把目光投向了更远的地方。根据金融记者莫里尔·埃文斯（Morier Evans）的报道，"他们打算给整个地球围上一圈钢铁腰带"，"遥远的印度正越过海洋向他们示好，中国也在倾听投机者的花言巧语，铁路机车的汽笛不久就将响彻古希腊神庙和祭坛的断壁残垣"。当时甚至还有准备将铁路交通的种种好处带到地形崎岖的加勒比群岛的计划，譬如圣基特岛（St Kitt）："这个岛屿 15 英里长，4 英里宽，河流源自岛屿中央的群山，山峰之间遍布着嶙峋的怪石、可怕的悬崖、茂密的树林和富含硫磺的泉水……"[1]

　　1845 年秋季，狂热情绪达到了顶峰：仅 9 月就注册了 457 个铁路建设项目，10 月又注册了另外 363 个，全年项目总数最终达到了 1035 个。而随着《泰晤士报》"揭破了弥漫全国的癫狂"，铁路狂热的不可思议逐渐暴露出来。根据 11 月的统计，全国总共成立了 1428 家铁路公司，累计账面价值超过 7 亿英镑，《泰晤士报》认为，这些公司中的四分之三其实一文不值，但是所有这些公司：

　　都充斥着大量的骗子和受骗者……毫无用处的杂草也能枝繁叶茂，在一定程度上暗示了那些绝对无利可图的建设计划为何会大受欢迎。一文不值的股票的荒谬溢价和普罗大众的轻信或者说贪婪，共同促使一群冒险家匆忙扔出了他们的诱饵和渔网，等待着一场掠食盛宴。如果这里不是一片猎物众多的浅滩，你就看不到这么多出海的渔夫。[2]

----

① Evans, 1849, p. 9.

② 转引自 Evans, 1849, p. 23。

10 月，泡沫最终破裂，铁路股票价格开始下跌，恐慌随之爆发，民众争相逃离资本市场。

及时止损无疑是正确的，而部分行动迟缓的愚昧的受害者则迅速被资本收割，就像镰刀下的韭菜一样……有些人可能仅仅投入少许资金，就凭借抵押在某家铁路公司中获取了 200 股，为的是迅速获取价值 20 股、10 股，或者哪怕像以前一样不超过 5 股的收益，但随着泡沫破裂，他们不但无利可图，反而需要缴清之前认购的全部股本。[①]

投资者必须缴纳这些资本。对于其中很多人来说，破产是唯一的选择。而在狂热褪去之后，大量毫无价值的铁路公司逐渐销声匿迹，少数幸存者则通过合并成为今后主导整个行业的巨头。

但是，即使在投机热潮最为肆虐时，铁路也确实在不断铺设和投入使用。1840 年代，英格兰共计批准了建设铁路 1 万英里的计划，其中仅 1846 年就批准了 4538 英里。到了 1847 年，处于建设之中的英国铁路轨道长达 3907 英里，为了建设这些铁路，256509 名工人找到了工作，煤、铁和砖产量也因之得到了大幅增长。显然，铁路建设对于快速发展的工业经济极为有利，但却将国家的财政资源拉到了崩溃的边缘。1847 年，修建铁路每月平均需要花费 430 万英镑的股本和借款。[②]

随后，就像时来运转一样，爱尔兰土豆长势喜人的消息开始传

---

① Evans, 1849, pp. 11, 28.
② Boot, 1984, pp. 7-8.

播。尽管大概只有八分之一曾经种植土豆的地区重新栽下了土豆（种薯来自于躲过了1846年疫情的苏格兰农民），但在1847年的整个土豆生长季，爱尔兰的天气状况都很好，土豆因之茁壮成长。这恢复了人们对于土豆的信心，并且使大多数人深信，之前几年土豆歉收的原因是由于湿气过重、阴雨连绵和气候太过温和。1847年的土豆收成也被认为有望好于平均水平，而受到粮食供应可能充足的预期影响，谷物价格大幅下跌。恰在此时，投机商人们数月前以高价购入的进口谷物开始抵达港口。

那些押注谷物价格将持续保持高位的投机商人现在发现，自己甚至无法在谷物贸易中收回成本，而在银行同样面临沉重压力的情况下，炒家除了破产别无选择。1847年9月，20家公司宣布倒闭，其债务总额接近1000万英镑。①10月，随着危机进一步发酵，又有99家公司被迫歇业，其连带效应甚至摧毁了11家乡村银行和利物浦3家最大的银行。所有伦敦银行都得以幸存，但由于负面影响已经蔓延到整个金融体系，各个领域的商业危机同时爆发——谷物进口、股票交易、保险经纪、丝绸买卖，甚至囊括了海外贸易的所有分支。

英格兰银行最终承担了控制危机和恢复金融市场秩序的责任。在1944年出版的对英格兰银行历史的讨论中，约翰·克拉彭（John Clapham）爵士雄辩而详尽地论述了英格兰银行当时采取的策略，然而，并非英格兰银行的全部行动都得到了随后调查此次危机的财政委员会的批准，而且出于自我辩解的目的，约翰爵士声称，英格兰银行只能对1844年至1847年的商业灾难承担部分责任。他承认，某些政

187

---

① Evans, 1849, p. 75.

策和错误可能是灾难的促成因素，但英格兰银行对"铁路狂热"显然不负其责，也无法对作物歉收和爱尔兰土豆饥荒等不可抗力承担责任。约翰爵士认为，这些才是 1847 年灾难的直接"诱因"。[①]

----

① Clapham, 1944, vol. 2, p. 213.

第3部分

世　界

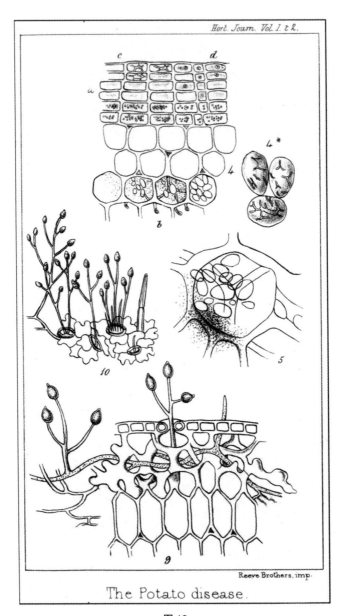

Reeve Brothers, imp.

The Potato disease.

图 12

第 12 章　致命的疾病

在 1845 年和 1846 年的土豆歉收和爱尔兰饥荒爆发之前，土豆对病害的高度易感性就已经引发了一定关注。1760 年代，一种名为"卷曲"①（curl）的土豆病害出现，并在 10 年内迅速扩张，以至于威胁到了英格兰北部大部分地区的土豆栽培。欧洲其他地区也大多爆发了类似的疫情。譬如，1770 年，这一病害蔓延造成了爱尔兰土豆的严重损失，当地被迫进口大量谷物，以养活那些因为土豆减产而可能挨饿的民众。

18 世纪的农民将土豆出现卷曲现象归咎于自然退化，这一理论认为，任何植物在驯化一段时间之后都会不可避免地恢复其野生状态，年复一年的繁殖会使其愈发远离最初的驯化状态。但是和其他驯化植物相比，土豆似乎退化得太快了一些，而且地区之间的退化速度也有差异。在英格兰南部，当今年重新栽培去年曾经大获丰收的土豆品种时，卷曲现象可能就会出现；而在天气更冷、海拔更高的苏格兰，农民却不会受到这种病害的困扰。但即使将苏格兰的土豆品种引入南方，也只能维持一年左右的正常状态。根据一位英格兰农场主的记载，"1798 年，我种植了 6 英亩这种苏格兰土豆，几乎没有发生卷曲现象"，但是"到了第 2 年，我在大约 1.5 英亩的土地上重新种下

---

① 其表现为土豆植株变矮、叶片卷曲、块茎变小。——译注

了同一种土豆，至少六分之一的土豆植株都感染了这种病害"。①

现在我们知道，卷曲现象和其他类似病害都是由病毒感染引起，这些病毒通过蚜虫在作物之间传播。苏格兰栽培的土豆之所以没有感染，是因为蚜虫无法在寒冷的北方存活；但如果把同一种作物移栽到南方，则注定难逃蚜虫的危害，从而感染这种病毒性疾病。由于缺乏上述知识，18 世纪的农民认为这是一种土豆的退化。当时德高望重的专家建议，解决这一问题的方案，是从土豆起源之地获取野生品种，对其重新进行驯化。事实上，英国皇家园艺学会创立之初，就把这一工作视为其首要任务之一。1805 年 4 月 2 日，在学会的成立大会上，即将上任的会长托马斯·奈特（Thomas Knight）发表了讲话：

> 我们能否查明那些引发园丁和农学家关注的植物的原初状态？我们能否追溯每种植物在代际演化过程中人为或自然产生的各种改变？几乎没有什么研究能比这些问题更加有趣……
>
> 我们知道，美丽的花卉和可口的果实都是对植物进行改良的必然产物，植物子代或多或少遗传了亲本的特性。森林中朴实无华的野苹果就这样变成了金冠苹果；如今种类繁多的李子，也都是由原生的黑刺李演进而来……因此，我们几乎可以很有把握地得出结论，在我们面前还有大量尚未开发的领域有待发现和改良，如果运用得当，自然无法对我们劳动的结晶产生任何限制。
>
> 但是，我们目前没有任何情报，可以获得指导我们开展调查的足够资料；我们仍然对那些最为重要的植物的起源之地一无所知，也不

---

① Glendinning, 1983, p. 48.

能确定其在野外如何生存。①

在皇家园艺学会关注的全部植物中，土豆是最为重要的一种，但是，由于缺乏野生土豆的相关信息，获取原生品种的进展始终不如人意。可以肯定的是，驯化土豆最初是在 16 世纪由西班牙人从南美洲带到欧洲来的，但即使到了 19 世纪，人们对于究竟能在哪里找到野生土豆仍然毫无头绪。

有人认为，野生土豆品种一直在智利默默生长，但亚历山大·冯·洪堡（Alexander von Humboldt）在实地考察之后指出（从 1799 年到 1804 年，这位地理学家一直在南美洲探险，其间自东向西翻越了安第斯山脉），尽管在南美洲所有温带地区都可以发现栽培土豆的踪迹，但是野生土豆并非秘鲁或者任何科迪勒拉山系热带地区的原生作物。② 在墨西哥或北美洲西南部，洪堡同样没有见过或听说过野生土豆。③

洪堡上述关于野生土豆的看法是一种严重的（和不同寻常的）误导，因为我们现在可以在这片地区发现各种各样的野生品种，洪堡所处的时代当然也不例外，我们只能假设，是洪堡不小心错过了这些土豆。

与此同时，托马斯·奈特更为关注的，则是土豆成为英格兰农业劳动力主要食物的惊人速度。奈特发现，1765 年，英格兰的日常饮食通常包括面包、奶酪和一些植物（主要是卷心菜），而在 10 年之

193

① Knight, 1805. Knight 演讲的具体内容和后来公开出版的内容有所不同。

② *Sturtevant's Notes on Edible Plants*, p. 545.

③ Humboldt, 1811, vol. 2, pp. 484, 489.

后，土豆已经变成了菜谱的主人。[1] 在园艺学会于1810 年举行的一次会议上，奈特发表了自己的研究结论，1 亩土豆田能够产出相当于 8 亩小麦田和 40 亩牧地的食物。其更为明显的优点是，土豆在民众健康方面发挥了巨大的改善作用，人们的寿命正在增加。[2] 当然，土豆也并非无懈可击。奈特以令人战栗的先见之明表达了对于土豆所带来的人口增长速度的警告，这一问题在爱尔兰尤其突出。

园艺学会秘书约瑟夫·萨宾（Joseph Sabine）后来对相关问题开展了进一步研究。他在 1822 年指出，除了小麦和水稻之外，土豆已经成为（全世界范围内）"最常被用作人类食物的植物"，而且有望迅速成为人类生活中最重要的主要食粮。萨宾向园艺学会表示，由于土豆"非常容易受到季节性病害"，而且"无法储存超过几个月"，土豆的扩张可能会导致人口的大幅增加，但并不一定会强化人们的幸福感。[3] 萨宾同时对人们过度依赖土豆的前景做出了警告，"只要土豆成为了一个国家主要的或唯一的食物支柱，这种作物的普遍歉收将不可避免地导致饥荒和一切灾难，这种影响的深入程度可能会远远超出病害本身"。

为了"挑选和获取不同种类的土豆"，萨宾敦促园艺学会不断寻找和进口新的品种，并要求备选的土豆品种"不仅口感上佳、产量喜人，而且不易在成长过程中受到因天气改变的负面影响，同时还可以保存很长时间……"新大陆的通讯员们都接到了园艺学会的任务，从 1820 年代开始一直到 40 年代，先后有好几批野生和驯化土豆从智

---

① 引自 Glendinning, 1983, pp. 486-487。
② Knight, 1810.
③ Joseph Sabine, 1822, pp. 257-258.

利、秘鲁和墨西哥出发，并按期抵达英格兰。这些土豆在园艺学会的
花园中茁壮成长，学者们试图对欧洲驯化土豆和外来野生品种进行杂
交以改善前者的发育状况，但这一尝试以失败告终，主要原因是用来
杂交的野生品种是完全不育的。[①]

通过将野生土豆品种栽培到辅以大量粪肥和其他肥料的肥沃土　194
壤之中，以将其转化为驯化土豆的尝试同样没有取得成功。这些新
型土豆的植株发育相当茂盛，也长出了极为茂密的茎叶和花朵，但
最重要的块茎却乏善可陈，甚至没有一个块茎的尺寸能够"比芸豆
的种子更大"[②]。

实验迟迟无法获得进展，然而托马斯·奈特在 30 多年前警告过的
灾难却已经成为现实。在爱尔兰爆发的惨剧面前，皇家园艺学会希望
发现和培育能够抵抗疾病侵袭的土豆品种的努力，逐渐变得无足轻重。

尽管 1845 年爆发的土豆病害使整个欧洲为之震惊，但实际上，
这种彻底摧毁土豆的灾难此前已经在北美地区肆虐了两年之久。第
一次爆发是在 1843 年，首先出现于靠近美国东海岸的费城和纽约附
近的港口，到这一年结束时，病害影响的区域已经从最初长约 300 公
里的海岸沿线向内陆扩散了 600 公里。而在接下来的一年，病毒又
从各个方向分别向前推进了 150 公里，并穿越伊利（Erie）湖和安大
略（Ontario）湖，蹂躏了位于加拿大边境地带的农场。1845 年，病
毒继续"高歌猛进"，不仅向西 400 公里到达密西西比河，而且向北

---

①　Hawkes, 1958, p. 257.

②　Lindley, 1848, p. 67.

300 公里直抵圣劳伦斯湾（Gulf of St Lawrence）。在短短 3 年时间里，病害从为数不多的几个东海岸农场开始向外传播，最终感染了西至美国伊利诺斯州、南至弗吉尼亚州、东至加拿大新斯科舍省（Nova Scotia）、北至安大略省的广阔范围，在东西长达 2500 公里、南北长达 1000 公里的疫区之内，没有农场得以幸免。[①] 随后，病毒越过了大西洋。

起初人们相信，如果这种病害有外部成因的话，可能要归咎于从南美洲西海岸引入的海鸟粪，1830 年代，美洲和欧洲的农民开始将其作为肥料使用。然而，到了 1990 年代，导致病害的微生物产生和变异的最初根源，被追溯到了墨西哥中部高地的一个山谷。[②] 几个世纪之前，病毒从墨西哥传入南美洲，又于 1841 年到 1842 年随着一批土豆蔓延到了美国 —— 蒸汽船的发明和冰的使用得以避免土豆迅速变质，这一技术进步很快促进了土豆国际贸易的发展。

当美洲于 1843 年首次遭遇这种新型病害侵袭时，比利时土豆生产的核心地区西佛兰德斯省（West Flanders）的农民们仍然在和土豆的传统宿敌进行斗争。他们的土豆当时正受到我们现在已经了解的病毒病和干腐病的严重影响，收成一塌糊涂。因此，为了恢复土豆的活力，省议会批准从美洲进口一批新型的土豆种薯。[③] 悲剧仿佛命中注定，在 1843 年和 1844 年冬天穿越大西洋的土豆中，相当数量的块茎已被感染。

1844 年，这种病害的波及范围还没有引发欧洲的普遍关注，但

①　Bourke, 1964.

②　Niederhauser, 1991.

③　Andrivon, 1996.

到了 1845 年，由于整个春季和初夏的气候始终温暖潮湿，营造了病害滋生的温床。1845 年 6 月底，在安特卫普西南约 100 公里处的比利时科特赖克（Courtrai）地区首次出现了病害传播的消息。到了 7 月中旬，不仅整个佛兰德斯地区都遭到了感染，与之接壤的荷兰和法国的邻近地区也已出现苗头。病害蔓延迅速，其向东发展的脚步最初为阿登（Ardennes）高地所阻，但迅速自北侧绕过山区，在侵袭卢森堡的同时打开了东侵通路。8 月中旬，巴黎传出了周边发现病害的最早消息，那时，下莱茵省（lower Rhineland）、法国西北地区、海峡群岛（Channel Islands）和英格兰西南地区也已在劫难逃。9 月中旬，灾难不仅传至丹麦，而且征服了英伦三岛：病害一面穿过英格兰和威尔士，抵达了苏格兰边境；一面越过爱尔兰海，开始蚕食爱尔兰东部各郡。10 月中旬，病害最终抵达了位于爱尔兰极西的康纳马拉，整个欧洲的全部土豆都已被毁。在最严重的时候，病害在欧洲感染了西至爱尔兰西海岸、东至意大利北部、南至西班牙北部、北至挪威和瑞典南端的辽阔疆土，东西长达 1600 公里，南北长达 1800 公里。在短短 4 个月时间里，面积超过 200 万平方公里的土豆田完全荒芜，这是前所未有的危机。无论汪达尔人[①]（Vandal）还是黑死病，谁也没有如此迅速、深入地横扫欧洲。

这场土豆病害在爱尔兰引发了饥荒，也促进了一项救济计划的出台，在那个年代，这一计划确实是"为了克服遍及全国的饥荒而进行的最伟大的尝试"[②]；但是，对于欧洲每一个在某种程度上依赖土

[①]　汪达尔人是古代日耳曼人的一支，一度洗劫罗马，"汪达尔人"也因之成为破坏的代名词。——译注

[②]　Trevelyan, 1880, p. 65.

豆的农场主、菜农和家庭来说，土豆歉收始终是一场灾难。民众既
没有其他作物可供选择，也缺乏可以渡过难关的积蓄。只有极少数
土豆种植者未受疫情波及。我们目前已经无法查证，在公众为爱尔
兰灾情而筹集的 150 万英镑捐款中，这些幸免于难的农民贡献了多
少。但是毋庸置疑，关于灾情救济的大量宣传使其颇为不满：他们
认为政府对其困境缺乏关注。他们可能会说，一切为当前的危机提
196 供救济的举措当然都很好，但是我们和土豆的未来怎么办？爆发了
这种规模的严重灾害，在关注其后果的同时，也需要对其成因采取
相应行动。这是什么病害？它从哪里来？它可以治愈或者消灭吗？
还是说，农民必须永远担忧病害还会再次面临？但是，英国政府认
为，自己没有义务关注这些问题。

　　土豆饥荒和《谷物法》的废除，放松了对爱尔兰救济谷物的进口
限制，但其更深远的影响在于使自由贸易的信条得以确立。尽管商业
危机时有发生，但自由贸易和制造业的全球垄断地位正在加速英国的
经济增长，以至于对土豆病害缺乏足够的关注。在那些观点足以影响
国策的权威人士之中，普遍存在着工业化必将造就一个伟大英国的坚
定信念，毫不夸张，在这样一种试图用自己的煤、铁、力量和智慧来
塑造国家未来的决心作用下，食物生产和国家福祉之间悠久而牢固的
联系开始日益削弱。在自由主义盛行的时代，一个对"自给自足"的
全新阐释诞生了：我们可以购买一切我们不能生产的东西 —— 用水
壶、棉衣、火车头之类的东西来交换。在这样的时代，既然工厂主、
商人和银行家都以自由放任为准则，为什么土豆病害不能同样自由放
任呢？对于那些本来应该调查病害本质和寻找治疗方案的人来说，也
是如此。

当时的英国政府没有农业部，也没有具有相应职权和资金的政府机构可以指派一个专家团队调查这一问题，与此同时，包括研究病害、提供预防或治疗建议在内的任何形式的政府服务同样付之阙如。在 1790 年代的家长式统治时期，英国曾经设有官方的农业委员会，也正是在其支持下，亚瑟·杨才得以对爱尔兰农业状况进行全面调查，但是这一组织始终为其创立者的个人热情所驱动，随着其支持者逐渐隐退，机构也失去了活力。1822 年，农业委员会遭到解散。尽管其又于 1889 年重建，但直到 1907 年，一项议会法案才给予农业委员会相应授权，使其得以任命农业技术人员对全国农作物的健康状况进行监督和汇报。[①]

1840 年成立的皇家农业学会本有可能对土豆病害展开调查，但其活动受到了学会章程中的一项条款的严格限制，这一条款规定："对于每一个可能涉及政治倾向的问题，学会理事会都将严格排除在研究对象之外。"对于农业学会的理事会和成员来说，由于他们主要由达官贵人和持有大量土地的乡绅组成，这一条款可能相当合适。学会成员对待农业的态度通常和地主对待恭敬的佃农的态度如出一辙 —— 保守、傲慢、专横，与此同时，他们对爱尔兰也缺乏足够的同情心。[②]

必须指出，皇家农业学会在牲畜育种、化肥使用和农业水平的整体提高等方面开展了大量有益工作；此外，它还组织了一年一度的农业展览，发表了不少关于土地所有制和农民劳动条件等主题的研究论

197

---

① National Archives at http://www.nationalarchives.gov.uk.Salaman, 1985, p. 172.

② Large, 1940, p. 141.

文，但其始终对农作物病害及其防治兴趣不大。针对此次土豆病害，学会的确组织了有奖征文，获奖作品也被刊登在《皇家农业学会会刊》（*Journal of the Royal Agricultural Society*）之上；但学会其实并没有意识到问题的严重性，也没有意识到调查和对抗此次土豆病害所需要付出的努力。

皇家园艺学会和其他一些更富科学色彩的团体，譬如皇家学会和林奈学会[①]，对土豆病害的关注同样有限。这些机构一向超然物外，缺乏现实关怀；缺乏规律的会议和出版物更使其与进展迅速的土豆病害始终存在距离。学术组织没有向真正在那片土地上劳作和生活的人们伸出援助之手；但在另外一边，《园丁纪事报》却做到了这一点，农场主和菜农们得以从其页面中寻找有关此次病害的信息，并且了解可以采取的措施。《园丁纪事报》是一份创办于 1841 年的周报，由植物学教授约翰·林德利担任主编，他也是前文所述罗伯特·皮尔派去调查 1845 年爱尔兰土豆病害的三人委员会的负责人。

1845 年 8 月 17 日，《园丁纪事报》首次报道了这种"致命的病害"，从而促使许多读者写信报告这种病害在当地的蔓延情况，并且咨询治疗建议。林德利在次周的报纸中直截了当地回答说：

目前没有任何治愈这种病害的手段。对于我们没有告知公众如何停止这场悲剧，一位通讯员表示愤怒；但是他应该意识到，人类没有权力阻止上帝的旨意。我们遭遇了巨大的灾难，但是我们必须忍受……如果天气变好，病害可能就此消失；如果寒冷的雨季持续下

---

① 林奈学会是为了纪念瑞典生物学家林奈而成立的科学组织，1788 年成立于伦敦。——译注

去，病害仍将四处蔓延。

林德利确信，此次病害的罪魁祸首，是1845年潮湿、寒冷而又沉闷的夏天：

整个夏季……土豆被迫浸入了过多的水分，低温阻碍了土豆对水分的消化，缺乏阳光又使土豆无法排出蓄积的水分。在上述条件的综合作用下，水分必然会在土豆内部滞留，腐烂就成了无法避免的结局……如果在连绵的阴雨中能透出一丝阳光，这种病害就不会出现；甚至哪怕雨一直下，仍然全无阳光，但只要气温稍微高一些，而不是像现在这么阴冷，病害可能也不会发生。各种不幸条件的联合作用造成了这场灾难。① 198

由于林德利卓越的声望和影响力，天气理论（欧洲大陆也已提出）在英格兰得到了广泛支持。在皇家农业学会组织的关于土豆病害的有奖征文中，全部3篇获奖论文的作者都是天气理论的拥护者，他们分别提出了一种可能引发土豆病害的气象原因。一位获奖者热情洋溢地阐释了其理论：

土豆并非唯一受到今年特殊天气影响的植物——白蜡树、橡树、杨树、榛树、葡萄树、苹果树、梨树和李子树同样无法幸免，核桃、菜豆、甜菜、胡萝卜和芜菁所受影响甚至更加严重。我们这里种有一

---

① Lindley, 1845.

棵核桃树，其果实通常极为坚硬；然而……今年没有一棵核桃树仍然保持完好，果肉全部腐烂，叶子的外观看起来就和土豆的一模一样。①

　　然而，尽管早期大多数评论员视天气为罪恶之源，但其他各种观点同样大行其道。在西欧各地，由内科医生、外科医生、植物学家、贵族、化学家、地质学家、税务官员、园丁和会计创作的小册子层出不穷，就连一名农村主妇也出版了自己的智慧箴言。有人认为，这种病害不过是由于重复种植同一品种而导致土豆逐渐退化的又一表现；还有人将责任归咎于昆虫或蠕虫；另外一群人则将空气中四处弥漫的有毒"瘴气"作为病因，工业污染、火山爆发、最近发明的硫磺火柴燃烧的气体，或者"某种源于外太空的空气污染"都可能引发这场灾难。②

　　与此同时，一位比利时牧师，同时也是狂热的业余真菌学家的爱德华·范登赫克（Edouard van den Hecke）一直在高倍显微镜下观察

199 患病土豆的叶片。他在叶片上发现了一种能够生成和散播大量微小孢子的真菌，并借此得出结论，这种真菌可能是引发病害的原因。1845年7月下旬和8月，一系列报纸文章纷纷发表了牧师的观察结果，几位声望卓著的科学家的后续调查同样确认了范登赫克的这一结论。8月下旬，一个决定性的时刻到来了，著名农学家瑞内·范奥耶（Rene van Oye）博士极为肯定地宣布，此次土豆病害的真正原因是一种以惊人速度大量繁殖的真菌，这种真菌感染了所有的土豆田，显然具有

①　Cox, 1846, p. 486.

②　Bourke, 1991, p. 15.

极强的传染性。[1] 物理学教授查尔斯·莫伦（Charles Morren）（此人精力极为充沛，不仅利用业余时间行医，而且对植物学具有高度热情，以至于列日大学专门为其设立了一个植物学和农林学的教职）进一步指出，一种"体积比空气中的尘埃还要微小"的霉菌正在土豆中蔓延，并最终造成了大量腐烂。[2]

不难看出，比利时关于土豆病害的观察结果和研究报告在欧洲首次爆发疫情后不久即已出现，人们本应把注意力集中到这种作为致病因素的真菌上，从而为最终可能战胜这一病害奠定早期研究基础。然而不幸的是，这些发现非但没有获得认同，反而重新引起了一场老生常谈的激烈争论——在长达数世纪的时间里，这一争论始终在阻碍自然科学的进步：究竟是否存在"自然发生"[3] 之物？

在 1840 年代，已经没有权威人士还像古人那样相信一些奇谈怪论，譬如萤火虫是晨露所化，鳗鱼来自腐烂的海藻，老鼠则是潮湿土壤的必然产物；但仍有很多人相信，具有生命的有机体可以从已经死亡的或者无机的物质中自然产生。他们这时表示，在患病土豆上发现的真菌就是一个典型的例子，它只能是从植物的腐烂物质中自然产生的。真菌是病害造成的后果，而不是病因。我们此前曾经介绍过阿尔弗雷德·斯梅对爱尔兰人的看法，在这一问题上，他同样发表了自己的意见——直到土豆植株的某些部分已经死亡，真菌才会出现，他写道：

---

[1]　Bourke, 1991, pp. 15-16.

[2]　Large, 1940, p. 27.

[3]　自然发生，意指生物无父母而产生。与此相反，生物有父母而产生的现象则称为有亲发生。——译注

　　然后，这些植物的寄生虫出现了，它们的作用是自给自足的自然经济的一个典型范例……就像吃腐肉的乌鸦、秃鹫、豺狗、蛆虫、甲虫和黄蜂在清除死亡动物的尸体方面所做出的巨大贡献那样；不过植物寄生虫的责任是消灭腐烂植物的残留物质。[1]

200

　　"自然发生"的概念是基督教信仰的核心：生命本身就是神的创造。到 1840 年代，科学的发展已经剥去了好几层宗教教义的合理性，这个仍在负隅顽抗的问题确实非常敏感，需要小心处理，正如查尔斯·达尔文在一封写给阿尔弗雷德·华莱士（Alfred Wallace）的信中所指出的，自然发生如果能被证实，会是一项"无可比拟的重要发现"[2]。查尔斯·达尔文的祖父伊拉斯谟斯·达尔文（Erasmus）一直是自然发生的坚定信徒，他甚至将这一概念写成了诗：

　　　　无父无母而自然发生，于是
　　　　出现了生机勃勃的第一地球。
　　　　植物和昆虫在自然的子宫中徜徉，
　　　　用柔嫩的枝条和躯体发芽或长大。[3]

　　但是，作为一名那时正在为进化论（这一理论将永远动摇神创论的基础）收集证据的科学家，查尔斯·达尔文无疑深知自己的学说可能引发的愤怒，其对自然发生学说持谨慎态度显然是可以理解的。对

------

① Smee, 1846, p. 77.

② 转引自 Desmond and Moore, 1991, p. 595.

③ Darwin, 1803, lines 247-250.

于围绕真菌究竟是土豆病害的原因还是后果这一问题所爆发的激烈辩论，达尔文几乎完全保持沉默。一位资深同事给他寄了一些关于此事的传单，他在回信中以悲天悯人的态度指出，这一灾难的确是"一件极为引人关注之事"，不仅所在教区的贫民承受巨大痛苦，而且自己栽培的土豆也有许多发生腐烂。[1] 但是达尔文的年薪达到 1000 英镑，就算没有土豆，他的家庭也可以轻松度日。另外，达尔文在学界的超然地位，也使其不需要在这一问题上轻易站队。

对于那些缺乏这种地位，或者职位和晋升取决于上级意见的人而言，他们缺乏反驳主流意见的动力。一些特立独行的思想家赞成比利时方面提供的证据，但体制内的学者，特别是各大学会（永远是正统理论的忠诚捍卫者）对这一新奇理论持有坚定的怀疑态度。到 1845 年底，仍然敢于大声疾呼真菌引发土豆病害的学者数量已经减少到了微不足道的程度。事实上，在 1846 年英国科学促进会于南安普顿召开的年会上，几乎全部与会人员都达成了真菌绝非疫情罪魁祸首的共识。动物学家 E. 雷·兰卡斯特（E. Ray Lankaster）宣称："最优秀的化学家们已经推翻了真菌是致病原因的说法"，这一声明所指称的化学家之一是 E. 索利（E. Solly）博士，后者此前宣布，真菌理论"最近已经完全失去了立足之地"。大量学术期刊接连报道，所有关心此事的人都已不再认同真菌是致病原因的荒谬观点，大家普遍认为，真菌是病害造成的影响而非原因。正如那些"实事求是之人"一直以来所认为的那样。欧洲大陆也是如此，在法国，真菌引发病害的观点

201

"几乎被完全放弃"[①]。

　　但是，在争论逐渐平息之后，专注的真菌学家们没有放弃对于这种真菌的研究，他们仍然记录并互相交流相关信息，仿佛活在一个与世无争的平行宇宙之中。这种真菌可能会导致饥荒和死亡，这无疑增添了研究的重要程度，但真菌学家们的兴趣主要还是集中在真菌本身。在这些真菌学家中，有两个人格外幸运，他们担任的职位可以在不必考虑其他意见或需求的情况下，专注于追求自己的学术热情。其中一位是法国的让·弗朗索瓦·卡米尔·蒙塔尼（Jean François Camille Montagne），他曾是拿破仑军队里的一名外科医生，在从战火中死里逃生之后，他决心把余生奉献给和平的事业——寻找和记录法国的隐花植物。另外一位是英格兰的迈尔斯·约瑟夫·伯克利（Miles Joseph Berkeley），他是一位生性腼腆的乡村牧师，日常工作是在北安普敦郡（Northamptonshire）的金克利夫村（King's Cliffe）为数百名村民传播上帝的福音，这为其发展对于真菌的终身兴趣留下了充裕的时间。

　　必须指出的是，植物学的一项重要吸引力在于，无论是谁发现并记录了一种学术意义上的新型植物，谁就有权力为其命名。1845 年 6 月，一种神秘的新型真菌出现于欧洲的土豆之上，尽管没有任何证据表明一场关于命名权力的竞争已经吸引了学者们的注意力，但是真菌学家们投入工作和传播成果的速度极为惊人。

　　1845 年 7 月 31 日，爱德华·范登赫克发表了关于在患病土豆叶片上发现的真菌的第一篇观察报告。8 月 18 日，瑞内·范奥耶阐述

---

① Bourke, 1991, p. 21.

了自己的相关成果。次日，《列日日报》（*Journal de Liège*）也刊登了安妮-玛丽·利贝尔（Anne-Marie Libert）（不仅是一位富有教养和闲暇的女士，而且也是自学成才的国际知名真菌学家）创作于 8 月 14 日的信件，作者对这种真菌进行了清晰而详细的描述，但却错误地将其和已知的 Botrytis farinacea 混为一谈。另外，考虑到这种真菌造成的破坏，利贝尔建议应将其更名为"锈菌"（vastatrix，在拉丁语中意为破坏）。查尔斯·莫伦也在同日发表了自己的报告，并且高兴地看到其以惊人的速度在整个欧洲传播、翻译和再版，尤为重要的是，这一报告 8 月 21 日发表于巴黎，让·蒙塔尼在那里读到了它。①

那时，蒙塔尼正在巴黎检测 3 天前从郊外种植者手中得到的患病土豆叶片，在检测完成之后，他给伯克利牧师写了一封信，附上了检测样本和自己将于 8 月 30 日发表的关于这种真菌的描述。蒙塔尼将其命名为葡萄晚疫病菌（Botrytis infestans）。信件于 26 日送抵金克利夫的牧师住宅。在此之前，尽管《园丁纪事报》已经刊发了英格兰南方发生土豆病害的消息，但伯克利还没有在当地发现。然而，在收到蒙塔尼的信和样本仅仅一两天之后，病害就在金克利夫周边的土豆田里爆发。伯克利没有浪费时间，9 月 6 日，《园丁纪事报》发表了他的报告，宣布葡萄晚疫病菌（Botrytis infestans Mont.）才是导致土豆病害的元凶，蒙塔尼命名这一新物种的荣誉也因之得以确认。

但是，约翰·林德利拒绝接受这种说法。作为一位极为负责的编辑，他发表了伯克利的报告，但他和整个欧洲举足轻重的植物学家们仍然拒绝相信这种真菌是致病之源。他们提出了各种各样的观点：有

202

---

① Bourke, 1991, p. 15.

人说，土豆病害的根源是无法消除的水肿；有人提出，土豆的某些部分已经开始腐烂，随后以患病植物为食的真菌才会出现；还有人认为，愈发普遍的植物退化现象利用持续反常的生长季节袭击了易受侵害的土豆；甚至有人指出，植物不稳定的成分遭到了电流的干扰，或者是恶劣的天气摧毁了土豆……总之，一定有什么事情出了岔子。上述所有观点的核心要义在于，除非植物已经衰弱到缺乏抵抗腐烂的能力，否则真菌绝对无法在植物上生存。

　　同样，作为一位极为负责的科学家，生性腼腆的伯克利牧师的反应十分谨慎：他静下心来认真研究这种真菌，并完成了一份详尽的报告。1846 年，伯克利的研究结论在《园艺学会会刊》（*Journal of the Horticultural Society*）（其主办方随后更名为皇家园艺学会）第 1 期发表，全文长达 35 页，配有 4 幅彩色插图。尽管这一报告无疑值得充分和适当的考虑，但当其发表时，学界对真菌理论的认可恰好处于最低点，因此没有引发应有的及时关注。事实上，这是伯克利作为植物病理学之父的生涯启动工作 —— 这一学科旨在识别引发植物病害的有机体，并了解其运行方式。伯克利这篇关于土豆病害的论文，是当今农业生产中极为重要而且不可或缺的组成部分的重要开端。

　　肉眼看来，土豆叶片上出现的真菌就像一束白色绒毛，起初不过是几乎难以发现的腐烂斑点，逐渐扩散为一个不断变大的圆圈；但在伯克利的显微镜下，腐烂之处却呈现出一片由极其纤细、半透明、分叉的细丝组成的名副其实的森林。森林的根线（真菌的菌丝）刺穿叶片的表皮，穿过赋予叶片强度的排列紧密的栅栏细胞，进入娇弱的内部组织 —— 一片由气腔隔开的薄壁细胞，这些气腔同时连接着大量微小的气孔（其词源来自希腊语的"嘴"），叶片正是通过这些气孔呼吸。

　　叶片潮湿而松软的内部组织是植物制造食物的地方。这里通常是干净而健康的所在，沐浴在阳光和空气中，吸收植物所需的养分和气体，并释放生命过程中产生的水蒸气和气态废物。通过显微镜，伯克利观察到了真菌侵入植物，在活体中繁殖，并在成熟中生成更多绒状细丝的全过程。扭曲的菌丝向气孔蠕动，其顶端逐渐生成像果实一样的孢子囊，真菌的孢子从孢子囊中被强力排出：一次感染即可生成数以千计的孢子，浮于空气，极其微小，每个都能引发新的感染。而且这种真菌的繁殖速度极快：一个孢子可以在 4 天时间里产生 10 万个后代。

　　非常明显，对于叶片而言，真菌触须在内部脆弱的细胞中来回穿梭无疑是致命的，这就是病害。我们可以想象，如果自己的肺部和消化系统被令人作呕的肿物摧毁，从我们的嘴巴和鼻孔中长出诡异无色的海藻，这些海藻的末端生有随时可能破裂的脓包，从而在我们的邻居之中继续传染这种邪恶的瘟疫，我们会作何感想，这样一来，当叶片因感染葡萄晚疫病菌而发霉时，我们就会对土豆植株的感受产生较为直观的认识。

　　伯克利显然没有产生这样的幻想，但其报告和插图十分清楚地说明，这种真菌从土豆植株仍然存活的组织中吸取营养，茁壮成长。这是一种寄生虫，袭击着的植物，并最终将其杀死。这种真菌是现在通常所说的"土豆疫病"（更为具体的说法，是和早疫病区分开来的晚疫病，前者是一种性质类似但是破坏性小得多的病害，往往发生于生长季早期）的原因而非结果。尽管伯克利是一名虔诚的基督徒，但在阐释自己的科学研究成果时，牧师却不是一位蛮不讲理的传教

204

士 —— 其温和的语调使得坚决反对也像循循善诱：

> 在仔细梳理了这种疾病的发展进程，以及参阅了几乎所有关于这
> 一问题的有价值的著作之后，我必须坦率地承认，尽管真菌理论目前
> 可能面临着严峻挑战，但我对如此之多的权威专家所坚持的对立观点
> 始终抱有一种与日俱增的哲学层面的怀疑。我相信，真菌理论才是正
> 确的一方。[1]

伯克利所暗示的"严峻挑战"，显然是指针对这一研究成果会出
现的大量反对意见，他非常清楚这一点。真菌理论的反对一方可能会
辩称，而且他们也的确这么做了 —— 尽管伯克利对真菌的寄生行为
进行了完美解释，但这实际上无法说明是真菌引发了病害。为此，伯
克利必须进一步证明，这种真菌究竟来自何方，以及它是如何设法
突破一株健康植物的自然防御的。由于缺乏上述证据，学界的主流观
点仍然相信，葡萄晚疫病菌是从已经患病的土豆植株的腐烂部位中
"自然发生"的。而在很长一段时间里，伯克利也不得不接受这种批
驳意见。甚至在欧洲晚疫病首次爆发 10 年之后，伯克利在讨论这一
问题时仍然极为慎重，正如他在为《农业百科全书》（*Cyclopedia of
Agriculture*）（1855）所撰写的稿件中所阐释的：

> 在我们看来，对于这一问题的研究，目前有两种理论可供讨
> 论……尽管我们无疑更倾向于支持真菌理论……但是我们必须承认，

----

[1] Berkeley, 1846/1948.

这一理论仍然存在很多疑点，使其与成为定论尚有一段距离。[①]

　　时至今日，设计一个能够解答上述一切疑惑的实验似乎如此轻而易举，以至于人们无法想象为何伯克利等人白白浪费了大好光阴。毕竟，这个想法实在不需要什么聪明才智：选取两盆健康的土豆植株，其中一盆不做任何处理，另外一盆种入真菌，然后我们就能看到，在前者茁壮成长的同时，后者则逐渐枯萎腐烂。这种实验之前曾经做过，其中最著名的一次是在 1660 年代，弗朗西斯科·雷迪（Francesco Redi）以肉块为实验对象，部分加以密封，另外一部分则敞开放置，这一实验最终得出了结论：只有在苍蝇曾经停留的地方，才会出现蛆虫。这是科学对"自然发生"概念的第一次沉重打击——证明了复杂的有机体无法从腐烂的物质中自然出现。200 年之后，法国植物学家安东·德巴里（Anton de Bary）在研究土豆疫病时采取了同样的策略，从而确凿无疑证明，即使最简单的有机体也无法"自然发生"。

　　给一株健康的植物接种真菌以观察其腐烂过程仅仅是德巴里的研究中最后也是最为直观的部分。他从伯克利牧师中断的地方重新开始实验，在显微镜下将疫病孢子"种入"水滴之中，然后观察发生了什么。有时，这种孢子仅仅生出一条纤细的根线以实现自我生长，这在真菌中是极为常见的。但是德巴里很快惊讶地发现，这种孢子还会逐渐隆起，并且分裂为更小的个体，具体数量在 6 个到 16 个之间，随后，每个新生的孢子生出 2 根可供移动的鞭毛，像刚刚从袋子里释放

....

① 　Bourke, 1991, p. 22.

（页边码 205）

出来的微小单细胞动物一样四处游动——这绝非任何人期待在植物王国里看到的场景。

在土豆叶片上的一滴水中，成群结队的游动孢子（德巴里这样称呼它们）会徜徉一段时间，随后就在叶片的表皮安定下来，"长出"一个名为芽管的突起，并采取推动或者溶解的方式使其进入叶片内部。通过这个留下的小孔，游动孢子将原生质挤入叶片，把空的孢子囊壁留在外面。一旦进入叶片内部，这些入侵者立刻开始快速吸收细胞的养分，在接触到下一个细胞的细胞壁之前不断膨胀和拉长，并且沿着细胞之间的空隙扩张、分叉、蠕动；在这一过程中，孢子还要不时伸出吸管深入叶片细胞内部继续汲取营养。很快，整个叶片组织就会被这些类似触须的赘生物完全缠住，真菌基本控制了叶片的生命过程。而当真菌收集到了足够的营养物质之后，它就会通过气孔向外排出菌丝，空气中游荡的孢子随时可以侵袭下一株植物。而当真菌转移时，其宿主植物已经死亡。

在观察了一代又一代真菌感染土豆植株的过程之后，德巴里确信，这是可以证明真菌寄生于健康土豆组织之上的最为清晰和有力的证据。真菌是病害的原因而非后果——现在这已经成为事实，而不再是猜测。1861 年，德巴里发表了自己的研究成果，公开揭示了这种真菌此前未被观察到的特征，并将其命名为"致病疫霉"（Phytophthora infestans [Mont.] de Bary），一直沿用至今。Phytophthora 一词源于希腊语，意为"植物毁灭者"。

1864 年，巴黎科学院为路易斯·巴斯德（Louis Pasteur）的一项实验颁发了奖项，这一实验最终解决了关于"自然发生"的争议。巴斯德宣称，"生命来自胚芽，胚芽将孕育为生命"，"自然发生理论永远也无法从这一简单的实验所造成的致命打击中恢复过来"。[1] 的确如此，但是考虑到安东·德巴里 3 年前发表的著作在土豆疫病问题上得出了类似结论，后者同样值得称赞。

值得注意的是，在 1845 年和 1846 年由于土豆作物屡遭摧残而引发的评论和信件中，部分来自威尔士的信息为如何保护土豆作物免受病害之苦提供了线索，但没有引起注意。1846 年 9 月 4 日，一位名叫马修·莫格里奇（Matthew Moggridge）的细心绅士从位于斯旺西（Swansea）的家中写信给《园丁纪事报》：

8 月 31 日，我检查了许多在附近冶炼厂铜烟排放直接影响范围内的土豆。也许没有必要过分关注这一个别案例，但是当地呈现出的普遍结果是，越接近冶炼厂，土豆叶片、茎秆和块茎的状况也就越好。距离工厂最近的菜园（200 多码）完全没有受到病害的任何影响，土豆的品质、产量和味道都不错。这些土豆品种不一。菜园主人告诉我，前文最后提及的那个菜园已经种植了 40 年土豆，1845 年的病害未能伤及分毫。

这封信件引起了约翰·林德利的高度赞扬："那里的铜烟确实保护了土豆作物，而且效果极为显著！一种毒气似乎具有把另外一种毒气从土豆田里赶走的能力。"[2] 在评论过莫格里奇先生的信件后，林德利接

---

① 转引自 Curtis and Barnes, 1989, p. 86。

② Lindley, 1846, p. 643.

着提请人们注意其他一些土豆得到挽救的证据，有的土豆被树木或篱笆遮蔽，有的土豆则是种植于混种农田之中。在所有案例中，林德利始终不忘强调大气对于病害的重要影响，但他没有继续讨论那种在斯旺西冶炼厂周围似乎保护了土豆作物的重要成分——铜。的确，事后看来，莫格里奇先生极为敏锐的观察并没有得到应有的关注。40 年过去了，才有人开始将铜视作控制土豆晚疫病的一种手段，展开了研究。

207　　这种推迟令人费解。毕竟，自从 19 世纪初期以来，铜制剂就一直在保护小麦种子免受真菌感染。和晚疫病不同，小麦易感的腥黑穗病是一种地方性而非流行性病害，不会横扫整个农村，但其同样经常造成重大损失；同时，腥黑穗病无规律可循，今年在此处爆发，明年可能流行于彼处；有些地方可能连年颗粒无收，有些地方则从来与病害无缘。正是在这样的背景下，当蒙托邦大学的科学教授本尼迪克特·普雷沃斯特（Bénédict Prévost）受朋友邀请前往查看一片与众不同的从未感染腥黑穗病的小麦田时，他就已经意识到，可能是一种微型真菌的孢子以某种方式导致了这种疾病。在经过农家的庭院时，普雷沃斯特注意到了一口陈旧的带孔铜缸，他被告知，这是用来在种植前浸泡麦种的。缸里装满种子，随后被浸泡到羊尿和石灰的混合溶液中。

　　农民们经常使用石灰，他们相信这可以保护麦种，但其结果往往喜忧参半。普雷沃斯特考虑，朋友的农场之所以能够远离病害，有没有这种可能，是由于经过与铜缸的接触，使石灰溶液对致病孢子产生了毒性？这是一个极为大胆的猜测，但试一试也无妨。果然，普雷沃斯特发现，只要在培养皿里把孢子和一小块光滑的铜放在一起，孢子很快就会死亡。他用不同形式的铜重复了这个实验，最后得出结论，就算最为廉价的硫酸铜也可以发挥同样的作用。而且，即使浓度仅为百万分之一，只要在溶液里浸泡数小时，麦种就可以得到很好的保护。[①] 铜对人类和动物的毒性微乎其微，因此水泵和水管都由铜制成，但其对致病孢子却有致命的杀伤力。

1807 年，普雷沃斯特的研究成果随着他的回忆录的出版而传播开来。50 年后，当土豆遭受疫病侵袭时，用硫酸铜溶液浸泡麦种的做法已经成为英国农民的一种传统。把 1 磅硫酸铜溶解到 10 加仑水中；浸泡种子；把浸泡好的麦种平铺到谷仓的地板上，再用干燥的熟石灰加以搅拌，从而在烘干种子的同时包上一层保护壳，为播种做好准备。既然铜制剂可以用来保护麦种已经成为常识，很快有人想到了土豆。1846 年，都柏林植物园园长大卫·摩尔（David Moore）在播种之前把一些种薯浸到了硫酸铜溶液中，其结果却是彻头彻尾的失败。[②] 1847 年，另一位实验者进一步测试了大量的试剂：普通的沸水、硫酸、煤焦油、石灰、粪水、煤灰、盐、碳酸钾和脂肪，全部无效。[③] 这些实验的问题在于，其处理对象全部是种薯，而非正在地上生长的土豆叶片和茎秆，事实上，后者才是经由空气传播的真菌孢子率先攻击的对象。等到孢子最终感染块茎，再为这些种薯涂上一层保护性的铜已经毫无意义 —— 整株土豆那时已经病入膏肓，回天乏术。

因此，尽管马修·莫格里奇在 1846 年就已经注意到，在冶炼厂排出的铜烟中生长的土豆植株不会感染病害，但在 1882 年发生另外一次偶然事件之前 —— 那时距离莫格里奇的信件发表已经过去了整

208

① Large, 1940, pp. 78-79.

② Moore, 1846.

③ Thompson, 1848.

整 36 年，土豆田仍然全无保护。但是，1882 年的巧合展示出了铜对真菌的致命影响，这一次，人们充分认识到了铜在控制种子和生长中的植物远离疫病方面所蕴含的潜力，并进行了大力开发。

1838 年，皮埃尔·米亚尔代（Pierre Millardet）出生于法国汝拉（Jura）地区，他最初学习的是医学，但很快放弃了安逸而体面的医学生涯，转而听从内心深处的激情呼唤——研究植物学。他最初在安东·德巴里的指导下学习，从而掌握了关于真菌及其繁殖进程的丰富知识，当其于 1876 年获得波尔多大学植物学教授的职位时，这些知识发挥了至关重要的作用。当时，波尔多乃至整个法国的葡萄园普遍遭受着一种名为根瘤蚜虫的虫害侵袭，这种昆虫是经由从美洲进口的葡萄藤传入欧洲的。米亚尔代指出，只要把欧洲葡萄藤嫁接到对虫害有抵抗力的美洲砧木之上，就不会再遭虫害，这一研究成果简直拯救了整个葡萄酒业。除此之外，米亚尔代还在治理另外一种不受欢迎的美洲舶来品方面做出了卓越贡献：葡萄霜霉病菌。这种真菌首次发现于 1878 年，其对葡萄叶的感染和破坏极为凶猛，不亚于晚疫病侵袭土豆。尽管法国葡萄酒业当时仍然处于根瘤蚜虫入侵的恢复时期，但现在又遭遇了另外一种可能会将其彻底摧毁的致命外来因素的威胁。米亚尔代立刻投入到了对这种有机物的紧张研究之中，而正当他孜孜不倦地寻找真菌的弱点和敌手时，正如米亚尔代后来在回忆中所透露的，"机遇把成就直接送进了我的手中"。

1882 年 10 月底，我偶然经过圣朱利安（Saint-Julien）和梅多克（Médoc）之间的一片葡萄园。一路走来，我非常惊讶地发现，这里葡萄藤上的叶片仍然青葱翠绿，而其他地方的葡萄园早已一片枯枝败叶。那年，植物霉病在各地时有发生，我的第一反应是，这里的葡萄叶片之所以仍然保持完好，是由于接受了某些使其得以远离病害的预防措施。的确，经过仔细检查之后，我的判断立刻得到了证实，这些叶片的上表皮大部分被一层极薄的淡蓝色粉状物所覆盖。

在抵达宝嘉龙酒庄（Château Beaucaillon）之后，我针对此事询问了酒庄经理欧内斯特·大卫（Ernest David）先生，他告诉我，梅多克地区的风俗，就是在葡萄成熟时用石灰和铜锈或硫酸铜的混合物覆盖葡萄的叶片。这样做主要是为了防范小偷，他们只要看到叶片上覆有铜锈的污迹，因为害怕果实也受到了同样的污染，就不敢品尝藏在叶子下面的葡萄。①

米亚尔代坚信，这种含铜的混合物可以像赶走小偷一样阻止霜霉病的侵袭，第二年，他就开始在自己的庭院里测试各种混合物。到了1884 年夏季，米亚尔代已经做好了开展全面实验的准备，"但不巧的是，那年葡萄园里的霜霉病几乎可以忽略不计……这样的话，就无法准确判断采用的不同治疗方式的价值"。

尽管实验未能如期进行，但关于米亚尔代已有重大发现的流言蜚语已经传播到了他在勃艮第（Burgundy）的科研竞争对手那里——勃艮第是法国另外一个重要的葡萄酒产区。米亚尔代面临着重要的抉择。如果他真的找到了治疗霜霉病的方法，他就会被视为再次拯救法国葡萄酒业的功臣；此外，对于土豆疫病和一切侵袭西红柿、果

209

---

① Millardet, 1933, p. 7.

树甚至玫瑰的真菌病而言，他的铜制剂可能都是一种有效的治疗手段 —— 所有这些病害的致病菌在基本特征上都和葡萄霜霉病极为相似。自从 40 年前晚疫病首次摧毁土豆田以来，科学界和农业界对此始终束手无策，而攻克这一难题的桂冠马上就要属于米亚尔代。为了先发制人，1885 年 5 月，米亚尔代发表了自己的研究发现和一份混合液配方。将 8 公斤硫酸铜晶体溶解到 100 升水中；在另一个容器中，将 15 公斤生石灰在 30 升水中熟化并搅匀；然后再把这种石灰"乳液"倒入硫酸铜溶液中，混合均匀之后，最终就会生成细腻的淡蓝色混合液。这是第一种波尔多液，可能也是整个世界最广为人知的用以防治植物和农作物病害的方法。

1885 年的夏季非常潮湿，霜霉病肆虐极为严重 —— 这是米亚尔代在宝嘉龙酒庄和周边地区开展实验的最佳时机。在用波尔多液处理了整整 15 万株葡萄树之后，10 月 3 日，米亚尔代留下了这样的报告：

210

> ……经过处理的葡萄藤目前生长一切正常；叶片非常健康，青翠欲滴；葡萄呈现黑色，已经完全成熟。而那些没有经过提前处理的葡萄藤的境况则正好相反，大部分外形丑陋，叶子掉了大半，剩下的几株也已濒临枯萎；上面结的葡萄至今仍然发红，除了留作酸葡萄酒之外，可能一无是处。

不言而喻，这是一个值得骄傲的时刻，即使是米亚尔代这位一贯谨慎的学者，也无法避免沉浸于自我吹捧之中：

> 用铜防治霉病这一设想应该完全归功于我，是我首先进行了相

关实验，也是我首先提出了具体配方。请允许我补充一点——对于我们学者而言，这就像是最值得夸耀的头衔和最珍贵的纪念品。1878年，我首先在法国观察到了霉病的存在。从那时起，我始终处于守望之中。我的成果证明了这一点。[①]

　　使用波尔多液很快就在法国和欧洲（还有美国）其他地方的葡萄园中成为一种极为普遍的做法，但是土豆栽培者接纳新鲜事物的速度相对较慢——这主要是因为米亚尔代为葡萄藤研制的配方并不适合更为柔嫩的土豆植株。许多法国农民自发采用不同浓度或者不同喷洒时间的混合液进行了多次实验，但始终未能取得令人满意的结果。直到1888年，随着法国农学研究所组织了第一次系统实验，适合土豆的波尔多液配方和喷洒时间表才最终出炉。这一消息在整个欧洲大陆迅速传播开来，甚至连美国也在密切关注。1886年，美国农业部成立了植物病理学部门，专门负责研究葡萄、土豆和其他作物的疫病问题。

　　英国当局似乎对这些农业方面的飞速发展一无所知。整整6年过去了，甚至还没有任何一种含铜试剂能够在爱尔兰的土豆中进行初步实验。在1890年之前，代表官方态度的《皇家农业学会会刊》没有提及任何已经在法国和美洲出于商业目的而栽培的土豆中成功使用的新型铜制剂，而法国的一些杂志和美国农业部当时已经发表了极为详细的配方和推荐喷洒时间表。尽管从1885年到1889年，《园丁纪事报》刊登了部分关于法国开展土豆喷洒实验的简要报道，但对于英国政府而言，这一切可能都发生在远离现实世界的月球之上。在英国农

211

----

① Millardet, 1933, pp. 9, 25.

民还对利用波尔多液防治土豆疫病一无所知之时，法国的实验工作几乎已经圆满结束了——尽管前者一旦得知相关信息之后，他们采取行动的速度并不慢。[1]

波尔多液是世界上第一种值得以工业规模生产的农业用品，从这个角度来看，葡萄和土豆堪称农用化学工业得以起步和发展的催化剂，时至今日，农用化学工业在全世界粮食作物的生产中发挥着巨大作用。波尔多液的出现也使机械工程师们争先研发将其喷洒到农作物上的最高效、最经济的方法。1883 年，全世界第一台获得专利的商用农药喷洒机上市。

经过长期探索之后，人类终于找到了一种应对晚疫病的可靠方法，而随着科学知识的不断进步，农民也改进了控制晚疫病的手段。我们现在已经了解，尽管致病疫霉的空气传播孢子几乎无处不在，但促使它们大量繁殖直至足以爆发病害的条件其实非常苛刻：环境温度不能低于 10 度，湿度则要始终高于 75%，通常需要持续 48 小时。而且，即使能够满足上述条件，病害也要等到至少一个星期之后才会爆发，农民因之得到了预先警告。[2] 当然，在人类不断武装自己的同时，病原体也在不断反击。1980 年代早期出现的新型真菌已经对波尔多液和 1930 年代以来陆续研发的更加强力的杀菌剂产生了抗药性。此外，目前流行的真菌并非传统致病疫霉的变种，而是一种更为新型且多样的种群，其繁殖策略和攻击性足以取代之前的原生菌种，仅仅调整现行防控策略已经无法适应新的敌人的侵袭。[3]

....

[1] Large, 1940, p. 237.

[2] Burton, 1989, p. 221.

[3] Fry and Smart, 1999.

在新型真菌出现之前，农业界一直相信自己已经完全控制了晚疫病。预报系统的发展和广谱杀菌剂的发现不仅可以治疗病害，而且还能预防感染，这使晚疫病似乎已经不再是一个问题。如今，这场一年一度的小型冲突有可能会演变为一场全面战争。我们需要更加丰富的武器库。育种专家努力生产具有持久抗病性的作物品种；农学家探索更好的作物管理方法；植物学家、生化学家和遗传学家则对病原体的类型和行为进行越来越深入的研究，寻找其可以被攻击的弱点。晚疫病重新成为"全世界最严重的农业病害"，而在其影响下，土豆变成了全世界最依赖化学成分的农作物——全球每年在土豆杀菌剂上的花费超过 20 亿美元。①

212

① 　International Potato Center Annual Report, Lima, 1994, pp. 1, 12.

THE BAKED POTATO MAN.

"Baked 'taturs! All 'ot, all 'ot!"

[*From a Daguerreotype by* BEARD.]

图 13

第13章　利用科学

尽管 1840 年代中期爆发的晚疫病给民众带来了痛苦，但也并非 全无积极作用。病害打破了土豆对欧洲经济和社会结构的束缚。尤其在爱尔兰，土豆饥荒迫使英国政府正视当地土地所有制中的不公之处。随后通过的《爱尔兰土地法》给予了佃农更稳定的租期保障和租用更大土地的权利。与此同时，大量移民外流也减少了爱尔兰国内的土地竞争；收入增加意味着勤劳致富的农民可以承担农具改良的开销；农业工资翻了一倍；1890 年，当严重的晚疫病再次袭击爱尔兰的土豆田时（当时，爱尔兰仍然对波尔多液一无所知），当地对土豆的依赖程度已经大大降低。根据一个调查委员会的报告，尽管爱尔兰西部地区仍然存在物资严重匮乏的情况，但是"民众完全以土豆为生的时代早已一去不复返了"，"在西部地区的每一个地方，面包、茶、燕麦粥、牛奶都已经是民众日常饮食消费的重要内容，有时还包括咸鱼和鸡蛋"。①

在其他地方，特别是在英国、欧洲和美洲的工业中心地带，是否食用土豆不再是一种判断富足还是贫穷的标准。人们之所以食用土豆，更多的是因为喜爱，而非缺乏其他选择的无奈之举。

记者亨利·梅休（Henry Mayhew）曾经写作过一部关于伦敦街头商贩的作品，栩栩如生地记录了维多利亚时代大量城市居民的商业

---

① 转引自 Salaman, 1985, p. 330。

215 活动。① 据其记载，1851 年，伦敦的街巷和市场里活跃着 300 名出售
烤土豆的小贩，为了获取空间和顾客，他们往往需要和同样数量众多
的售卖果蔬、鱼、野味、家禽和乳制品、火柴、花、馅饼、咖啡和可
可、牡蛎等商品的摊贩展开激烈竞争。在当时的伦敦，甚至还有专营
磨碎的肉豆蔻、薄荷水、狗项圈和大黄的商贩。

在伦敦的街道上售卖烤土豆是一项季节性工作，通常开始于新一
季的土豆差不多成熟时 —— 在大多数年份里，大约是 8 月中旬 ——
到了第二年的 4 月下旬，随着土豆开始发芽，不再适合烘烤，土豆季
也就宣告结束。这份工作非常适合工人和手工业工匠，因为他们经常
整个冬天都没有工作。一个熟练的烘焙师可以用烤箱同时烘烤 75 个
左右的土豆（当然需要收费），小贩则把这些土豆装到罐子里售卖。
土豆罐的主体通常是一个 4 条腿的大锡盒，带有可供加热的水套，以
保证土豆的热度；旁边还附带两个小盒，一边装着盐和黄油，另外
一边则是木炭。土豆罐大多需要经过油漆和抛光，发出"如白银般耀
眼"的光芒，其中有些甚至堪称十分精美的工艺品。梅休见过的最精
致的土豆罐由黄铜制成，上面镶有被称为"德国银"的锌白铜，还带
有彩色玻璃灯。土豆罐上往往还要附带一份用以区别身份和自我夸耀
的黄铜铭牌 —— 常用的广告语包括"传统烤土豆"以及"经典传统
烤土豆"。

梅休指出，烤土豆贩的顾客来自各行各业，但是消费主力仍然是
工人阶级。他听说，爱尔兰人特别喜欢吃土豆，但他们同样是令人反
感的顾客，因为爱尔兰人总是想要罐子里最大的土豆。妇女购买土豆

---

① 　Mayhew, 1861–2/1968, vol. 1, pp. 173–175.

的数量最多，她们有时边走边吃，但更多的是带回家里；甚至就连只有半个便士零花钱的儿童也会买一个烤土豆犒劳自己。根据梅休的估算，伦敦所有烤土豆贩每天的总销售额约为 10 吨；平均每个小贩要卖出 200 个左右的土豆，以每个土豆售价半便士来计算，这些商贩每周的平均收入可以达到 30 先令左右。梅休还听说，一个活跃于史密斯菲尔德市场（Smithfield Market）的土豆小贩的收入至少是这个数字的两倍，他每个周五的生意都非常好，以至于每隔 15 分钟就要从烘焙师那里买上一篮新鲜出炉的土豆。

从平均购买力来看，1851 年的 30 先令相当于今天的 1000 英镑出头。[①] 收入不低，但是不可否认，这份工作每年只能干 6 个月，而且整个寒冬时节都需要在街市游荡。另外，售卖烤土豆在当时已经不是一份令人耻笑的工作，这在一定程度上说明，土豆已经从贫民饭碗里的专属食物变成了一种人人喜爱的商品，而且不仅仅是因为其营养价值。 216 雷德克里夫·萨拉曼指出，如果你和一位女士出现在 1900 年代初期的伦敦市中心，而当时恰好是一个寒冷的夜晚，一定会有小贩靠过来建议你购买一份烤土豆放进那位女士的手筒里，从而保持双手温暖。[②]

萨拉曼没有说明，一个烤土豆在他所处的时代要卖多少钱，但我们可以从梅休的作品中了解到，1851 年的每个烤土豆价值半个便士，相当于今天的 75 便士。这个价格比麦当劳的汉堡便宜，但以儿童的零花钱来衡量，仍然是一笔不小的开支；人们也可以想象，对于那些急于把饭菜端上餐桌的家庭主妇来说，烤土豆同样是一个昂贵的

----

① www.measuringworth.com.
② Salaman, 1985, p. 597.

选择。当然，主妇们也可以购买相对便宜的新鲜土豆，但其售价同样达到每磅 57 便士，仍然比今天超市里的土豆要贵出不少。显然，土豆正在向高端市场转移，这多亏了英语世界中最为著名的烹饪书《比顿夫人家务手册》（*Mrs Beeton's Book of Household Management*）的推波助澜。这本书出版于 1861 年，在不到 10 年的时间里就卖出了近 200 万册，因此，比顿夫人将土豆称作"价值连城的食物"的赞美必然会引发社会的高度重视。同时，正如比顿夫人所说，"没有其他任何一种栽培作物能够使普罗大众获取如此之多的好处"，她的土豆菜谱包括了一道土豆丸子，还有"法式土豆"（油煎薄土豆片）和"德式土豆"（肉汁炖土豆）等复杂菜肴，但大多数菜谱还是提供了如何烤、煮、蒸，乃至捣碎土豆这类朴素做法的精准指南。不难看出，这种"价值连城的食物"当时已经开始迈入上流社会，但仍然和作家杜鲁门·卡波特[1]（Truman Capote）日后的追捧相距甚远。在卡波特看来，唯一食用土豆的方法就是烤熟，涂满酸奶油，再浇上最新鲜、最大粒的鲟鱼鱼子酱，佐以 80 度的俄罗斯伏特加冲服。[2]

幸运的是，对于土豆及其顾客来说，晚疫病再也没有像 1840 年代那样彻底席卷整个欧洲的作物。尽管时有发生的地方性疫情仍会造成严重的区域物资短缺，但是通过扩大进口总能维持供销平衡（虽然代价高昂）。事实上，尽管致病疫霉孢子几乎无处不在，但晚疫病是否能够爆发，在很大程度上取决于天气。在波尔多液发明之前，土豆

---

[1]　美国作家，代表作有中篇小说《蒂凡尼的早餐》和长篇纪实文学《冷血》。——译注
[2]　转引自 Kahn, 1984, p. 71。

种植者所能做的一切就是期盼天气转好，或者希望植物育种专家供应新型抗疫土豆品种的说法会变成现实。

实际上，"土豆育种"是对新品种培育过程的一种误导性描述。[①] 在这一过程中，运气和判断对于品种的选择而非培养的作用同样重大。早期，新的土豆品种并非来自已知亲本的故意杂交，而是出自传统土豆品种的随机繁殖，诀窍在于挑选颇具潜力的品种，再利用性状分离现象对其幼苗和块茎进行无性繁殖，从而获得具有理想特性的品种。这种方式的确取得了一些令人瞩目的成绩。譬如，美国纽约有一位名叫昌西·古德里奇（Chauncy Goodrich）的传教士，对园艺颇感兴趣，他从大量来自南美的自花授粉块茎中挑选出了一种具有良好特性的土豆品种悉心培养。1853 年，这种名为"智利石榴"（Garnet Chile）的块茎兑现了潜力，并于上市之后得到广泛种植。8 年之后，在佛蒙特州一位绅士的照料下，"智利石榴"又培育出了"晨曦玫瑰"（Early Rose），其受欢迎程度得到了进一步提升。

故事本应到此为止，因为人们当时并不了解"晨曦玫瑰"还会结种，但在 1872 年，一位名叫路德·伯班克（Luther Burbank）的业余青年植物学家在自家位于马萨诸塞州的土地中发现了一颗含有种子的浆果，这颗浆果来自母亲种植的"晨曦玫瑰"。这不寻常，伯班克在温室中收集并种植了 23 颗种子。这些种子很快发芽，并于第二年长出了块茎。在全部 23 颗种子中，只有一颗种子结出的块茎较之亲本块头明显更大、数量更多。伯班克把这些块茎留到了第 2 年栽培（现

① 关于土豆育种的论述主要参阅 Salaman, 1985, pp. 164-169; Burton, 1989, pp. 57-61; Lang, 2001, p. 45。

（在繁殖用的是块茎而非种子^①），最终结果表明，他得到了一种成活率高、经济价值巨大的土豆新品种。这种块茎外形较长，表皮光滑，肉质白皙，产量极高，而且可以很好地适应长时间日照——正是栽培者和消费者渴望的土豆品种。伯班克把这种土豆的相关权益卖给一家育种公司，并将收益用于移居加利福尼亚，他在那里建立了苗圃、温室和实验农场，并将很快成为闻名世界的育种专家。然而，伯班克培育的土豆仍然保留了他的名字，并于随后突变成了一种更有价值的食用品种——"褐色伯班克"（Russet-Burbank），其更广为人知的名字是"爱达荷土豆"（Idaho potato），这种土豆是烘焙和油炸的最佳原料，也是美国快餐连锁店的首选。

在大西洋的另一边，同样的故事也在上演，比利时、荷兰、法国和德国种植者都在竞相培育能够得到全国广泛认可的土豆品种。1747年，德国仅有 5 种不同的土豆，1777 年就增加到了 40 种，1854 年这一数字甚至激增为 186 种。^②1840 年代，英国最受欢迎的土豆品种是"好运"（Fluke），是用 18 世纪时最受欢迎的古老土豆品种"粉红眼睛"（Pink Eye）的种子，在曼彻斯特附近的一座农家菜园中培育而来。"好运"接下来培育了"维多利亚"——这是 19 世纪英国最受欢迎的土豆品种，其冠以女王之名，象征着人们对君主制度和土豆的双重热爱。另外一种当红土豆是"阿尔伯特亲王"（Prince Albert），还有"英国女王"（British Queen）、"爱尔兰女王"（Irish Queen）、"威尔士亲王"（Prince of Wales），以及后来的"国王爱德华七世"（King

---

① 最初土豆育种用种子繁殖，希望通过有性繁殖出现性状分离，从而选择优良特性；用块茎繁殖的话，则会完全继承亲本的特性。——译注

② Burton, 1989, p. 36.

Edward VII）、"陛下"（Majestic）、"红国王"（Red King）和 "紫眼国王爱德华"（Purple-Eyed King Edward）等一系列土豆品种。似乎是为了进一步强调整个国家同时把土豆放在心中和胃里，维多利亚女王甚至昭告天下：和她同名的土豆也会出现在皇家餐桌上。

1860 年代，威廉·帕特森（William Paterson）培育出了 "维多利亚"，他是一位来自邓迪（Dundee）的富有的育种爱好者，在 19 世纪晚期，他的大规模选育方案为一批专业土豆种植者所普遍效仿。尽管取得了一些重要成绩，但采取的方法仍然是传统的选择良种，而非刻意杂交。这些人没有任何遗传学或免疫学的指导，仅仅根据块茎的产量、品质和外观进行育种选择。我们有时甚至无法判断，其成功与否的决定因素究竟是运气，还是心电感应。譬如，这些老派种植者们极为关注土豆植株的特性和形态，他们往往会拒绝栽培那些植株高挑或杂乱的土豆品种，而是青睐叶片浓密且柔软的植株，随着时间推移，这些叶片会整齐地排列成行。科学已经证明，这些叶片浓密的品种，恰恰是质量最为优良的土豆。

因此，土豆逐渐成为科学研究的有趣对象，人们愈加重视其营养价值和经济效益，威廉·贝特森（William Bateson）等人对遗传原理的揭示也进一步强化了人们的相关认识。贝特森是遗传学的先驱（遗传学这个词就是他在 1905 年创造的），也是雷德克里夫·萨拉曼的朋友，正是在雷德克里夫的引导下，土豆很快就会接受遗传科学的调查和研究。但是，真正的科研工作要到 1903 年和 1904 年的 "土豆繁荣"（Potato Boom）结束之后才得以展开，而在 "土豆繁荣" 中，传统育种方法的声誉最终遭到了不可挽回的损害。

"土豆繁荣" 的根源是人们的轻信和贪婪，而早在 50 年前，它们就已经携手催生了"铁路狂热"。当然，土豆繁荣涉及的金额不如后者庞大，但其仍然对受害者造成了痛苦。阿奇博尔德·芬德利（Archibald Findlay）曾经是一名野心勃勃的土豆商人，后来摇身一变，成了一名土豆种植者，他是这场灾难的罪魁祸首。1870 年代，芬德利开始培育新品种的土豆，而且确实产出了几个不错的品种，但其受到的赞扬在一定程度上为质疑所冲淡，因为有人认为这些所谓的新品种仅仅是芬德利从其他种植者培育品种中拿过来的。换句话说，芬德利的行为属于"园艺剽窃"，这一指控非常严重，因为育种者理应保有他们培育出的品种的一切权利，并且应从种薯的售卖中抽取使用费。1891 年，芬德利推出了名为"时至今日"（Up-to-Date）的全新品种，雷德克里夫·萨拉曼将其形容为"有史以来最好的食用土豆之一"，尽管仍有质疑者认为这种土豆源于一种已被命名的品种，但是没人可以否认其优良品质。

219

到了 20 世纪初期，"时至今日"已经成了种植者和消费者最为喜爱的土豆品种，所以当芬德利私下告知最重要的客户，自己刚刚培育出了一种名为"北极星"（Northern Star）的更好的土豆时，大家对其深信不疑。但是，新品的货源极为有限。一位受人敬重的林肯郡商人兼种植者托马斯·基姆（Thomas Kime）（本书的相关段落正是以基姆对土豆繁荣的记录为底本①）设法以 6 英镑的昂贵价格（以购买力换算，相当于今天的 2000 多英镑）购买了 12 磅新品土豆。② 基姆把这些块茎的每个芽眼都种到了田里，种薯之间相距一码，并且为其提

---

① Kime, c. 1906.

② www.measuringworth.com.

供了茁壮成长所需的一切条件。基姆记下了土豆成长的全程，"这些土豆的长势非常不错……块茎个头不小，外表相当健康，产量同样令人满意"，市场价值接近 600 英镑（相当于今天的 20 万英镑）。这对于 6 英镑的投资而言，回报相当不错。

如此丰厚的利润立刻引发了人们的兴奋和投机者的关注。芬德利预计到购买需求会大幅增长，迅速开始囤积居奇；第二年，他以每英担①25 英镑的价格出售"北极星"种子——多买也不打折。基姆和其他早期客户花费 500 英镑买了一吨，随着存货日益减少，芬德利甚至把价格提升到每吨 1000 英镑。现在，土豆繁荣已经开始了，所有人都在讨论栽培一片土豆田将会带来的财富。但到目前为止，还没有任何大规模的收获能够证实"北极星"的杰出品质。而正在此时，芬德利又迎来了一个很好的机会，用另外一种据说更加完美的土豆为自己的成就画上圆满的句号："'埃尔多拉多'（Eldorado），财富的创造者！真正的金矿！钻石矿！"

与其名字相称的是，"埃尔多拉多"（意为黄金之国）比"北极星"更加稀有。少数几个种植者设法弄到了一些块茎（基姆不在其中，他正因患肺炎而卧床不起），处理起来的确需要非常小心——始终保持块茎处于温暖之中；发芽之后将相应芽眼取下；把新芽移栽到温室之中；再从芽上剪去过多的侧枝；等等。最后，每个块茎都长出了几十株土豆。作为未来的种薯，那一年的收获足以令人欢欣鼓舞，但是，这种土豆的栽培面积过小，种薯产量远远无法满足所有听说过这种完美土豆的人的需求。成百上千的人渴望获得这种土豆，种薯价

---

① 英担（Hundredweight），英国重量单位，1 英担约合 112 磅、50.80 千克。——译注

220 格水涨船高，一些种植者很快意识到，现在出售"埃尔多拉多"种子的收益可能和未来出售土豆的收益相仿，根据基姆的报告：

> 1904 年初，一个块茎售价高达 150 英镑，甚至一颗新芽都能卖到 5 英镑；到了春季，第一批栽培这种土豆的人开始以惊人的价格——每英担 150 英镑到 250 英镑——出售种子，买主川流不息，甚至如此高价都不能令其退缩，这可是 3000 英镑到 5000 英镑每吨的开销啊！想想看！……在土豆交易的世界中，一批最富有、最聪明、最优秀的商人都买了这种土豆，并且对其必定物有所值深信不疑。甚至有很多对土豆栽培一无所知的圈外人，在听说这个圈子里正在发生什么之后都摩拳擦掌准备参与其中，他们认为这是发财的大好机遇……这是一场什么样的赌局啊！

就连基姆自己，在错过芬德利第一批出售的土豆之后，也不得不代表自己的客户提前预订下一批货物，这些客户坚持认为，自己也应该分一杯羹——无论付出什么代价。当"埃尔多拉多"的第一个收获季临近的时候，这些正在生长的土豆看起来相当不错，基姆写道：

> 所有少量或者相对大量（因为没人真正拥有大量这种土豆）持有和栽培这种土豆的人都处于兴高采烈之中，他们开始估算自己的植株能够产出多少块茎，以及这些块茎能为自己赚取多少利润……甚至在这些土豆还没有下种之前，很多客户就已经开始以英担甚至以吨为单位预订其未来收获，售价是每英担 200 英镑！每吨 4000 英镑！许多农场计划扩张，许多家庭准备装修，甚至许多婚礼也开始筹备，大

家都对通过这种完美土豆"埃尔多拉多"赚到一大笔钱满怀希望。

　　但是，最终审判已经迫在眉睫。根据基姆的说法，"鲁特琴上逐渐开始出现了细微的裂痕"。部分专家对正在生长的土豆进行了考察，调查结果使其有理由相信，"埃尔多拉多"绝非芬德利宣传的那样尽善尽美。而当这些土豆被挖出之后，专家的怀疑得到了证实。基姆指出，经过第一年的促成栽培①，这种土豆产量大跌，毫无价值，在大多数情况下，甚至不值得人们浪费时间去挖掘。成千上万英镑就这么白白损失了。"埃尔多拉多"并非金矿，事实上，这不过是一种名为"永佳"（Evergood）的多年前就已失宠的毫无特色的品种。不少卖家对这一说法矢口否认，要求在结清所有尚未付款的订单之前掩盖真相，但托马斯·基姆本人很快揭穿了骗局，他公开宣布，"'埃尔多拉多'不是一种新型土豆"，并且承诺将退还向其预订土豆的顾客的定金。他因此被告到了最高法院，要求赔偿2000英镑，不过本案最后以原告败诉告终。对土豆种植者和他们所谓新品土豆的信心也已丧失殆尽。无论国内还是国外，任何种类的种薯贸易都陷入了完全的停滞。

　　但是，土豆繁荣之所以值得关注，不仅因为其揭示了人类的轻信和贪婪。实际上，正如雷德克里夫·萨拉曼所指出的，"这一事件标志着植物育种历史性发展的转折点……'埃尔多拉多'的泡沫既象征着一个时代的结束，也意味着一个美丽新时代的开始"。在这个新时代中，萨拉曼本人将扮演开拓者的角色。

221

----

① 促成栽培（forced culture），是指在寒冷季节里，使花卉生长发育全过程处于保护设施内，而达到提前或缩短栽培周期的一种栽培方式。——译注

1874 年，雷德克里夫·萨拉曼出生于伦敦，在家中的 15 个孩子中排行第 9——这个家庭生育了 8 个男孩和 7 个女孩，其中只有 1 个不幸未能活到成年。这个家族的姓氏曾经是"所罗门"（Solomon），1800 年代初期，雷德克里夫的祖父将其改为"萨拉曼"。也许是出于类似的天性，曾经以"内森"（Nathan）为名的孙子最终也给自己改名为"雷德克里夫"（其童年故居位于伦敦的雷德克里夫广场并非巧合）。这是一个富裕的家族，之前数代人都以帽业生意维持生计，而雷德克里夫的父亲梅尔（Myer）却转而经营时尚女士穿着的各种羽毛服饰，并从中赚了一大笔钱——在维多利亚女王和爱德华七世时期，这种服饰极为流行。作为伦敦主要的羽毛商人之一，梅尔·萨拉曼如何在商业领域中开疆拓土的具体细节如今已经湮没无闻，但很显然，他在进口和销售鸵鸟、白鹭和天堂鸟等鸟类羽毛方面干得相当不错。时人评价，梅尔·萨拉曼就像自己售卖的羽毛一样轻盈灵活、左右逢源，但他绝非一个轻浮之人。①

城里和乡下的豪宅，保姆和家庭女教师，儿童房和会客室的不同世界；私立学校，圣保罗公学②的古典课程，剑桥大学三一学堂③的奖学金，1896 年自然科学荣誉学位考试④的最优等。所有这些细节，清晰地指明了摆在雷德克里夫·萨拉曼面前的道路。他选择成为一名医学生，并将病理学作为自己的专业。毕业之后，萨拉曼在伦敦和德国的顶尖病理学家手下工作了 8 年，专业水平突飞猛进；在仅仅 20 多

---

① Royal Society, 1955. Mintz, 2002, p. 4.

② 伦敦著名男校。——译注

③ 剑桥大学学院之一，并非三一学院。——译注

④ 剑桥大学一年一度的学业考试。——译注

岁时，他就被任命为伦敦医院病理研究所的主任。他本来或许会期望，在 30 多岁的时候——精力和抱负可以有效结合的年龄——巩固自己的地位，然后稳步攀升到业内顶峰。但事情的走向却并非如此。1903 年，萨拉曼不幸感染了肺结核，不得不停止工作。在一家瑞士疗养院治疗了 6 个月之后，他在剑桥以南风景秀丽的巴利村（Barley）买了一处房子，并在接下来的 2 年间完全康复。因此，在 32 岁时，萨拉曼身体健康，婚姻幸福，完全没有经济压力，他已经开始从容地转变为一个受人尊敬的乡村绅士角色，对猎狐怀有由衷的热爱，"不知不觉成为简·奥斯汀 ①（Jane Austen）笔下人物的翻版"②。

　　但是，萨拉曼很快发现，仅有体面的生活和充足的收入还不够，正如他相信简·奥斯汀笔下的英雄会做的那样，"永远不要因为生活困境和精神消沉而停下自己的脚步"。由于曾经患上过肺结核，因此他要重新行医不太可能，不得不把精力和资源投入其他领域。在遗传学家威廉·贝特森的引导下，萨拉曼转而研究进化论。而在一系列对于蝴蝶、无毛小鼠、豚鼠和无冠鸡的实验都以彻底失败告终之后，萨拉曼决定，自己的下一次失败——"如果注定要失败的话"——将会发生在一个还没有引发前辈生物学家关注的领域。

　　萨拉曼认为，某种常见的菜园蔬菜可能会符合他的需求，于是转而向自己的园丁埃文·琼斯（Evan Jones）寻求建议。琼斯对于自己在园艺方面的全知全能极为自负，他对此迅速回答道："如果你想把时间花在蔬菜上，那么最好选择土豆，因为我对土豆的了解比任何

---

① 英国女小说家，代表作品为《傲慢与偏见》《理智与情感》等，往往以乡村生活为写作背景。

② 相关论述参见 Salaman, 1985。

活着的人都多。"但事实证明，琼斯过分高估了自己。萨拉曼整整花
了 5 年时间培育了几种琼斯的土豆，后来才发现园丁实际上搞错了这
些品种的名字。不过没关系。萨拉曼后来写道，当琼斯引导自己走上
土豆研究之路时，他就"开始了一项长期的事业，40 年后，这项工
作留下的未解之谜，甚至比当初启动研究时自己认为存在的问题还
要多"，"我不能确定，究竟是运气使然，还是土豆和我注定要成为
终身伴侣；尽管在研究之初，我对土豆没有任何特别的亲切感或浪漫
感可言，甚至不觉得好吃，但从那一瞬间开始，我的人生道路就确
定了，我开始越来越多地涉入任何和这种植物直接或间接相关的问
题"。萨拉曼进一步提到，"很多人以摇头和宽容的微笑来看待这项
223 研究，他们认为，除了精神错乱之外，没有任何理由可以解释为何我
们终身沉迷于如此乏味的课题；这项工作并不适合他们"。

　　因此，正当人们迫切需要一种全新的土豆育种方法的时候，巧合
把土豆和萨拉曼联系到了一起，而特别的研究兴趣和充裕的个人财富
又为萨拉曼深入考察土豆的性质做好了充分准备。此外，遗传和最适
用于土豆育种的理论孟德尔（Mendelian）遗传学说是当时的热门话
题。作为一门旨在通过控制繁殖以改良某种生物（包括人类）的"科
学"，后来被用来为纳粹德国的种族政策辩护的优生学正如日中天。
作为优生学会的会员，萨拉曼发表的一篇关于"犹太性"（他创造的
术语）继承的论文，在某种程度上说明了他的学术旨趣。[1] 在文章中，
萨拉曼分析了犹太人普遍具有的容貌特征，并得出了类似于此的结
论：犹太人的鼻子主要由父系基因决定，即使母亲是非犹太人，也不

---

① Salaman, 1911.

影响其遗传。这种孟德尔式的种族遗传观点受到了严厉批评，无论方法还是结论。[1] 的确，这一研究实在太过离谱，以至于大家希望这只是萨拉曼需要坦然承认的另一个错误的开始，尽管这篇文章发表于萨拉曼用无毛小鼠和无冠家禽做实验的数年之后，而且在接下来的一段时间里，萨拉曼仍然是优生学会的会员。[2]

　　但是，无论雷德克里夫·萨拉曼对优生学和种族遗传浅尝辄止的科学研究得出了什么结论，其目的都是促进而非消灭犹太性。作为犹太复国运动的支持者，萨拉曼积极参与国内外的犹太相关事务。不过，由于他在土豆研究领域中的卓越成就，使得其他方面的贡献黯然失色。因此，位于耶路撒冷的希伯来大学为了表彰萨拉曼在理事会中做出的贡献，建议把他的纪念碑建在该校植物园的一角，以象征其一生致力于土豆研究事业，似乎恰如其分，尽管有些异想天开。

　　我们无法得知，在遗传研究领域的第一次尝试失败后，萨拉曼是多么不知所措，尽管大家可能会认为他有些无所事事。当时狩猎季已经结束，而高尔夫、网球和板球从来没能引发他的兴趣。然而，当一天早上雷德克里夫·萨拉曼走出去向他的园丁征求下一步该做什么的建议时，令人激动的土豆新时代的美妙前景由此发端。从某种意义上说，萨拉曼的选择十分明智：经验丰富的园丁往往都是知识渊博的人，而且曾有一个重要先例——查尔斯·达尔文就在和园丁与家养动物饲养员的谈话中发现了关于物种起源的有益见解。但是，萨拉曼的园丁埃文·琼斯先生本可能是韭葱（他的名字说明他来自威尔士，

[1]　Laski, 1912.

[2]　http://www.eugenics-watch.com/briteugen/eug_sasl.html.

而韭葱简直可以算是威尔士的象征）、芜菁或卷心菜的狂热爱好者。幸运的是，事实并非如此，土豆的新时代马上就要到来了。

在那个决定命运的早晨，萨拉曼吃了一种白色的块状土豆和一种红色土豆，琼斯将前者称为"罪魁祸首"（Ringleader），后者叫"面团"（Flourball）。萨拉曼原本计划对这些土豆进行实验，就像格雷戈·孟德尔（Gregor Mendel）的豌豆实验那样，通过一代又一代的杂交和回交①，来发现哪些性状是显性的，哪些又是隐性的。但是他的研究很快被引入了未知的道路。1906 年，为了将野生土豆纳入实验之中，萨拉曼向皇家植物园的有关部门索要一种极为常见的野生土豆 Solanum maglia 的块茎。然而，皇家植物园的野生土豆储备被贴错了标签，萨拉曼实际收到的并非 S. maglia，而是一种后来被确认为 S. edinense 的土豆品种。这是那种"无法预测的发现"的绝妙示例，它不时给予科学的发展一点有益的助力。因为皇家植物园送错了块茎，萨拉曼阴差阳错地发现了一个目前未被觉察的真相：事实上，对晚疫病的真正抗性确实存在。

1909 年，萨拉曼在巴利村的实验田中种植了 S. edinense 块茎产出的自体受精种子，从而培育出了 40 株土豆。那一年和第二年，晚疫病十分严重。由于他的实验就是为了找到一种具有抗晚疫病特性的土豆，萨拉曼没有在实验田中喷洒波尔多液。在疫情影响下，萨拉曼过去研究的所有土豆都被杀死了，无论原生品种还是培育出来的杂交品种。由 S. edinense 培育而来的 33 株土豆幼苗也死了，但有 7 株未被感染。在随后的数年时间里，这 7 株具有抗性的土豆幼苗继续生

---

① 将子代和两个亲本的任意一个进行杂交的方法叫作回交。——译注

长，而且始终保有抗性。其中 1 株在巴利村的菜园中连续栽培了 17 年，从未表现出丝毫被感染的迹象。

萨拉曼现在确信，真正的抗性只能在驯化土豆之外寻找，于是他又获取了其他几种野生品种，包括一种来自墨西哥的野生土豆 S. demissum，这种土豆同样具有晚疫病抗性。1911 年，萨拉曼开始将 S. demissum 与驯养品种进行杂交，其最终目标是将两种优良特性整合到单一品种之上 —— 既能抵抗病害，而又适销对路。到了 1914 年，通过将抗性最强的品种和之前获得的免疫品种再次杂交，萨拉曼获得了一系列符合预期目标的杂交土豆品种。到了 1926 年，萨拉曼不无自豪地报告说："我拥有 20 多种具备出色经济性状的土豆幼苗，无论其处于什么成长阶段，似乎都对晚疫病免疫。"[1]

在经历了全部那些失败的开端之后，萨拉曼终于实现了极为重要的突破，带来了真正的希望：培育出具有晚疫病抗性的土豆品种完全可能，这些品种可以让农民节省大量喷洒农药的成本，也不会因病害而遭受严重损失。

几乎在萨拉曼取得重大发现的同时，苏联却陷入了一场饥荒之中，其严重程度甚至超过了昔日爱尔兰的惨剧。但是，这次饥荒爆发的原因并非土豆的歉收，而是一系列事件的综合作用 —— 第一次世界大战、1918 年革命的动荡，以及随之而来的内战 —— 连续干旱和苏联将其全新政治秩序置于人民之上的坚定信念，使得情况更加复杂。[2]

225

---

[1]　Salaman, 1985, p. 177.

[2]　Edmondson, 1977.

1921 年，超过 3500 万苏联公民面临饥荒的威胁。当时，交通网络完全瘫痪，政府命令将所有粮食储备运往城市，使得农村地区几乎一无所有——甚至连仅剩的谷种都被征用——进一步恶化了他们所处的困境。最后，至少有 500 万人死于饥饿和相关疾病，而如果苏联愿意在灾难爆发之初就接受外国援助的话，其中许多人本来可以活下来。[①] 但是，由于担心外国势力会对本国政治发展产生影响，在最终被迫做出让步之前，苏联最初拒绝了援助。在规模最大时，国际援助计划养活了 1000 万苏联人。

到了那时，苏联的上层精英们不得不承认，国家不能仅靠意识形态生存。经济遭到严重破坏，重建亟须经验丰富的工程师、科学家、实业家和管理人员的知识和技能。但是，这个国家的大多数专业人才要么已经移民，要么已在革命的余波中丧生（当时，高等教育被视为一种资产阶级的威胁）。许多专家因为各种原因遭到处决。死里逃生的少数幸运儿突然发现自己成了抢手的人才。农业植物学家尼古拉·伊万诺维奇·瓦维洛夫（Nicolay Ivanovich Vavilov）就是其中一位。

在第一次世界大战之前，瓦维洛夫是一名从事植物抗病机制研究的研究生。他曾在英格兰师从威廉·贝特森，也曾在德国跟随恩斯特·海克尔（Ernst Haeckel）（既是一名生物学家，也是进化论的热情拥护者，和其他学者共同创造了"生态学"一词）继续深造。具备这样的学术背景，瓦维洛夫堪称解决俄国农业复苏问题的不二人选。当时，随着外国援助进入苏联，政治气氛有所缓和，这使瓦维洛夫有可能访问美国和欧洲，从而在得以获取全新植物材料的同时，和世界

---

① Furet, 1999.

农业科学的最新进展保持密切联系。所有这些利好，无疑都为瓦维洛夫栽培植物起源中心学说的提出和发展做出了贡献。

时至今日，尽管瓦维洛夫的学说已经为很多后辈科学家的成果所更新和替代——并非全盘否定，但在当时的背景下，瓦维洛夫开辟了一条全新的研究路径，从而在植物育种，尤其是土豆育种领域，取得了宝贵进展。[①]

瓦维洛夫学说的突出亮点在于，它是一种完全出自"纸上谈兵"的学说，换言之，一种凭借严谨思考而提出的理论设想。[②] 瓦维洛夫认为，由于来自公认的文明摇篮的栽培作物的种类非常有限，譬如尼罗河、底格里斯河和幼发拉底河、印度河、恒河、长江，对这些作物的最初驯化可能发生在其他地方。他说，农业的起源发生于较为偏僻的地区，稍晚一段时间之后，在文明起源的主要河谷地带，日益膨胀的人口才开始栽培源于上述地区的驯化作物。瓦维洛夫提出了 8 到 12 个世界主要粮食作物的起源中心（其数量随瓦维洛夫理论的发展而增加），它们普遍位于驯化作物及其野生亲缘植物遗传多样性最为丰富的地区：新月沃土的小麦、印度的水稻（瓦维洛夫这里的观点是错误的，水稻遗传多样性最丰富的地区其实是印度尼西亚）、墨西哥的玉米、地中海沿岸的油菜、中国的柑橘、巴尔干半岛的核桃，以及安第斯山脉的土豆。

虽然瓦维洛夫非常享受在理论领域的深入探索，但他最关心的仍然是这一学说的实际价值。1920 年，瓦维洛夫被任命为应用植物局

---

① 对瓦维洛夫的工作及其影响的全面评述可以参见 1987 年举行的一次纪念研讨会会刊，以及 *Biological Journal of the Linnaean Society*, vol. 39 (1990), part 1。

② Vavilov, 1997, p. xxiii.

（随后改名为植物栽培学研究所）局长，负责改良苏联粮食作物的艰巨任务。1921 年爆发的饥荒进一步加强了这一工作的重要性和紧迫性。和一个多世纪之前英国皇家园艺学会的植物学家先生们一样，瓦维洛夫确信，栽培作物的野生亲缘植物可能具有栽培品种早已丧失的抗病、防虫和环境耐性等有益特性。他说，寻找可以使俄国摆脱反复发作的旱灾和饥荒的植物品种，应该从"培育现代作物品种的原始植物——就像建造房屋的砖块和砂浆"开始，而非迄今我们一直在使用的植物变种和杂种。

　　从这一理念出发，瓦维洛夫推断，在他提出的粮食作物起源中
227　心，可能会找到一些未被发现的有益遗传特征。要找到这些特征，需要对来自世界各地的数以千计的样本进行详细的调查。而要把这些特征融入新的改良作物品种，就需要广泛的田间实验。

　　瓦维洛夫的建议，实际上是要求建立一个活体植物库，把全世界的栽培作物及其野生亲缘植物都集中到这个研究所，而为了充分开发其潜力，需要投入大量的资金和人力。这是一个耗资巨大的革命设想，而当时又是一个百废待兴的革命年代，但即便如此，瓦维洛夫设法从非常拮据的苏联国库获取的经济支持规模仍然极为惊人。单单这一成就，就使其获得了西方国家同行的惊叹和钦佩（当然还有嫉妒），但他究竟是如何做到的？据说，当一名英国植物科学家在外交招待会上提出这个问题时，瓦维洛夫曾经解释过：略施小计。在某次食物短缺时，瓦维洛夫看到列夫·托洛茨基[①]（Leon Trotsky）正在排队领取配给粮食——为了显示自己和无产阶级团结一心，苏联共产

---

① 俄国共产党第一代领导人之一，红军的缔造者。——译注

党的精英们似乎经常出现在这种场合。瓦维洛夫插入托洛茨基所在的队伍，走到身边和他攀谈起来。当他们拖着脚步向前领取配给时，瓦维洛夫向托洛茨基详细阐释了自己的研究计划：植物育种可以一劳永逸地消除食物短缺和排队领取面包的现象。托洛茨基被瓦维洛夫的说辞打动了，而当其将这一方案转告列宁之后，后者同样印象深刻。瓦维洛夫得到了资助。①

　　瓦维洛夫组织了田野考察团队，并派遣其收集来自苏联各地和全球 60 个国家的植物样本。当 S. M. 布卡索夫（S. M. Bukasov）博士准备动身前往南美洲的安第斯山区时，瓦维洛夫指示，"不要满足于仅仅采集几种样本，而要尽可能多地收集当地植物"。当布卡索夫回国时，带回了数以千计的植物样本，其中包括一些此前鲜为人知的野生和栽培土豆品种。

　　瓦维洛夫创建的这个农业研究所是当时世界上规模最大、活跃度最高的植物研究机构之一，其拥有由 400 个遍布苏联全境的实验站构成的研究网络，并与世界各地的相关机构有着密切联系。到了 1934年，有 2 万人在瓦维洛夫的全面领导下工作，其收集的可供研究的样本总数超过 30 万份。从来没有人像瓦维洛夫他们一样拥有如此丰富的关于全球栽培作物分布的资料和数据可供利用。利用这些信息来完成提高俄国粮食产量的挑战相对简单，但是需要耗费一定时间。相较之下，满足瓦维洛夫的政治主人的需要却困难得多。

　　事后看来，一项雄心勃勃、耗资巨大的建立在固有生物多样性 228基础之上的研究计划，在斯大林的崛起给苏联社会的方方面面带来强

---

① Hawkes, 2003, p. 15.

烈冲击的背景下，是注定要失败的。随着农业集体化运动的开展，苏联的粮食产量骤然下降，瓦维洛夫接到指示，要把培育高产抗病粮食品种所需要的时间从 12 年缩短到 5 年。瓦维洛夫的反对意见被其竞争对手特罗菲姆·邓尼索维奇·李森科（Trofim Denisovich Lysenko）的说法所驳斥，后者表示，自己可以在 3 年时间里完成这项工作，只需要在温室的角落里摆上 5 个花盆就行了。

通过一场诋毁运动，加之斯大林的支持，李森科最终侵占了瓦维洛夫曾经取得的一切地位和权力。较之科学家，李森科似乎更像一个政客——当被告知英格兰科学家无法重复他的一些研究成果时，他回答道："我对此毫不惊讶，因为他们生活在资产阶级的环境之中。"[1] 带着这样的信念，出自目不识丁的农民家庭的李森科非常善于讨好苏联共产党的精英。政治领袖们也视其为一个真正的苏联人，一个当之无愧的共产主义体制的产物。因此，他的科学水平一定比任何具有资产阶级背景的科学家都要高。

1940 年 8 月，尼古拉·瓦维洛夫被捕；11 个月后，他被判犯有参与右派阴谋集团、破坏苏联农业和充当英国间谍等罪行。经过几分钟的合议，法庭判处其死刑。尽管这一判决随后减刑为 10 年监禁，但是瓦维洛夫仅仅服了一年多一点的刑期，就于 1943 年 1 月去世，享年 65 岁。在伏尔加河畔的萨拉托夫（Saratov）的监狱里，瓦维洛夫饱受诽谤、羞辱、折磨和饥饿之苦。讽刺的是，这座俄国城市曾经是饥荒的中心，而这种饥荒正是瓦维洛夫始终坚持辛勤工作的强大动力。

关于瓦维洛夫下落和命运的消息遭到全面封锁，他的妻子、家

---

[1]　Hawkes, 2003, p. 17.

人、学生、朋友乃至全世界的科学家都被蒙在鼓里。20 年过去了，瓦维洛夫死亡的确切日期才得以公布；又过了很多年，他安葬在萨拉托夫墓地的大致位置才公之于世；差不多 50 年之后，他的儿子尤里·瓦维洛夫（Yuri N. Vavilov）博士才获得了相关秘密文件的副本，其中详细地记录了这位科学家被逮捕、囚禁和死亡的具体细节。[①]

1955 年，瓦维洛夫被平反；10 年之后，他为之倾注心血的研究所被重新命名为瓦维洛夫研究所；在萨拉托夫的墓地中，也竖立起了一座巨大的大理石纪念碑。1976 年，78 岁的李森科寿终正寝，其终生保持了极高的政治敏锐性，以至于尽管改善粮食产量的承诺未能实现，他仍然设法维持了高层的支持。但是李森科的所谓科学实际上漏洞百出。1964 年，物理学家安德烈·萨哈罗夫（Andrei Sakharov）在苏联科学院全体大会上表示：

> 他对苏联生物学和遗传学的可耻倒退负有严重责任，对伪科学观点的传播、冒险主义的煽动、求知精神的退化，以及许多真正科学家的污蔑、开除、逮捕，甚至死亡同样难辞其咎。[②]

但是，由于李森科的注意力主要集中在谷类作物上，瓦维洛夫在土豆方面开展的研究没有受到严重打击。布卡索夫和同事们从南美洲带回的样本，成为日后对野生土豆和栽培土豆遗传变异性进行全面调查的基础。事实上，毫不夸张地说，由于收集了数量惊人的野生土豆

229

[①] Vavilov, 1997, p. xvii.

[②] www.learntoquestion.com/seevak/groups/2003/sites/sakharov/AS/ biography/dissent.html.

和早期栽培土豆，以及随后开展的大量而详细的实验，使得这项工作为今后全部关于土豆早期形态的研究奠定了基础。早期栽培土豆以及更为原始的 Solanum tuberosum 都是在这次考察中首次发现。的确，在考察队归来之前，人们对于司空见惯的土豆居然存在这些品种一无所知。同样吃惊的发现来自野生土豆，其中一些品种表现出了抗冻和其他有用的特性。[①]

　　正当瓦维洛夫被自己的祖国指控破坏苏联农业时，他的土豆研究却获得了全世界的高度评价。举世公认，在利用野生亲缘植物以改良土豆栽培品种的研究方面，瓦维洛夫的成果是最基础且最关键的。瓦维洛夫响应了托马斯·奈特和约瑟夫·萨宾一个多世纪以前向英国皇家园艺学会发出的呼吁。现在，随着其潜力得到充分展示，俄国遗传学家和植物育种家的收集、考察和调查工作迅速为德国、瑞典、美国和英国所效仿。一个新的土豆研究时代终于露出了曙光——既是一个将土豆特性追溯至最初起源的时代，也是一个描绘土豆遗传密码排序的时代。作为人类最有价值的粮食作物，土豆的未来一片光明。或者，如果从土豆的视角来看待这段历史的话，在这种柔嫩、多产而又脆弱的植物最终统治世界的进程中，它曾经利用了很多富有开创精神的科学家。

----

① Hawkes, 1958, p. 258.

第14章　肩负使命之人

1938 年至 1939 年，大英帝国土豆采集考察队花了 8 个月的时间，通过火车、卡车、汽车、马和骡子，以及步行等方式环游了南美大陆。这个由 3 名科学家组成的团队累计跨越了超过 9000 英里的距离，收集了 1100 多株野生土豆和原生栽培土豆的样本，其中许多品种此前从未被记录过。考察队是典型的英式非专业组织：准备极为认真，但无论对于参与者还是考察目标而言，都没有什么过高的期望。

考察队由爱德华·鲍尔斯（Edward Balls）率领，他是一名专业的植物收藏家和环球旅行家，庭院中随处可见的小型蓝色鸢尾就是以其名字命名的：Sisyrinchium E. K. Balls。与其同行的还有威廉·贝尔福·古尔利（William Balfour Gourlay）博士和杰克·霍克斯。前者同样是一位经验丰富且游历甚广的独立植物学家；后者则是团队中的一位新手，刚刚从剑桥大学的植物学专业毕业，对未来充满信心和希望，但还缺乏充分历练。[1] 当时，杰克·霍克斯只有 23 岁，准备继续在剑桥大学师从雷德克里夫·萨拉曼开展关于土豆问题的博士论文研究。他对土豆知之甚少，也没有出国考察或者采集植物样本的实践经验。在 83 岁（2003 年）时出版的考察自传中，霍克斯承认，接受陪同鲍尔斯和古尔利前往南美洲的邀请，仅仅是自己人生中众多"奇妙的巧合"之一，但这次巧合正是霍克斯长大成人乃至成为科学家的

---

[1]　终其一生，John Gregory Hawkes（1915—2007）都被朋友和同事称作"Jack"。

图 14

关键。[①] 他在自传中写道，这次考察抚平了其性格中的尖锐棱角，教会他如何处理人生中的许多难题，从而为其长达 60 年的职业生涯奠定了坚实基础。可以说，这次考察最终推动杰克·霍克斯成为土豆分类学乃至整个土豆研究领域的领军人物。

此次考察队的使命，是在瓦维洛夫等人 1920 年代开展的调查基础上，进一步扩大收集范围，从而为大英帝国的土豆科学家和育种家建立南美洲野生和栽培土豆的国家标本库以供利用。当然，在 1930 年代，俄国已经有了这一方面的大量藏品，来自瑞典、德国和美国的考察队也一直在南美洲不断收集。仅就科学研究而言，发起这些调查的研究机构乐于对外合作——信息保持交流，成果不断发布——但当涉及建立一项育种计划时，大英帝国必须拥有自己的收藏。与此同时，战争的威胁进一步强化了这一工作的紧迫性。

在 1914 年到 1918 年的战争中，英国已经认识到，作为一个粮食进口数量在粮食供应总量中占据重要份额的国家，当运输船队可能成为敌方行动的目标时，必须努力实现国内生产最大化。到了第一次世界大战结束时，在政府的鼓励下，英国小农每年生产超过 200 万吨蔬菜，这一经验会在第二次世界大战中得到充分利用。南美考察队得到的慷慨资助，以及为便利其旅程和调查而做出的大量外交安排，可能就反映了这一点。到了 1930 年代末期，如何在战争中填饱英国国民和加强本土生产已经成为亟待解决的首要问题（英联邦其他国家的需求也不能忽视）。有鉴于此，南美考察队的使命是：

----

① Hawkes, 2003, p. 9.

232

收集任何具有经济价值的品种，譬如那些能够抵抗病害、酷暑、严寒、干旱和洪水的品种，这样一来，我们就可以将所有可用土豆整合为未来培育不同品种的基础，以适应帝国境内气候条件的广泛差异，并且对抗侵袭欧洲土豆的严重病害。[①]

为了准备这次考察，霍克斯在帝国农业局的支持下被派往苏联进行正式访问。他要参观位于列宁格勒（现在叫圣彼得堡）和莫斯科的土豆研究站，并与尼古拉·瓦维洛夫和其他科学家进行会谈。由于俄国此前已经在南美收集了大量样本，其土豆研究水平被公认为世界领先，从这次旅行中，霍克斯可以学到很多东西。

233　　霍克斯认真研读了大量关于土豆的文献，并做了一些和土豆细胞相关的基础实验工作，此外，他还和雷德克里夫·萨拉曼讨论了自己的博士研究计划。考虑到自己马上要接触到的是土豆科学最前沿的研究动态，霍克斯的这些准备工作是否充分实在令人怀疑，但他完全不必担心。从到达苏联的那一刻起，霍克斯就被当作来访的贵宾和颇有建树的科学家加以隆重接待。媒体将其描述为"大英帝国植物遗传局副局长霍克斯博士"，尽管霍克斯甚至没有受雇于该机构，距离获取博士学位也还有好几年的时间，但是都没关系。尼古拉·瓦维洛夫本人也把年轻的杰克·霍克斯视作尊贵的客人，招待其享用丰盛的午餐和晚餐，带他去欣赏歌剧（霍克斯指出，他们坐在剧院二层前排中间的预留席位），并和他彻夜长谈，大家"平等地"讨论科学和土豆。

霍克斯还参观了研究所的标本室、植物园和试验田，一种可以用

[①]　Hawkes, 2003, p. 151.

作橡胶生产的蒲公英短暂地吸引了他的注意；他还会见了声名狼藉的特罗菲姆·李森科。但是，此次访问的最大收获，无疑来自于与尼古拉·瓦维洛夫和其他在前者鼓动下前往南美洲收集土豆的科学家们的讨论：S. M. 布卡索夫和 S. W. 尤泽普丘克（S. W. Juzepczuk）。苏联科学家劝说霍克斯应该到玻利维亚和阿根廷北部寻找土豆，俄国人始终未能进入这些地区。此外，他们还提及了一些位于秘鲁的英国考察队可能会忽视的地点。瓦维洛夫声如洪钟地宣称，如果霍克斯没能带回至少 12 种全新土豆，他个人就会感到失望。幸运的是，英国考察队收集到了更多的样本，并将几乎全部找到的植物活体都给瓦维洛夫和布卡索夫寄了一份。

　　霍克斯对苏联的访问有一个不祥的注脚。[①] 访问的最后一天，在已经向瓦维洛夫及其同事们告别之后，霍克斯发现 2 名自称是《真理报》的代表在自己下榻的旅馆里等候。他们希望霍克斯能为《真理报》写一篇文章，谈一谈对苏联及其土豆研究项目的印象。但随后，谈话的主题最终从约稿的请求转到了这样一个建议：既然霍克斯对苏联赞赏有加，他可能愿意考虑扮演一名更为开放的角色，成为苏联的情报来源。换句话说，成为一名苏联间谍。霍克斯退缩了，似乎是为了使这个提议更加容易接受一些，他的访客表示，苏联已经在剑桥大学招募了几位同志（目前已知的有菲尔比 [Philby]、布兰特 [Blunt]、伯吉斯 [Burgess]、马克林 [Maclean]），同时，苏联当然不可能要求霍克斯告发自己的英国同胞，他们更感兴趣的是生活在国外的苏联公民。

234

---

① Hawkes, 2003, p. 20.

　　考察队从利物浦出发，经过 4 周航行，于 1939 年 1 月 13 日抵达秘鲁首都利马。在英国使馆工作人员的"大力帮助"下，带着副领事和外交部部长秘书的个人美好祝愿，考察队在很短时间里就得以启程前往玻利维亚首都拉巴斯（La Paz）。到达拉巴斯之后，英国外交部仍然提供了不遗余力的帮助：协助考察队获得了玻利维亚外交部和农业部的必要许可；联系玻利维亚铁路公司经理，以获得在全国铁路网络中免费乘坐头等车厢的特别优待；安排和阿根廷驻玻利维亚大使的会见，确保考察队在未来前往阿根廷的旅程中可以得到同样慷慨的接待。显然，这是国际旅行的黄金年代。

　　1 月 28 日下午，考察队采集了第一种野生土豆——此时距离他们抵达利马还不到 2 周——那是在拉巴斯南方的一个河谷里，充斥着由饱经侵蚀的泥土和石柱构成的单调景象，植物学家只有依靠偶尔发现的美丽的开花植物才得以缓解这种枯燥。当考察队进入第一个村庄时，他们就发现了这种土豆。调查显示，这种土豆叫作"魁派肖克"（Quipa choque），后来他们发现，在当地通用的艾马拉语中，这个单词的意思就是"野生土豆"。霍克斯指出，这是一种"近乎杂草的野生土豆"，通常生长在道边、路旁、垃圾堆和其他人类聚居地。第二天，考察队在河谷两侧陡峭石坡上发现了大量正在生长的这种土豆，其中一些还开着花。随着植物学所需的全部证据都已齐备——块茎、叶片和花朵——霍克斯现在可以为他们发现的第一种野生土豆命名：Solanum sparsipilum。Solanum 自然是其属名，种本名[1]；sparsipilum 则源于这种土豆植株的叶片较为稀疏。后来，人们发现，

---

① 根据林奈创立的双名法，一种植物的学名由"属名"和"种本名"组成。——译注

S. sparsipilum 是一种变异性极强的土豆，其不同样本往往特性各异。在其首次出现在植物学文献之后，S. sparsipilum 已经被赋予了 12 个截然不同的拉丁名称。

当考察队越过边境进入阿根廷时，此前已经接洽的当地官员给他们准备了午餐，并提出要带考察队去一个他认为可以找到野生土豆的地方。霍克斯在日记里写道：

到达之后，他开着一辆非常古老的汽车带我们穿过田野，这里的风光有些类似什罗普郡（Shropshire）的勒德洛镇（Ludlow）附近，野生的树木和香草开满了花，与我们坐火车时经过的荒凉、寒冷、贫瘠的高地相比，整片地区如同天堂一般。乡民们都骑马……女士们则侧骑于横鞍之上，看起来非常美丽。[①] 235

在地方官员的引导下，考察队在一个农场中发现了如同野草般蔓延的野生土豆，并在这户农家儿子的热心帮助下挖出了大量很小的块茎。随后天上下起了雨，他们"受邀到农场喝了几杯啤酒，吃了一大包苹果"。

几天之后，考察队乘火车前往下一个目的地，这趟火车开得很慢，在某些地方，他们甚至可以下车收集铁轨旁的植物。他们正位于安第斯山脉高处。到蒂尔卡拉（Tilcara）时，为了到海拔更高的地方进行收集和考察，他们雇了向导，同时租赁了骡子和野营装备。在海拔大约 3600 米的地方，考察队发现了一块长满了野生土豆的名副

[①]　Hawkes, 2003, p. 39.

其实的"地毯"。霍克斯回忆道："这是一片令人极其兴奋的区域"，"散落在地面上的，不仅是活的植物，而且还有巨大的珊瑚化石和侏罗纪时期的石灰岩碎片"。霍克斯给一种野生土豆命名为 S. tilcarense（纪念其首次发现于蒂尔卡拉地区），随着他们不断向上攀登，尽管叶片的形状和花瓣的颜色都不一样，这种土豆变得愈发常见。刚到下午，山里的天气开始恶化；下午 3 点半时，考察队准备搭起帐篷过夜。霍克斯写道：

　　我们在海拔大约 3700 米的地方发现了一处可供宿营的营地。这里有一汪泥泞的泉水，为我们提供了一些不很干净的水；尽管地面都是石头，我们还是设法把帐篷支了起来。比尔·古尔利发现自己把帐篷搭在了一片长满 S. Megistacrolobum（得名于叶片末端的裂口）的地上，这非常有用，因为我们可以在干燥和相对温暖的环境中把这些植株挖出来……吃完晚饭后，我们感到筋疲力尽，早早就睡觉了。①

　　霍克斯回忆说，第二天是他经历过的最糟糕的一天：

　　凌晨 4 点左右开始下雨，一直不停，很快转成了雨夹雪。骡夫们躲在油布底下，骡子们浑身湿透的立在旁边，看起来已经对这种天气习以为常；毫无疑问，它们确实习以为常。

236　　　在雪停之前，这些人是不会生火泡茶或者煮咖啡的，更不会进行任何需要消耗体力的活动；所以爱德华和我决定继续沿路探索更高

---

① Hawkes, 2003, p. 39.

的地方来取暖。山顶和我们之间的海拔差看起来似乎只有不到 50 米，但实际上，山顶的真实海拔可能要超过 4000 米，在爬到大约 3950 米的时候，由于雨夹雪下得越来越大，我们决定返回。然而，S. acaule（意为"没有茎秆"）和 S. Megistacrolobum 这两种土豆似乎非常适应这种常常寒冷飘雪的环境。

S. acaule 是一种极为抗冻且分布广泛的野生土豆，在未来的旅途中，考察队还会遇到很多次。考察队在波托西镇发现 —— 曾经为西班牙帝国贡献了大量资金的臭名昭著的银矿即位于此地 —— 这种土豆就像野草一样，遍布于小镇各处的花园、广场、火车站，甚至铺设街道的鹅卵石之间（由于没有茎秆，这是一种十分低矮的植物）。而在早已被毁的古老城市蒂亚瓦纳科周边，同样生长着许多 S. acaule。更值得注意的是，在全部 7 种已知栽培土豆中，这里找到了 6 种。霍克斯指出，这是非常重要的发现，因为它清楚地表明，考察队已经抵达了瓦维洛夫曾经猜测的土豆作物起源中心。这一重大进展同时意味着，他们可以抽出片刻时间，问心无愧地参观当地的遗址：

神庙是最令人兴奋的部分，周围竖立着高耸沉重的长方形石块，每块高约 5 米。神庙外的一侧，是所谓的"太阳门"，完全由一整块巨大的石头构成，上面刻有奇特的人物形象，据说这些形象具有历法意义。神庙的另一侧，则是一段由庞大石块切割而成的四级阶梯，尤其顶端两级，仅由一块长约 6 米、宽约 2 米的石头刻成。整座城市占据了一片广阔的空间，而且设有码头，在湖水退去之前，这些码头曾经位于的的喀喀湖的边缘。

参观之后，考察队乘坐汽船穿过的的喀喀湖回到位于普诺（Puno）的驻地；随后，他们从驻地出发，搭乘出租车进入周边农田。他们收集了包括 S.canasense（因其发现于卡纳斯 [Canas] 和附近而得名）在内的许多野生土豆，霍克斯在其日记中写道，"这是一种极为美丽的土豆"，"有着精致的叶片和大而美丽的蓝紫色花朵"。[①]

237　　　1939 年，大英帝国南美洲土豆采集考察队总共收集了 1164 株活体土豆样本。在经过剑桥大学实验室仔细的病害检查之后，这些经过消毒处理的植株被栽培于温室之中，奠定了英国土豆收藏的基础。自此，这批土豆每年秋季收获一轮，再于来年春天重新栽培。如今，它们被称为"英联邦土豆样本库"，由邓迪附近的苏格兰作物研究所保存——这是极为宝贵的资源，育种家和科学家可以借此研究土豆性质和潜力的所有相关问题。

霍克斯本人即利用这批原始材料在剑桥大学完成了关于土豆分类和遗传相关的博士论文（在论文中，他记录了全新的 31 种野生土豆和 5 种栽培土豆）；论文完成后，他继续利用这批材料进行了广泛的研究。而在霍克斯发表的 241 篇关于土豆及其相关问题的论文和专著中，对于这次考察的科学记录（1941 年出版）是第一篇。

几乎没有什么关于土豆的问题是杰克·霍克斯从未考虑和讨论过的，尽管他的一些研究结论已经被证明是错误的——由于知识深度的不断增加和研究方法的日益完善，出现错误当然是不可避免的。譬如，霍克斯在 1939 年考察中记录的全新野生和栽培土豆中，其中几

① Hawkes, 2003, pp. 64, 74.

种已经归入其他类群之中；另外，关于土豆的最初驯化究竟发生于安第斯山脉的何处，以及哪些野生土豆参与其中等问题，霍克斯的结论同样具有争议。但是，这些事例仅仅表明了科学进步的方式，绝对无法削弱霍克斯及其研究成果的崇高地位。

任何科学家的研究都无法超越现有技术和方法的限制。早期植物学家曾经提出过一种植物学研究模式，即根据物质结构和特性以区分不同植物——花朵的形状、叶片的结构、生长的方式等。这种研究模式催生了数十个描述性词汇来为植物命名，包括"上侧"、"喜旱"、"生有尖端"、"脱落无毛"、"羽状全裂"、"花序轴"、"托叶"、"被有绒毛"等等，不一而足。[①]不过，由于同种植物的结构和特性可能发生突变，这样的分类方式也使得不同植物学家很有可能将其放入不同类群之中（霍克斯 1939 年采集的具有不同特性的 Solanum sparsipilum 样本就是一个很好的例子）。直至 20 世纪早期，随着显微镜开始进入植物细胞的微观世界，加之显微术的进步和遗传学的发展，植物学的研究愈加细化和精确。当代研究人员已经开始研究土豆的 DNA，他们所利用的技术不仅可以在基因层面上区分两种植物，而且还能对植物的进化历程进行回溯——从祖先种群到其现代后裔。

杰克·霍克斯在 1990 年出版的《土豆：进化、生物多样性和遗传资源》一书中阐述了对土豆起源和进化的认识。[②]尽管他大方承认，书中的一些结论可能会被尚未发现的新证据修正甚至证伪，但这始终是一部不容忽视的权威著作。事实上，作为确凿事实和大胆总结的完

238

---

① 对这些词汇的详细解释，可以参见 Hawkes, 1990。

② Hawkes, 1990.

美结合，这部作品可能是关于土豆研究的最常被引用的经典之作。

1939 年，考察队在的的喀喀湖周边地区和玻利维亚北部发现了大量集中生长的现代栽培土豆，霍克斯在其中鉴别出了一些"更为原始"、"近乎野生"的品种。根据这一初步发现和更加详细的实验室研究，霍克斯得出结论：土豆可能最早在大约 10000 年至 7000 年前于的的喀喀湖南岸一带被一个相对稳定的狩猎采集者族群所驯化。他说，最初被驯化的至少包括 4 种野生土豆，世界上第一种驯化土豆 Solanum stenotomum（意为狭窄的伤口，得名于其窄小的叶片），就是由上述野生土豆的自然杂交品种培育而成的，但这只是开始。随着人们开始尝试培育产量更高的 Solanum stenotomum 块茎，他们就会在 S. stenotomum 和其他野生品种之间进行异花授粉。霍克斯指出，这样一来，更多的杂交土豆品种出现了，其中就包括了我们目前非常熟悉的土豆品种的驯化祖先——Solanum tuberosum。

霍克斯的理论并不排斥其他可能性的存在——其他地区同样可能发生其他形式的土豆驯化——他同时坦承，目前研究中仍然存在需要进一步探索才能厘清的空白和模糊之处。即便如此，霍克斯的理论仍然是解释野生和栽培土豆进化问题的标准答案，不仅被学术论文广泛引用，而且深深铭刻在每一位学习这门科目的学生的记忆中。但是科学永远没有定论。果不其然，一群遗传学家发表于 2005 年的研究成果推翻了霍克斯的大部分推论。

239　　　正如奈特、萨宾、瓦维洛夫和霍克斯曾经呼吁的那样，这项"颠覆性"研究旨在获取英联邦土豆样本库中全部土豆品种的遗传指纹 [1]，

---

① 在血液、皮肤、精液、头发等中检测到的遗传特征。——译注

从而鉴别出和栽培土豆最为相似的野生土豆品种，以使育种家在寻找完美土豆时能够更好地利用这批样本。[①] 如此详细的基因分析计划当然可以揭示栽培土豆的起源和进化关系，而且它也确实做到了：这项研究"明确地"确定了一个单独的驯化事件，并且排除了霍克斯曾经认定的现代土豆始祖。[②] 这项新的研究结论原则上同意霍克斯对于土豆最初驯化地点的分析，但用 3 种土豆取代了霍克斯的观点，而在这 3 种土豆中，其中一种就是霍克斯在 1939 年 4 月收集的 Solanum canasense——"一种极为美丽的土豆，有着精致的叶片和大而美丽的蓝紫色花朵"。

① Bryan et al., 2006.

② Spooner et al., 2005.

图 15

第 15 章 环球之旅

2003 年 1 月下旬，在巴布亚新几内亚西部高山上的一个村庄里，苏万库希特（So Wan Kusit）和她的邻居们对于眼前发生的一切感到不知所措。她们的土豆一直欣欣向荣，现在却逐渐枯萎 —— 整片农田的每株作物都在短短几天内被摧毁。曾经充满希望的田野，现在呈现一贫如洗的丑陋景象；曾经对于美好明天的憧憬，如今却变成了确凿无疑的苦难岁月。在意识到无望拯救自己的作物之后，村民们干脆将其连根拔起，沿路摆成一排 —— 就像遭遇了一场未知瘟疫而陷入深沉哀伤的受害者们一样。苏万库希特说："庄稼就这么死了，我不知道为什么。"

在 500 英里以外的首都莫尔兹比港（Port Moresby），出现了有关此事的简短新闻，这很难不让人联想起 150 多年前伦敦收到的来自爱尔兰的零星报道，但这一次，受灾地区更容易获取相关信息和援助。巴布亚新几内亚国家农业研究所的研究负责人塞尔吉·邦（Sergi Bang）博士带着不祥的预感来到了这个偏远的村庄。经过简单检查之后，他最担心的事情得到了证实：晚疫病。巴布亚新几内亚此前从未遭遇这种病害，现在却席卷了整个国家，不仅完全摧毁了本应养活苏万库希特和无数个类似家庭的粮食作物，并且使得年轻但繁荣的土豆栽培产业（年产值已经达到 1100 万美元）彻底垮台。1970 年代，援助人员才把土豆引入了这片高地，尽管姗姗来迟，但土豆迅速在当地农村经济中占据了重要地位。而在经过近 30 年的顺利扩张之后，遭人唾骂的土豆寄生虫——致病疫霉——还是突破了这个最后的堡垒。

邦博士可以猜到病害是如何发生的。几乎可以肯定，病害孢子是从邻近的印度尼西亚伊里安查亚（Irian Jaya）地区随风飘进巴布亚新几内亚的。成千上万来自印度尼西亚各地的难民被强行安置在这片靠近边境的土地。其中至少有一部分难民来自晚疫病流行的地区，他们随身携带的种薯已经感染了病害。尽管这些难民掌握了在栽培过程中控制病害的方法，但巴布亚新几内亚人对此还一无所知。从寄生虫的视角来看，巴布亚新几内亚及其土豆简直是一片全无防备的处女地。邦博士告诉苏万库希特和村民们，把连根拔出的作物埋掉，几年之内不要再种土豆，"这样一来，致病疫霉就会死掉"。

这个国家的面积比加利福尼亚州略大一些，但铺设公路的总长度还不到 500 英里；这个国家的地形复杂多变，只有 1.9% 的土地适合种植作物，在这种情况下，土豆始终是一种非常珍贵的作物，特别对于全国 540 万人口中 85% 需要依靠自给自足的以农业生产为生的农民来说更是如此。这个国家的高地极为适合种植土豆，相对较高的海拔缓和了赤道地区太阳的热量，一年到头的雨季更滋润了肥沃的土壤。在这种凉爽而潮湿的环境中，农民全年都可以种植土豆。尤其在没有病虫害威胁的情况下，农民可以放心大胆地追求最高产量，不必考虑土豆是否具有抗性。然而不幸的是，这种有益于土豆成长的环境，同样适合滋生致病菌。一旦晚疫病从伊里安查亚越过边境，它很快就在整个巴布亚新几内亚蔓延开来。

到了 2003 年 5 月，全国土豆已被病害摧毁。巴布亚新几内亚山区的农民可能是全世界最后一批享受到土豆好处的人，也是最后一批暂时不必与其邪恶寄生虫展开斗争的人。现在他们也成了受害者，但是，农民们至少可以寻求一个由关心民众福祉和土豆发展的科学家和专业人士组成的国际组织的援助。当苏万库希特和其他农民依靠替代作物艰难求生时，城市消费者也只能用比本土产品高 2 到 3 倍的价格购买进口土豆，巴布亚新几内亚政府呼吁国际社会的援助。在几周时间里，来自澳大利亚和利马国际土豆中心（CIP）的科学家就访问了这个岛国，并制定了一个旨在解决当前问题的研究和开发项目。

　　国际土豆中心的建立初衷之一，就是在发展中国家维护粮食安全和减少贫困发生，巴布亚新几内亚高地农民所处的困境立刻引发了国际土豆中心科学家的关注。但是对于巴布亚新几内亚内陆山区的民众来说，来自外界的关注是一种颇为新鲜的事物。事实上，直到 1930年代，当探索未经勘探的河谷的澳大利亚淘金者遭遇了一群此前闻所未闻的当地居民时，这片人口稠密之地才首次为世人所知。淘金者之一迈克尔·莱希（Michael Leahy）在其作品《被时间遗忘的土地》（*The Land that Time Forgot*）（1937 年出版）中写道，这些土著体格十分健壮，头上装饰着鸟的翅膀，串串贝壳挂在穿透鼻子的饰物上。许多人刺有纹身，随身携带着弓箭和锋利如刀的石斧。他们并不欢迎外人造访。淘金者的营地遭到了袭击，搬运工人惨遭杀害，莱希本人也被石斧照头砍了一刀，左耳轰鸣不止，但是他的决心并未动摇。由于坚信内陆藏有更多的秘密（和黄金），莱希进行了 2 次侦察飞行，为一次由矿业财团资助的大型探险做好准备。他写道：

　　在两座高耸的山脉之间，我们看到了一个广阔而平坦的山谷，宽约 20 英里，长度难以判断，一条非常曲折的河流从中蜿蜒流过……

243

在我们的下方，就是肥沃土壤和稠密人口存在的证据——像棋盘一样整齐的方格土地中分布着一串错落有致的花园，四五个一组的长方形草屋密密麻麻地点缀在周围的景色中。除了这些草屋，下面的风光就像比利时的小块田野……这个人口众多的岛屿被群山紧紧包围着，整个世界甚至都没有意识到其存在。

香格里拉①（Shangri La）？不完全是。尽管考古证据显示，人类已经在这里至少居住了 3 万年，清理灌木和排水系统的古老痕迹表明，在 9000 年到 1 万年前，这里已经出现了农业——这意味着，当北欧居民还在猎杀猛犸象的时候，新几内亚高地土著已经开始种植农作物。但是，与其说这是当地居民的主动选择，不如说是被动的无奈之举。事实上，当地完全没有足够的动物资源来为人类提供生存所需的食物：新几内亚是全世界脊椎动物最少的地区之一。没有任何大型哺乳动物，没有鹿和猿猴，河里也没有任何鱼类。这里的鸟类资源极 244 为丰富，鸽子、鹦鹉和天堂鸟几乎泛滥，但鸟类无法成为人类长期生存的基石。

另一方面，当地却有大量可供食用的植物，或者说，新几内亚植物资源的丰富程度和动物资源的贫乏程度形成了互补，特别是在高地地区。赤道气候常年保持高温和多雨（根据一个气象站的观测，在整整 5 年时间里，连续不下雨的天数从未超过 9 天），当地极其丰产的雨林逐渐覆盖了巴布亚新几内亚的群山。尽管在过去几千年的漫长岁

---

① 对于西方世界而言，香格里拉通常指英国作家詹姆斯·希尔顿在《消失的地平线》中描写的城市，是一片坐落于群山之中的隐秘之地。——译注

月里，是农业维持着高地民众的基本生活，但仍然有 650 种已知植物被用作食物、药品和生活原料，所有这些植物至今还可以从野生森林中找到。

当地过去采取的农业形式是"swidden"，意为临时农田，这是一个古老的诺森伯兰方言词汇，1950 年代早期，随着更为常见的"刀耕火种"开始成为贬义词，"swidden"作为其替代品得以复活。在最好的情况下，临时农田是对自然环境的模仿，通过将之前生长于森林之中的各种植物替换为种类繁多的食用植物，将自然森林转变为可供人类利用的森林。菲律宾的一项经典研究已经证明，在一块面积仅为 3 英亩的土地上间作①40 种粮食作物，足以确保全年食物供应不辍。② 果树、香蕉、葡萄藤、豆类、谷物、根茎作物、香料、甘蔗、烟草和其他不可食用的植物同时生长，不仅复制了自然森林的生物多样性，而且再现了其冠层结构③。显然，不同植物高度的错落有致减缓了雨水的冲刷和杂草的生长，而如果在开阔的森林空地中种植单一作物的话，这些因素都会形成强大的阻碍。

当迈克尔·莱希于 1937 年飞越那些隐蔽的高山和谷地时，他看到了当地采用的 swidden 农业 —— 尽管那时红薯肯定已经占据了主导地位。大约 300 年前，红薯从印度尼西亚传入巴布亚新几内亚，开始可能是一件好事，但随着红薯成为当地文化变异的催化剂 —— 红薯的引进使生猪养殖愈发成为一种财富的表现形式 —— 情况开始恶

---

① 间作，是指在同一田地上于同一生长期内，分行或分带相间种植两种或两种以上作物的种植方式。——译注

② Conklin, 1957.

③ 冠层结构，是指植物群落顶层空间的组成。——译注

化。猪（也是一种舶来品）全靠红薯蔓和块茎才能茁壮成长。1980
年代初期，当我访问巴布亚新几内亚的高地时，养猪已经完全统治了
农村生活——消耗了 64% 的红薯，占用了 40% 的农村劳动力。

　　一位经验丰富的观察人士告诉我，"整个高地的人类生态非常简
单：男性娶回妻子；妻子耕种土地、栽培红薯、喂养小猪；在其他人
245　看来，猪就意味着富有"。需要指出的是，这种富有的唯一作用就是
炫耀。我当时居住的部落的"大人物"佩（Pe）告诉我，在最近举行
的一次庆典上，他整整杀了 20 头猪——这些猪都是用妻子种植的红
薯养大的。当被问及这些猪的价格时，佩给出的数字超过了我在哈罗
德百货公司买到的优质猪肉单价的 2 倍。那不仅仅是一个想象中的数
字。他们向我保证，当地的猪确实是以这种价格现金交易，但养猪从
来不是为了养家糊口，而仅仅是为了履行传统义务。

　　在我当时采访的研究人员看来，不祥的后果日益凸显。考虑到她
们承担的繁重工作，当地妇女的饮食不仅数量不足，而且品质低下，
尤其是在怀孕期间。出生率不断下降，婴儿死亡率高得惊人，儿童普
遍营养不良……当地迫切需要一些补救措施。因此，在这样的情况
下，土豆居然花费了如此漫长的时间才抵达此处，实在令人惊讶。土
豆的叶子有毒，因此不适合充当猪饲料，这一事实令人沮丧；但其优
势始终无可争议。特别是红薯需要 9 到 12 个月才能成熟，这意味着
每年只能收获一季，而且不易储存（除非在喂猪之后以猪肉的形式储
存）。与之相对，土豆只需 2 个月就可以收获一些不大但能吃的块茎。
另外，在赤道高原的独特气候下，土豆一年四季都可以栽培，在两季
收获之间储存几个月也没什么问题。对于土豆来说，无论从作物特性
还是季节条件来看，当地都提供了良好的区位优势。

据估计，在我访问高地时，整个巴布亚新几内亚只种植了不到 200 公顷的土豆。[①] 我在城里吃到了土豆，也在市场上看到有人售卖很好的土豆，但没有一块土豆田曾经引起我的注意，只有妇女在随处可见的红薯堆上辛勤劳作。从那时起，土豆栽培实现了引人注目的增长，以至于迅速成为家庭经济的重要组成部分。我们从中不难得出结论：土豆一定也为当时农村人口发生的大量增长做出了显著贡献。从 1980 年起的 20 年间，生活在这片土地上和离开这片土地的人数增长超过 70%。[②] 令人惊讶的是，高地的耕地面积几乎没有增长，也就是说，只有集约化生产或种植新作物才能使粮食产量与人口增长保持同步，这显然支持了土豆一直是人口增加的"罪魁祸首"的观点，就像在欧洲和世界其他地区一样。[③]

其他发展中国家的情况和巴布亚新几内亚类似。1960 年代以来，土豆已经成为世界传播速度最快的主要粮食作物。如今，在联合国 192 个成员国 [④] 中，已有 148 个国家种植土豆，比除了玉米之外的其他任何作物都要多。这一伟大的环球之旅真正开始于 17 世纪，当时欧洲的先驱航海家们认定，土豆会是他们储备中的一种有用之物——既作为航海食物，也作为栽培在未知大陆之上的作物，尽管在从南美洲引入欧洲一个世纪之后，警惕的家庭主妇仍然以怀疑的眼光看待土豆。英国、法国、德国、葡萄牙和西班牙的船队把土豆运往

246

[①]　http://www.Ianra.uga.edu/potato/asia/png.htm.

[②]　National Statistical Office of Papua New Guinea, at http://www.nso.gov.pg/Pop_Soc_%20Stats/popsoc.htm.

[③]　Bourke, 2001.

[④]　截至 2012 年，联合国成员国达到 193 个，最后一个是 2011 年加入的南苏丹共和国。——译注

世界各地的贸易港口、捕鱼站和捕鲸站。

　　历史记录显示，早在 1603 年，荷兰殖民者就已经把土豆带到了位于台湾海峡的澎湖列岛。1650 年，根据一名游客的记录，比利时和法国的传教士又将其引入了台湾。很快，这种作物就传遍了中国的大江南北，并在那里获得了诸如"地豆"、"土果"和"丰产块茎"之类的名字。土豆另外一条传入中国的线路，则是从东欧出发，翻越乌拉尔山脉，直抵东亚的草原地区——事实证明，这是适合土豆生长的完美环境。在近东地区，作为 19 世纪早期英国驻奥斯曼帝国和波斯王朝的外交代表，约翰·马尔科姆（John Malcolm）爵士是推广土豆的忠实拥护者。确切地说，当地甚至把土豆称作"马尔科姆的李子"。

　　在亚洲的大部分地区，土豆的俗名都反映了殖民统治者的国籍。在西爪哇（Java），1794 年引进的土豆被称为"荷兰土豆"。1897 年，土豆进入越南，民众称之为"法国块茎"。英国东印度公司把土豆沿着贸易路线送入喜马拉雅山脉，无怪乎夏尔巴人[①]（Sherpas）会将其称作"英国土豆"。据说早在 18 世纪，佛教的僧侣就已经开始在不丹和尼泊尔的寺院里栽培土豆，然后就像在欧洲一样，这种全新的高产作物带来了人口的急剧膨胀。但是，巍峨的喜马拉雅山区缺乏足够的生存空间，这片土地的子女无法像欧洲同类那样移民国外或者涌入城市，只能被迫出家成为僧侣。而在另外一方面，土豆的杰出产量又给了当地天赋异禀之人以充足的时间，使其得以从容创作这片地区享有盛誉的建筑、绘画、织物和雕塑。

　　1770 年代（实际时间无疑还要更早），好望角已经出现了种植

---

① 夏尔巴人是散居在喜马拉雅山两侧的山地民族。——译注

土豆的记录，其不仅成为当地民众的主食，而且为前往印度和其他
国家的船只提供补给。但是，在部分传教士 1830 年代进入巴苏陀兰　247
（Basutoland）（现在的莱索托）和 1880 年代进入东非之前，非洲的其
他地区对于土豆一无所知。

　　总体而言，在大多数情况下，土豆在一个全新国家最初出现和种
植的相关记录都是含混不清的，但新西兰是个例外，在异乎寻常的勤
勉作用下，相关信息被高度整合。[①] 新西兰对土豆的接受值得关注，
一方面由于这是欧洲土豆运输的最远地点；另一方面则是由于新西兰
是地球上最后一片被发现和殖民的适合居住的大陆。当地的第一批定
居者可能是来自马克萨斯群岛（Marquesas）的波利尼西亚人，他们于
10 世纪时抵达，自称毛利人。毛利人来到这里靠的是独木舟，除了航
海和捕鱼技术、赖以建立独立社区的足够人口和知识之外，他们没有
忘记带上传统主食红薯——被称为“库马拉”（kumara）的幼苗。

　　毛利人将新大陆命名为“奥特亚罗瓦”（Aotearoa）——意为“白
云绵绵之地”，到 12 世纪时，那里相对富饶的土地已经分布了大量
人类定居点。1642 年 12 月 13 日，受荷兰东印度公司派遣探索北太
平洋的航海家阿贝尔·塔斯曼（Abel Tasman）在发现塔斯马尼亚岛
（Tasmania）（他将其命名为范迪门之地[②]）不到一个月之后，成为见到
新西兰的第一个欧洲人。在新西兰南岛西北端，他和毛利人的遭遇并
不愉快。在船只之间进行摆渡时，4 名船员遇害。塔斯曼立刻起锚离
开，并将此地命名为“谋杀者之湾”。如今，这里被称为黄金湾。

---

① Harris and Nga Poai Pakeha Niha, 1999.
② 得名于赞助塔斯曼航行的荷兰东印度公司总督安东尼·范迪门。——译注

一个多世纪之后，当法国探险家马克·马里恩·杜佛兰（Marc Marion du Fresne）航行到位于北岛东北端的岛屿湾（Bay of Islands）时，他发现毛利人似乎较之从前更易顺服。1772 年 3 月，船员们在新西兰的莫图鲁阿岛（Moturua Island）垦殖出了第一个欧洲果园。当时的一份探险杂志报道：

> 由于当地土著非常聪明，我们可以使其理解，目前种植的诸如小麦、玉米、土豆和各种坚果之类的作物，可能会对他们有用……尽管那是冬天，但这些作物长势喜人。土著似乎对此感到高兴，并告诉我们，他们会好好照料我们的作物。考虑到土著一直以来仅靠红薯和蕨根为生，现在栽培的这些作物比他们拥有的一切都更有价值。

248　　　然而，当法国人坚持要在毛利人警告远离的海湾捕鱼时，他们与毛利人的关系迅速恶化了，因为那里是"塔布"（圣地）。几百名毛利人袭击了捕鱼队，杀死了杜佛兰和随行的 26 名水手。听闻此事之后，探险队副队长立刻下令采取报复行动，在摧毁了一个毛利村庄的同时，屠杀了 250 名男子、妇女和儿童。法国人把那个海湾命名为"暗杀湾"（Assassination Cove）。

　　　1769 年，当詹姆斯·库克船长第一次太平洋航行时，曾经到过新西兰附近；而在法国人和毛利人发生冲突时，库克船长刚刚离开英格兰，准备开始第二次航行。至于他对法国探险队和"暗杀湾"事件了解多少，我们只能猜测。但我们可以肯定的是，他从好望角把一些土豆带上了船，并打算栽培到新西兰。1773 年 5 月，库克船长在北岛的夏洛特皇后湾（Queen Charlotte's Sound）抛锚，并指示船员在沿岸的几个地方种植土豆与其他来自欧洲的蔬菜和谷物。4 年之后，当再次来到夏洛特皇后湾时，他沮丧地发现，"菜园存在的痕迹已被全然抹去"，而且"尽管新西兰人很喜欢这种块根作物，但很明显，他们没有付出任何努力去栽培土豆"。

然而，毛利人对库克的说法提出了质疑。毛利人通常认为，确实是库克将土豆引入了新西兰，根据 1807 年的一份报告，当时土豆不仅是一种珍贵食物，而且是重要的贸易商品：

尽管当地土著非常喜欢这种块根，但是他们吃得很少；因为在和涉足这片海岸的欧洲船只交换铁器时，土豆价值不菲。这种金属的作用已经得到了充分证明，特别是做成镐头、刮刀和短斧，土著几乎宁愿忍受任何饥饿与困难，也要获得铁器。因此，当地的土豆往往被小心翼翼地储存起来，以备远航船只的到来。①

和毛利人做生意的船只不仅来自欧洲一地。美国的捕鲸船同样在这片水域活动，这甚至可能是土豆进入新西兰的另外一条途径，因为一些毛利传统土豆和秘鲁原生土豆相似程度极为惊人：多节、深眼、布满斑点、表皮发暗、紫色果肉。众所周知，美国捕鲸船经常在秘鲁的卡亚俄（Callao）进行补给，他们很可能把秘鲁土豆带到新西兰（值得注意的是，其船员中不乏非洲裔美国人），这从毛利人给一种深紫色外皮的细长土豆的命名就可以看出来：黑鬼的阴茎。

但是，无论其源头究竟为何，毛利人普遍而愉快地接受了土豆。

249

---

① Savage, 1807.

19 世纪早期，面积达到 50 公顷的土豆田已不再罕见。到了 1850 年代，根据文献记载，仅仅两个地方栽培的土豆面积就超过 3000 英亩。当时，积极进取的毛利人种植了大量土豆，以卖给奥克兰和惠灵顿快速增长的欧洲人口。1834 年，一名海军军官在一个沿海村庄中发现了整整 4000 包土豆（估计重达 100 吨）。1835 年，部分毛利家庭前往无人居住的查塔姆群岛（Chatham Islands）拓殖，而在其准备的物资中，就包括了接近 80 吨种薯。在随后的 20 年时间里，这些家庭生产了"数百吨"土豆，其中大部分出口到了澳大利亚。[①]

土豆在新西兰快速发展的优势在于，其非常易于融入毛利人现存的农业体系之中，较之传统作物红薯，土豆不仅产量更高，而且储存时间更长。土豆可以使用和红薯相同的栽培工具，也和红薯一样适合成为庆祝种植和丰收典礼的供品。此外，土豆不仅美味可口，而且可以产出可靠的盈余，并且能在人们打算定居的任何地方生根发芽。无论海拔高度如何，土豆都能茁壮生长，特别在红薯难以生长的南岛南部地区，土豆受到了特别欢迎。但是正如人类学家雷蒙德·弗思（Raymond Firth）在 1929 年所指出的，如此普遍而热情地接受一种全新的优质主食，必然会对整个毛利社会产生重大影响：

土豆进入新西兰的结果清楚地表明，一种全新的农业生产方式足以影响当地的经济生活甚至环境变迁。土豆的适应能力如此之强，以至于可以种植在所有地区；此外，土豆产量极高，投入的劳动力可以换取丰厚的回报。因此，土豆不仅迅速占领了那些之前没有栽培作物

----

① Harris and Nga Poai Pakeha Niha, 1999, p. 25.

的地区，而且可能在其他地区取代红薯的地位。[1]

弗思相信，由于较之传统作物，土豆需要的时间和关注更少，人们可以有更多的闲暇从事其他活动。1996 年发表的一篇权威文章甚至进一步指出，19 世纪早期，毛利部落之间开展的所谓"火枪战争"[2]，其更准确的名字应当是"土豆战争"。作者认为，新西兰当时种植土豆的面积已经相当可观，大量的土豆被用来交换火枪，此外，既然栽培土豆所需劳动力相对较少，就有更多的战士可以投入战争。正如拿破仑所指出的，兵马未动，粮草先行，在毛利人的战争中，土豆可能扮演了和火枪同样重要的角色。

土豆同样对毛利人的人口规模产生了重大影响，就像在南美洲和整个欧洲所产生的影响一样。库克船长估计，1769 年，毛利人约有 10 万人。由于库克没有看到人口可能更为稠密的内陆地区，这一数字几乎可以肯定被低估了，但到了 70 年后的 1840 年，当英国宣称对新西兰拥有主权时，当地已经有了大约 20 万毛利人，其人口增长速度仍然极为惊人。[3] 此后，在殖民统治、土地战争、经济边缘化、疾病和大规模社会动荡等因素的影响下，毛利人的数量大幅下降。

但是，人口学家可能会问，毛利人此前已经在外来影响和疾病中暴露了相当长一段时间，而在世界其他地区，这些因素曾经导致大量土著人口急剧死亡，那么，为什么毛利人的增长率没有更早下降呢？

② 从 1807 年到 1845 年，在长达 38 年时间里，不同部落的毛利人自相残杀，刚刚流入新西兰的火枪成为交战的主要武器，又被称为火枪战争。——译注
③ Orange, 1987, p. 7.

土豆也可能是原因之一。尽管没有像欧洲和其他地区那样留有详细的人口普查或洗礼记录以确认人口增长率的快速增加，但仍然有间接证据表明，在土豆引入之后，毛利人的生育率显著上升，足以补偿外国影响造成的损失。

作为一种特产，具有独特外观和特性的毛利土豆和"现代"土豆一起生存至今，不仅作为食物，而且具有更珍贵的寓意：一件祖先的礼物。毛利人将种植这些传统土豆视为一种责任。有些家庭年复一年地种植同一品种，已经坚持了八九代人。他们认为，毛利土豆是传统延续和集体认同的象征，主人会自豪地向客人提供这种象征。对于那些种植传统土豆的农民而言，无论通过市场还是路边摊贩，这种土豆都极为畅销（而且售价通常比"现代"土豆要高得多），但是传统土豆产量相对较小，种植面积也不大——1905 年晚疫病到来时，正是这一特点帮助古老的传统土豆幸存下来，当时新西兰大规模商业土豆生产完全被毁。

251　　讽刺的是，由于疫情导致欧洲土豆暂时一扫而空，新西兰迅速恢复了红薯这一毛利人的传统饮食。政府从美洲进口了高产的红薯品种发放给农民，希望能够借此降低国家对土豆的依赖，但这一趋势仅仅维持到抗病性更强的土豆引入之前。同时，新西兰也很快接受了由深受晚疫病打击的欧美土豆种植者所制定的作物管理方法和农药喷洒策略。[①]土豆一旦证明了自己的价值，人们就绝对不会心甘情愿地放弃。无论何时何地，土豆提供的好处都要远远超过其不足。

------

① 　Graham Harris, at http//slowfoodfoundation.org (n.d.).

时至今日，新西兰每年生产 50 多万吨土豆，其中大部分用于国内消费，但也有相当一部分出口海外。事实上，土豆是新西兰价值最高的出口作物。对于这样一个经济主要依靠农业的国家而言，国际市场的重要性不言而喻。新西兰希望可以生产物美价昂的土豆，因之在保证土豆质量标准方面投入了大量资金 —— 最近的一项支出是为一家国际合作组织提供了 3600 万美元资金，该组织的目标是在 2010 年之前对土豆基因组进行全面测序。[1] 这笔投资将使新西兰提前获得能够用于培育新的改良品种和提升产品价值的关键信息 —— 典型的发达国家战略：高科技，高投入。

与此同时，为了寻找提高发展中国家土豆价值的方法，同样耗费了大量资金和资源。和发达国家不同，对于发展中国家的农村地区来说，土豆的价值更多在于维生而非赚钱，廉价和低端才是这里的重点。因此，在 21 世纪，有两股截然不同的力量，裹挟着土豆不断向前：其一，对于发展中国家而言，养活吃不饱饭的人民；其二，对于发达国家而言，追求土豆商业潜力的最大化。

---

[1]　Trought, 2005.

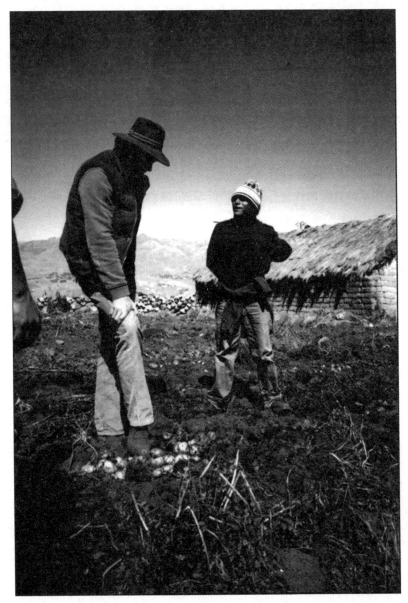

图 16

第16章 发展中国家

因纽特人（Inuit）有句谚语："礼物创造奴隶，就像鞭子创造 狗。"当我们在考虑国际援助的动机和效果，以及接受援助的民众的反应时，这句谚语值得牢记。无论捐赠者的利他主义还是衷心感激，都不过是一种理想。因纽特人的说法非常贴切，给予的行为往往暗示着捐赠者自身的优越感，如果再加上一点儿往日殖民罪行的宿怨，甚至表露出一丝种族歧视的迹象，受援国对一些主要援助计划始终表示猜疑或者缺乏热情就不足为奇了。对贫困民众真正需要什么的误解往往是罪魁祸首。我们很容易发现，饥饿的社区需要食物；但是，对于那些活跃和健康的民众而言，而且他们还在继续生产更多超越了现有土地承载能力的人口，譬如巴布亚新几内亚的高地人和安第斯山区的农牧民，我们究竟应该做些什么？在此之前，他们很好地管理了自己的事务（尤其是通过接受可以降低死亡率的医疗保健），而且很有可能拒绝任何希望他们以不同方式管理自身事务的建议。

正在这个关键时刻，人类学家和人类生态学家在1960年代和1970年代完成了一些颇有价值的研究成果；其中，那些并非热衷于单纯的人类社会，而是对人类和环境相辅相成的广阔图景感兴趣的学者居功至伟。通过从能量流动和相互作用的角度对食物生产系统进行研究和量化，人类生态学家已经发现，发展中国家民众的所谓"原始"农业系统的实际效率，往往要比我们的直观感受高得多，而且，这种农业系统可以很好地维持环境的长期生产力和生态稳定。民众的文化

实践和社会组织通常与环境条件直接相关，并且不断发展演进以确保
生产的稳定和可持续。譬如，巴厘岛（Bali）复杂的宗教历法精确地
指导了当地农事活动的时间，使水稻产量得以始终维持在最佳水平。
在其他地方，根据土地利用的粗放或精细，婚姻习俗也各不相同。甚
至就连印度的圣牛文化（从西方视角来看，这无疑是一种象征着荒谬
和浪费的文化实践）也被证明在生态方面具有积极功能：圣牛不仅提
供燃料（粪便）和牛奶，而且能够作为生活必需的牵引畜力使用。

　　从太平洋岛屿到北极苔原，人类生态学的相关研究已经证明，人
类在任何环境下都能发展出可持续的生活方式。这是一种天赋，它把
人类带进了这个世界所能提供的每一个适合居住的角落——在生存
环境恶劣的渔村和游牧民族中，这种情况显而易见；但是，即使同处
极端环境之中，二者的生活方式仍然存在有目共睹的差异。无论阿
尔卑斯山的牧民、北美的印第安人，还是非洲热带雨林的俾格米人
（Pygmies）、现代城市的居民，各地人类无不如此。

　　1980 年代初期，我访问了世界各地的很多地方，在这些地区之
间，文化实践、社会组织、环境条件之间界限分明。在学界研究的基
础上，我做了一些实地考察报道，并为一本关于人类生态的作品拍摄
了插图。[1]其中就包括巴布亚新几内亚的高地和秘鲁安第斯山脉的土
豆种植区。显然，尽管在文献中描述的这些地方的社区似乎仍然是封
闭和自给自足的，但大部分已经逐渐变得开放，如今成了更大范围的
生态系统的组成部分。就其效果而言，这并无大碍——即使一个生
态系统已经不再发挥尽善尽美的作用，我们仍然可以记录其独一无二

---

[1]　Reader, 1988.

的特征，但就外部世界对待这些社区的态度而言，这一改变关系重大。如果这些社区目前已经成为一个更大的生态系统的组成部分，它们理应分享其资源和选择。但是，它们最迫切的需要是什么？通过引进新作物、新技术和新想法以提升生活水平？还是继续保留独一无二的风俗习惯，尽管它们在新潮涌入之后会变得多余？

　　这一两难之境造成了不同愿望之间的冲突，因为这些社区既想从与更加广阔的世界的融合中获益，同时又想继续遵循传统的生活方式——两者并非总能兼容。譬如，旅游机构的商业诉求作为外部影响因素不断鼓励巴布亚新几内亚高地人传承并发展自己绚丽夺目的传统文化，达到在以往封闭生态系统中从未达到的极端程度——后果并不愉快；在加拿大西北太平洋岸外的夏洛特女王群岛（Queen Charlotte Islands）上生活的海达族印第安人（Haida Indians）已经完全背离了传统的谋生手段，他们声称，仅凭自己的身份就有权分享海底石油储藏所带来的收入，因为他们在这片海域中捕过鱼。

　　人们对于传统社区的不同愿望持同情态度是完全可以理解的；有人甚至含蓄地同意，无论是否对民众有任何实际价值，传统文化本身都应该得到保护。产生上述观点的原因极为复杂：第一，没人乐于承认，自己的闯入会摧毁自己非常欣赏的东西；第二，与众不同的人类行为总会令人颇感兴趣；第三，不发达国家的独特社区可能了解或者拥有发达国家认为有用之物。随着来自同行评议的学术期刊、流行杂志、电视和小报的相关叙述从各个方向一次又一次加强这种认知，整个舆论环境往往会倾向于强调传统保存问题。因此，尽管人类生态学已经发展为一门严谨的科学，但其仍然形成了一层对于传统文化和传统社区的光环，进而产生了一种传统永远值得保护的普遍期望，从而

255

给发展问题带来了困惑——我们的目的究竟是什么？是为了全体人类的利益而保护传统，还是把广阔世界的种种美好带给那些已经不再传统的人们？

当科学家和发展机构开始深入研究安第斯山脉的土豆种植社区时，这一点尤为明显。使我对这一地区产生兴趣的人类学和人类生态学研究成果，主要是基于 1960 年代和 1970 年代进行的相关调查。当时，科学家记录了当地的一种土著农业系统，其价值和适应能力证明了先人的聪明才智。在研究中，我们可以见证，高原上的严谨且协调的农牧业生产模式是如何不断完善的。成群结队的羊驼和绵羊在牧场吃草，从而将分布广泛且毫无价值的牧草转化为易于消化且营养丰富的肉类；同时，羊驼和绵羊还定期以粪便的形式为牧场提供养分和能量的集中足量供应。粪便既可以用作作物的肥料，也可以用作生火的燃料，因此，动物加速了当地本身极为缓慢的营养循环和能量流动。当然，当地也有土豆，这同样是一种确保生产稳定和可持续发展的重要手段。

对于科学和外部世界而言，安第斯山脉原生土豆品种的培育是对土著居民聪明才智的有力说明。当地民众在起伏不平的山地利用不同生态区域开展了充分且有效的农业活动，以至于我们创造了"纵向群岛"（vertical archipelago）一词以表达对这种生产系统的赞扬。研究者们钦佩地看到农民在陡峭的山坡上举起铲棍耕作农田；同时，为了给即将发表的报告拍摄用作插图的照片，科学家们就像白痴一样翻找着收获的块茎堆，从中挑拣最为艳丽、最为畸形，以及最为特别的样本。所有这些都导致了对安第斯土豆栽培者的扭曲看法。几个世纪以来，农民一直是被压迫的受害者，他们之所以在安第斯山脉务农，仅仅是因为被迫如此，或者缺乏其他选择，而这一现实关怀没有得到充分关注。此外，只有本地土豆才能在高海拔地区茁壮成长的事实同样遭到了忽视，尽管农民会告诉你，较之传统品种，"改良的"欧洲土豆产量更高、块茎更大、口感更好、社会认可程度更高。这就是问题的症结所在：即使一个再务实不过的人，在第一次看到原生土豆时，都会迅速为其与众不同的外貌特征劝退，从而使其无法深入欣赏这种土豆的营养价值。如果安第斯山脉确有什么野生之物有待改良，那就是当地的土豆。

与此同时，发达国家已经认识到了原生土豆作为遗传物质来源的重要价值，利用这种遗传物质，这些国家可以将理想的特性培育为它们的商业土豆。因此，无论安第斯土豆栽培者可能需要什么，我们目前都有有利的动机去保存原生土豆的存续及其内在多样性，以造福整个世界。这也引发了人们对于所有野生物种濒临灭绝的速度的警惕。人们呼吁，必须在一切为时过晚之前拯救遗传资源，既然最为濒危的物种位于发展中国家，旨在缓解民众贫困和保护遗传资源的活动倍加值得赞扬。1971 年，正是为了从土豆入手解决上述问题，国际土豆中心（CIP）在利马成立。国际土豆中心的任务之一，就是保存土豆在其安第斯故乡的遗传资源，使土豆成为 21 世纪解决发展中国家饥饿问题的方法。1982 年，国际土豆中心主任理查德·索耶（Richard Sawyer）告诉我，"在一个谷物本位的世界中，土豆是一种被遗忘的作物"，"人们此前从未认真考虑过，将土豆作为世界饥饿问题的解决方案，而我们的目标是到 2000 年让所有人都能买到便宜的土豆"。

当 2000 年到来的时候，理查德·索耶的梦想距离实现仍然任重而道远。索耶也一直在不断前进。在国际土豆中心工作的 20 年里，他组建了一支由科学家和研究人员组成的专门团队，中心也一直在帮助世界各地的农民提高土豆的品质和产量。但是索耶表示，自己最大的成就之一是创建了世界土豆收集项目，在这一项目的支持下，土豆的遗传物质得到了收集和维护，并提供给了世界各地的土豆育种者。[①]

2000 年 9 月，世界各国领导人齐聚纽约参加联合国千年首脑会议。这是人类历史上规模最大的一次领导人会议，也是一个极为重要的时刻，为了纪念一个新的千年的开始，各国承诺在全世界范围内消除贫困现象和结束人类苦难。在会议结束时，全球 189 个国家的领导人或其代表联合签署了《联合国千年宣言》，从而确立了国际社会完成 8 项千年发展目标的具体议程，这些发展目标不仅确定了我们必须做什么，而且设定了在项目进行过程中民众生活改善方面的具体量化和监测指标。在普及小学教育、促进两性平等并赋予妇女权利、降低儿童死亡率、改善产妇保健、对抗艾滋病病毒以及其他疾病、确保环境的可持续能力、全球合作促进发展等方面，《千年宣言》都提出了具体的发展目标，并对其投入和指标进行了估算。但在所有议程之中，首要目标始终是消灭极端贫穷和饥饿。

各国在《千年宣言》中明确承诺，到 2015 年时，要使 1990 年世界每日收入低于 1 美元的人口比例和挨饿人口比例降低一半。尽管这一目标仍然会使数百万人继续处于饥饿和贫困之中，但千年发展目标的设计者们已经摒弃了塑造一个完美世界的理想主义之梦，而是转而追求更加现实的目标，致力于做他们认为可以做到的事情。尽管目标已经相对较低，但挑战依然极为严峻。

在 2000 年千年首脑会议召开时，全球有 8 亿多人在忍饥挨饿，

---

① Chauvin, 2001, p. 157.

占世界总人口的七分之一。每天都有 24000 人死于饥饿，儿童是最易受害的群体。每 7 秒钟就有 1 名儿童死于缺乏食物、营养不良和因饥饿引发的相关疾病。尽管在过去的半个多世纪里，我们已经在消除饥饿方面取得了一些显著进步。自 1950 年以来，世界粮食产量增加了 2 倍，全球粮食供应的数量和质量普遍有所改善，大量人口的营养状况得以提高。事实上，仅在 1970 年至 1998 年之间，发展中国家民众通过饮食摄入的日均热量就从 2140 卡路里上升到 2716 卡路里，营养不良的人口数量则从 10 亿人下降到 8 亿人。这些进步令人印象深刻，但还不够。

258

　　全球目前共有 15 个国际农业研究中心，合计超过 8500 名科学家和科研人员在国际农业研究磋商组织的协调和保护下在世界各地的 100 个国家开展工作，国际土豆中心就是其中之一。作为千年发展目标的缔约方之一，国际土豆中心迅速开始研究，土豆相关的专业知识和实践经验对实现哪个发展目标帮助最大，以及世界上的哪些地区可以从中受益最多。[1] 经过目标明确的调查之后，国际土豆中心再次证实了自己 5 年前进行的一次评估的主要结论：无论发展中国家把土豆种在什么地方，当地的民众都极端贫穷。尽管全球贫困率和土豆产量在此期间发生了变化，但结论依然如旧：土豆可以很好地维持民众的基本生存，但无法使大多数人摆脱贫困。这意味着，继续增加土豆产量，也不太可能改善世界最贫困人口的整体生活水平。因此，国际土豆中心究竟应该产出和传播哪些方面的农业知识和技能，才能帮助全球社会实现其千年发展目标？

....

[1]　红薯和国际土豆中心的其他工作领域同样对千年发展目标的实现有帮助，但与本文论述并无相关。

国际土豆中心一直非常善于制定切合实际、亲历亲为的发展策略，从而可以直接帮助农民。譬如，通过在中国的一个土豆种植区引入抗旱和抗病品种，国际土豆中心在 20 年时间里使当地种植土豆的回报提高了 106%，贫困家庭获得了全部收益中的 71%。同样，一项向突尼斯贫困农民引介控制土豆茎蛾方法的为期 25 年的项目提升了 64% 的收益；为期 15 年的快速繁殖和抗晚疫病土豆品种的引入项目则使越南农民获取了 81% 的额外报酬；安第斯农民通过国际土豆中心开发的控制当地土豆象甲的方法获取了 32% 的回报。此外，国际土豆中心还在土豆实生种子方面开展了研究，这是土豆繁殖技术中长期不受重视的灰姑娘，其优势（和问题）极为明显。

土豆实生种子，是从在受控条件下生长和授粉的土豆植株的浆果中收集的种子。使用种子播种的优势是显而易见的：只需要一把实生种子，就足以播种 1 公顷土地，如果使用传统的种薯的话，同样面积的土地可能需要 2 吨。毋庸置疑，这样可以降低大量成本，特别是在偏远地区，运输成本往往使得种薯的价格极度昂贵。但是，实生种子同样面临着问题，其中最主要的，就是如何生产品质和产量水准一致的块茎。由于土豆的基因是非常易变的，在一片田地之中经由土豆花朵自然授粉而产生的种子，往往具有和亲本完全不同的特性。实际上，当这些种子生长为土豆植株时，它们结出的块茎通常各不相同。更糟糕的是，很多植株可能具有有害的隐性基因，导致结出脆弱劣质的土豆。

经过 20 多年的研究，国际土豆中心克服了重重困难，开始说服农民使用实生种子。据说，这一举措最显著的成绩来自中国的一些偏远地区，到 2006 年，当地使用实生种子种植土豆的面积已经达到

1000 公顷。国际土豆中心负责项目协调工作的遗传学家恩里克·楚乔伊（Enrique Chujoy）表示，"这一数字听起来似乎不是很多"，"但构成这一总数的每块土地面积都非常小，大概共有数千个家庭参与其中"。对于这些家庭来说，实生种子就如同及时雨。对劳力和时间要求比较高？的确如此。由于从实生种子成长为可以食用的土豆需要两个阶段，这是一项为期 2 年的工程。首先，土豆需要从实生种子长成块茎幼苗；其次，把块茎幼苗栽下，使其成长为成熟的作物。劳作的确辛苦，但额外的努力也会带来双倍的好处：在第一阶段，农民既可以出售块茎幼苗，也可以留作自用；在第二阶段，农民则肯定会有一个好收成。

楚乔伊指出，"实生种子的伟大之处在于，它可以在根本无法利用主流农业技术的地区帮助那些弱势群体"，"或许实生种子永远无法完全取代无性繁殖——从经济角度来看，种植实生种子所需的时间和劳动力耗费过大——但是，在合适的地方种植 1 公斤实生种子，最终可以养活整个村庄，并给农民带来收入；我们必须和这些农民合作，并以他们的需求作为我们努力的重点"。[①]

国际土豆中心开展的工作分为两个部分。在一些世界知名的科学家在高科技实验室从事土豆前沿研究的同时，譬如 DNA 指纹和其他复杂的科学研究，也有一些植物育种家年复一年地在田间地头努力培育新的土豆品种，以期使农民彻底摆脱晚疫病的侵袭，并且节省喷洒农药的费用。自从 1845 年欧洲第一次爆发病害以来，晚疫病始终是土豆栽培者面临的梦魇，而培育抗病品种仍然是首选的应对之策。应

260

---

① CIP, *Food, Livelihood and Health*, International Potato Center Annual Report 2004, Lima (2005), p. 11.

该说，目前我们培育的土豆抗病能力已经达到了很高水平，但其耐久性却不敢恭维。无论植物育种家制造了什么屏障，病原体总能设法找到一条蹊径。国际土豆中心的植物育种家们不得不同意，想要培育完全抗病的土豆可能无法实现，他们正在寻找另外一种方法。

国际土豆中心育种项目负责人胡安·兰迪奥（Juan Landeo）解释说，"土豆抗病性之所以会崩溃，是因为它要么由一个主要基因形成，要么由几个次要基因形成"，"在主要基因提供抗病性的情况下，就如同一把大型挂锁，把病原体挡在门外；这把锁在一段时间里表现得不错，但病原体最终还是会打碎它，抗病性也就随之瓦解"。

兰迪奥的这种认识来自个人经历。1990 年代，他培育的"堪察"（Canchan）土豆是整个秘鲁最受欢迎且种植最为广泛的品种之一，这种土豆之所以声名卓著，主要就是因其强大的抗晚疫病能力，种植这种土豆的农民每公顷可以节约 70 美元的农药费用。但这一光辉事迹已成过眼云烟。自新千年伊始，"堪察"抵御病害的能力逐渐崩溃。兰迪奥对此则处之泰然，"只有一把锁，尽管很结实，但仍然无法持久"。

正是由于考虑到这一点，兰迪奥在 1990 年代初期开始了另外一项育种计划，旨在培育受大量小挂锁（次要基因）保护，而不受主要基因（单一的大型基因）影响的土豆品种。兰迪奥对此解释说，"实际上，每个具有一定抗病能力的品种都有许多小挂锁"，"我想把尽可能多的小挂锁融入到育种种群之中，从中培育出来的品种可能会天生带有一串挂锁，把病原体挡在外面；这种品种并非对病害完全免疫，但是，如果有足够多的挂锁，它就可以存活足够长的时间来产生块茎"。

在研究了数以千计的"纯种"安第斯原生土豆植株之后，兰迪奥发现，尽管这些品种在接触正常级别的晚疫病感染时无一幸免；但在较低级别的病害威胁下，有 60 株无性繁殖的样本活了下来。他在这些样本之间进行杂交。在整整 13 年的时间里，兰迪奥重复了 5 轮对样本进行选择和杂交的过程，最终发现了 150 株可以在接触严重级别的晚疫病时存活到成熟的无性繁殖样本。兰迪奥说："你几乎可以听到这些植物对晚疫病的嘲笑。"

测试这些品种在实战中的抗病能力的机会很快出现了。查克拉班巴（Chacllabamba）是位于安第斯山脉的一个偏远村庄，当地说克丘亚语的农民向国际土豆中心求助（通过当地政府的农业咨询服务机构），他们的原生土豆几乎完全被一个此前一无所知的敌人摧毁了。当地海拔超过 4000 米，严酷的气候条件使致病疫霉长期远离查克拉班巴。但是，随着全球气候变化，降水和气温同步增加，晚疫病因开始向山坡蔓延，在此前难以构成威胁的地区肆虐。

兰迪奥说："当我们得知这些农民所处的困境时，我从正在研究的抗病育种种群中挑选了 20 种土豆，并把每种 100 个块茎送到了查克拉班巴。"

2004 年 5 月，查克拉班巴的土豆收获季即将到来，包括国际土豆中心科学家在内的一个小组前往观察这些新式土豆究竟长势如何，并听取村民对其的看法，包括农艺性状和烹饪特性。从距离最近的中心城市库斯科出发前往查克拉班巴，本身就是一项挑战：乘坐汽车就需要 6 个小时，到达道路尽头之后还要再骑马（或者步行）6 个小时，才能穿过高原抵达村庄。但是这趟旅程物有所值。较之传统山区品种，新型土豆获得了更好的收成，在村民的综合评价中，有 7 种得分很高。这些土豆没有被晚疫病或霜冻打垮，收成不错，块茎发育良好，色彩也讨人喜欢；与此同时，它们非常适合烹饪，口感良好，味道上佳。

　　这当然是好消息，但不过是一个特例；如果打算为实现千年发展目标做出重大贡献，这种故事必须大量发生。问题在于，国际土豆中心过去开展的大部分工作都是科学（以及科学家）导向的。相关研究始终受到高度的学术热情和专业知识的推动，但应用这些成果几乎总是需要发起者的直接投入。此外，接受国际土豆中心帮助的农民不可避免地变得依赖于外部影响的持续支持。当最初引入的土豆失去抗病能力（它们注定会失去抗病能力）时，农民需要新的土豆品种，或者需要农药供应。巴布亚新几内亚高地的村民就是很好的例子。巴布亚新几内亚此前闻所未闻的晚疫病摧毁了全部土豆收成。一支由澳大利亚和国际土豆中心的科学家组成的团队的反应速度令人称道，他们不仅迅速前往评估当前局面，并且规划了一项扩展研究和开发项目，以帮助该国解决这一问题。

262　　科学家们有什么打算？国际土豆中心将会在利马的严格防疫条件下培育 10 种抗晚疫病土豆的种薯，然后通过海运将其送往巴布亚新几内亚。这些土豆首先需要繁殖数季，然后再在田地中评估其适应性和晚疫病抗性。经过层层测试之后，令人满意的抗病品种将会作为巴布亚新几内亚此前栽培的易染病土豆的替代品种分发。通过这一方案，当地规模较小但一直在蓬勃发展的商业土豆种植业最终仍然可以获取可观的收益。但在此期间，村民要么完全放弃土豆，要么给作物喷洒农药——对于每日收入可能低于 1 美元的贫民而言，这无疑是一个昂贵的选项。即使在气候条件只允许每年收获一季土豆的高纬度地区，农民可能都要考虑每年给自己的土豆喷洒十几次农药。而在像巴布亚新几内亚这样的热带地区，土豆可以一年到头连续种植，农民可能需要每隔几天就给作物喷洒一次农药，这意味着每年可能要超过 30 次。

不可避免的是，一旦贫困和基本自给自足的农业社区被引入了土豆，往往会迫使其卷入一个更为广阔的经济互动网络。在人们经济相对宽裕，且这一网络的范围和强度足以为后来参与者提供支持的情况下，参与其中未尝不可；但在交通、服务、政策和制度都不尽人意的情况下，贸然涉足显然并无益处。事实上，在第二种环境中，援助可能同样无济于事，因为那些被说服放弃自给自足的贫困社区可能会发现，一旦他们已经产生依赖的外来援助逐渐减少，自己也已无法回归自给自足的状态。

因此，尽管农业对发展中国家的粮食安全、经济发展和环境稳定至关重要，但要在 2015 年前将贫困和饥饿人口减少一半，依靠可以抵抗晚疫病的土豆，或者消灭土豆茎蛾和安第斯土豆象甲的措施还远远不够。尽管这些成就的价值是毋庸置疑的，而且目前已有迹象表明，这些目标可能无法按照预期日程实现。

2004 年，世界银行在一份评估报告中指出，尽管发展中国家营养不良人口的总数自 1990 年以来大幅下降，但其中大部分成绩要归功于中国和印度的显著进步，总体营养不良率实际仅仅降低了 3%。[①]根据这一报告的最终结论，按照目前趋势，全球饥饿人口比例到2015 年时不会减半。与之类似，尽管每日收入不足 1 美元的人口比例已经从 1990 年的 28.3% 下降到 1999 年的 21.6%，而且实现 2015年目标的几率很高，但这实际上没有什么可庆祝的，因为在此期间，每日 1 美元的收入标准已经严重过时，如果将贫困线定为更加现实的每日 2 美元的话，我们根本无法实现预定目标。世界银行表示，以每

263

---

① 　World Bank, 2006.

日 2 美元的较高水平来衡量的话，估计有 27 亿人会落入贫困陷阱之中，这一数字超过了发展中国家总人口的一半。到了 2015 年，以每日收入不足 2 美元计算的贫困率仍将超过 1990 年水平的 60%。

世界银行估计，如果要在 2015 年之前实现预定的千年发展目标的话，按照总体成本计算，每年还需额外提供 400 亿至 600 亿美元的对外援助。但是，即使对外援助确实达到了这一数字，同样无法保证实现预期目标，因为金钱往往并非发展的唯一需要，甚至不是最重要的条件。为了有效地利用援助，一个国家还应具备相应的基础设施和政策制度，如果这一方面有所欠缺，必然会限制吸收外资的数量。即使是基础条件最好的发展中国家，当外国援助数额达到其国内生产总值（GDP）的 30% 左右时，就会达到"饱和点"，此后继续增加援助也不会产生任何积极影响；而对于那些基础设施和政策制度更为脆弱的国家来说，这一临界点仅为 GDP 的 6% 左右。[①]

因此，较之一个现实主义的方案，千年发展目标似乎最终也开始逐渐演变为一个理想主义的梦想。对于数百万国际社会曾经承诺要在 2015 年之前从饥饿和贫困中解救出来的民众而言，土豆显然是一种喜忧参半的食物。在填饱饥民肚子方面，土豆表现出色；但要改善其经济状况，土豆则乏善可陈。的确，正如在爱尔兰以及工业革命时期所发生的那样，依赖土豆作为主食，反而使陷入贫困的人比摆脱贫困的人还要多。只有那些拥有足够资源以种植大量土豆的人才能依靠土豆致富。对于巴布亚新几内亚高地和发展中国家类似地区的农民来说，如果想要充分利用土豆的潜力，甚至仅仅是为了确保自己投入土

---

① World Bank, 2001.

豆种植的土地和劳动力能够换回相应的回报，他们必须花费重金来购
买控制晚疫病的农药。对于每日收入低于 1 美元、依靠自己种植的粮
食为生的贫民而言，这一代价极为高昂。甚至对于整个发展中国家来
说，同样是一大笔开销。根据国际土豆中心的计算，为了保护土豆
免受晚疫病的侵害，发展中国家资源本就贫乏的农民每年在农药上的
花费合计超过 7.5 亿美元。这还不是唯一的成本。实际上，在很多地
区，农民甚至连喷洒农药的费用也无力负担，只能任由疫病蔓延，发
展中国家每年因此损失 25 亿美元。如果没有疫病侵袭，土豆产量就
可以更高，这笔钱本来是可以赚到的。

　　在发展中国家，土豆的产量向来不高，但仍然只需要不到 1 英
亩土地，就可以种植养活一家人的土豆。即使将商业土豆种植包括在
内，巴布亚新几内亚 1981 年的土豆平均产量仅为每公顷 7.4 吨，而
且此后产量一直下跌 —— 可能是随着维持其产量的困难（和花费）
水涨船高，小农愈加无能为力。到了 2005 年，这一数字下降到 4.5
吨，这是全世界土豆产量最低的数字之一。[①] 与此同时，新西兰的土
豆单产则一直在上升，从 1981 年的每公顷 27.4 吨增长为 2005 年的
45.5 吨。换言之，在过去的 25 年间，巴布亚新几内亚的土豆单产下
降了 39.3%，而新西兰的单产则上升了 66.05%。颇为讽刺的是，在
欠发达国家受到种种条件所限，无力发挥土豆潜力以改善贫穷和饥饿
人民福祉的同时，发达国家的土豆却在蓬勃发展，只要充分利用土豆
的潜力，就可以赚到更多的钱。

----

① 巴布亚新几内亚和新西兰的土豆产量数据出自 http://faostat.fao.org。

图 17

第17章　苹果的价格

中国的人口正在以每分钟15人的速度增长。2006年6月，醒来迎接新的一天的中国人口只有不到13.14亿。而到了2007年6月，这一数字已经达到13.22亿。在仅仅12个月的时间里，中国就多了嗷嗷待哺的800多万人。在13亿人口的基础上，每年增加800万人口相当于0.6%的增长率，这一数字其实很低。作为对比，非洲一些国家的人口增长率超过4%（也就是说，当地人口每18年就会增长一倍），但如果考虑到这些人口可能造成的影响，这一数字仍然足以令人生畏。

中国每年新增的人口数量远远超过巴布亚新几内亚的总人口（580万），更是目前新西兰总人口（407.6万）的2倍。无论这些新增人口在全国各地分布得多么均衡，每一个人都会需要住房、饮食和衣服，长大之后也会希望得到一份工作，最终实现所有人都会追求的幸福人生。世界上的每个国家都在不同方面面临着这些问题，如果不是在人口增长方面，那么肯定就是在人民日益增长的美好需要方面。但是，中国必须同时面对人口增长和人民富裕这两个问题。这个国家是如何应对的？

2006年，《福布斯》的一位商业分析师声称："如果你想了解中国的经济，那就把它看成一个土豆。"[1] 为什么呢？因为中国的土豆正

---

[1]　Forbes.com, 2006.

267　在越来越多地以更加昂贵的方便食品的形式被消耗，通过土豆需求的上升，我们可以看出消费者收入的增长和国民经济的发展，这要比大米和小麦的消耗数字准确得多。中国政府视大米和小麦为重要的战略物资，因此为其设定了相应的产量和价格水平。所以，在分析师们可能会对北京方面发布的官方经济和金融数据持谨慎态度的同时，土豆则被看作是更有说服力和更为可靠的中国经济晴雨表之一。

　　随着日益富裕的生活激发了中国人民对方便食品的兴趣，炸薯条成为土豆消费量增长的主要原因，在这种情况下，美国两大快餐巨头麦当劳和肯德基成为中国薯条的主要供应商毫不令人惊讶。1992 年，当麦当劳在北京天安门广场附近开设第一家门店时，为了品尝闻名遐迩的汉堡和炸薯条，4 万名渴望已久的顾客将其团团包围。10 年之后，麦当劳在中国已经拥有了 500 多家门店，并对在 2008 年北京奥运会之前开设 1000 家分店充满信心。然而，中国最大的连锁餐厅是肯德基，早在 2007 年即已拥有近 1700 家门店，这些门店都在努力满足中国市场不断膨胀的需求，它们为公司赚取了 26% 的巨额利润增长，而美国市场的这一数字仅为 1%。

　　在 2007 年之前的 5 年时间里，中国的土豆消费量增长超过 40%（同期全球土豆消费量仅为 2.45%）。在消费上升的同时，中国国内的土豆生产始终保持同步增长。如今，中国已经是世界上最大的土豆生产国和消费国。但是，即便如此，中国人每年土豆平均消费量仅为 30 公斤，而美国人则要消耗 66 公斤以上。[①] 显然，随着财富继续向民众中渗透，中国土豆消费量仍有扩张空间；与此同时，土豆消费

---

① http://www.potato2008.org/en/world/china.html.

量的提升又会扩大需求，进而开辟更多机会领域。在中国开展业务最初的数年时间里，麦当劳和肯德基在中国销售的炸薯条有 70% 需要进口，原因很简单，中国国内的土豆供应商无法满足严格的质量标准。很快，很多美国大型食品公司开始进入中国填补这一缺口——首先是辛普劳（Simplot）食品公司，然后是麦肯（McCain）食品公司。

　　辛普劳是世界上最大的农产品公司之一，土豆相关产业占其 33 亿美元年收入的一半左右。14 岁时，约翰·辛普劳辍学并逃离了位于爱达荷州博伊西（Boise）的家，随后他开始经营占地 120 公顷的农场，辛普劳公司由此发端。辛普劳表示，是租给他土地的农民"教会了我如何种植上好的土豆"。那是在 1920 年代。到了 1940 年代，他的生意已经扩张为一家私人所有的辛普劳公司，不仅成为美国最大的新鲜土豆供应商，而且开始涉足土豆加工业务。1990 年代，辛普劳公司（仍为辛普劳家族所有）开始向中国输出专业技术，其采取的策略与公司初创时的经历并无不同：辛普劳教会中国农民如何种植上好的土豆，并且帮助他们改善基础设施和耕作技术。在提供稳定收入的合同要求下，当地农民使用指定的种薯和肥料，采用标准化的灌溉设备和耕作方式，精确地生产辛普劳公司在北京郊区建立的合资加工厂所需要的土豆。1993 年 4 月，这里生产出了中国第一批商业冷冻薯条，此后，这家工厂持续为麦当劳在中国和其他东亚地区的顾客提供符合国际标准的炸薯条和炸薯饼。

　　与此同时，全球最大的冷冻薯条制造商麦肯食品公司也在中国建立了一家加工厂。和辛普劳公司一样，麦肯也在与农民合作，以将土豆质量提升到符合要求的标准。

　　有人可能会批评这些跨国公司的霸道做法，甚至有人可能会谴责

268

中国日益增长的对薯条的喜爱，但是没人可以忽视，上述因素不仅提升了中国种植土豆的数量和质量，而且增加了当地农民的收入。仅辛普劳公司就与超过 5000 名农民签订了合同，使其从合计 2000 公顷的土地中每年为公司供应 3 万吨土豆。这些数字的真正价值在于，有如此之多的个体农民参与到了土豆生产之中。在欧洲和美国，2000 公顷土地只需少数农民就能耕种，产量也要高得多；但在中国，土豆为国民经济带来的好处却得到了更大范围的扩散。此外，中国对冷冻薯条和其他形式加工土豆的需求刺激了道路和其他基础设施的修建，这些工程将会把那些最为偏僻的地区和最为贫困的农民纳入土豆供应链之中。

　　譬如，位于中国西北边境的内蒙古目前已经成为中国最重要的土豆产区之一。这是一片由高山和高原构成的干旱且偏僻的土地，联合国曾经将其列为世界上最不适宜居住的地区之一。尽管如此，这片土地仍然是 150 万人民的家园，其中近 90% 是农民。随着中国对土豆的巨大需求促进了当地交通条件的改善，劣势已经变成了优势。这一地区的黄土土壤非常适宜这种作物的生长；在水利设施的配合下，其位置和气候具备了全年生产的潜力；当地的海拔高度则使病害的危险最小化；当地 135 万农民非常贫困，极度渴望过上更好的生活。2005年，内蒙古的土豆种植者从 10 万公顷土地上收获了大约 200 万吨土豆——每公顷 20 吨的单产相当可观。预计到 2010 年，这一地区将有 20 万公顷土地用于种植土豆，年收获量可以达到 450 万吨。

　　内蒙古生产的土豆很少会被做成搭配汉堡的炸薯条，但这并非土豆的唯一出路：中国生产的 36% 土豆用于新鲜食用；31% 专供出口；22% 加工成淀粉；还有 5% 留作种薯；其余部分则有其他用途。作为宁夏回族自治区[1]西海固地区的行政中心，固原市目前拥有 2000 多家土豆货运公司和 1 个土豆运输协会，这一协会向内地多个省市、香港、澳门和台湾地区运送新鲜土豆，甚至一些欧洲国家也是它们的客户。[2]

　　对于中国土豆产量的迅速膨胀当然存在一些保留意见。万事万物也不可能像宣传材料希望我们相信的那样一切顺利，在胜利的光辉背后，失败和灾难的阴影难以避免。机械化生产以及对灌溉设施、化学肥料和疾病控制的日益依赖，都是值得关心的要素。但是，由于这些土豆品种都是经由欧洲和美国的种植者精心培育，其产量和品质具有相当保证，建议中国不应走同样的道路无疑是虚伪的。毕竟，就在不久之前，土豆在欧洲还只是一种民众赖以勉强维持生计的口粮，尽管在养活穷人方面表现不错，但也在客观上使其成为奴隶。只有当其成为一种有价值的商品，土豆才对经济和社会发展做出了贡献，使数百万人摆脱贫困。每个人都喜欢土豆，或许可以认为，土豆已经完成了其历史使命，至少在发达国家是这样。现在，中国也打算利用土豆为自己的人民做同样的事情，到目前为止，整个进程一切顺利，西吉县的农民马全虎就是一个很好的例子。2005 年，马全虎从一小块土地中收获了 6000 公斤土豆，获得了 3000 元人民币（约合 360 美元）的收入。他说："土豆能卖成苹果的价格，这在过去想都不敢想。"[3]

　　由中国最为顶尖的科研机构中国科学院完成的《中国现代化报告 2006》表示，中国将在 2050 年前彻底消除贫困，5 亿农民转移到城市之中，6 亿城市居民则迁入位于郊区的高科技住宅，中国最终将

270

---

① 作者原文将其写作内蒙古地区，有误，应为宁夏回族自治区。——译注
② Mengshan, 2004.
③ *People's Daily*, 2005.

确立世界科技强国的地位。对于中国而言，这是颇具雄心的目标。但是，中国理工科大学生 2003 年毕业人数达到 81.7 万（这一数字约为美国的 8 倍），中国贫困人口比例从 1978 年的 30% 降至 2005 年的不到 3%。不可否认，这一指标的下降主要依据中国政府制定的贫困标准，其将贫困线划定为每年 668 元人民币（约合 86 美元）。但即使以联合国每日 1 美元的标准来衡量，中国的贫困发生率仍然从 1990 年的 33% 降低到 2002 年的 14%，下降比例超过一半，已经提前达到了千年发展目标制定的 2015 年指标。

中国的成就在很大程度上依赖土豆的说法无疑颇为夸张，尽管无法精准衡量土豆的贡献，但其作为一种重要商品的作用毋庸置疑。土豆和中国互相成就，再现了土豆在南美洲和欧洲历史中曾经扮演的角色。然而，不同之处在于，中国对土豆的接受要比历史上的任何国家都更加迅速、更加专心，种植规模也要大得多。30 年来，这个世界上人口最多的国家从一个无足轻重的土豆种植者迅速成为世界领先的土豆生产国。此外，这 30 年也是土豆科学突飞猛进的时期。在这方面，中国始终紧追世界步伐。因此，土豆在中国的经历在一定程度上可以视为近年来土豆科学和农学主要进展的缩影。

1950 年代，由于晚疫病和其他病毒的爆发席卷了中国的大部分地区，土豆的潜力受到了严重限制。就像 1840 年代的爱尔兰一样，中国当时受到病害侵袭的土豆没有采取任何防治措施。

在土豆品种方面，中国长期依赖苏联。直到 1978 年邓小平推行改革开放之后，中国农民才开始了解土豆可以带来的更多东西。作为受邀帮助中国重振粮食生产体系的首批专家之一，国际土豆中心的科学家对农民无知的程度深感惊讶。当被问及从刚刚参加的田间学校中学到了什么时，一个来自偏远村庄的农民给出了完全意想不到的答案："土豆不止一种。"在此之前，他们只知道一种叫"米拉"（Mira）的土豆，这是一种块茎较大的东德品种，1950 年代引入中国，随后其种植面积不断扩大，以至于农民们认为"米拉"就是土豆的全部。①

　　不难理解"米拉"一度如此流行的原因。这种源于北欧的品种是一种可靠的"乡村"土豆，曾经在世界各地改善了农民的经济状况。"米拉"产量很高，是一种很好的熬汤和炖菜的增稠剂，不仅味道不错，而且能填饱肚子，尤其在没有其他东西可吃的时候。但是，一旦农民缺乏选择，就会导致一种危险的依赖。当病虫害发生时，极为局限的遗传基础显著增加了作物歉收的风险。农民们告诉国际土豆中心的科学家，"米拉"最初抵挡住了晚疫病的侵袭，但其抗性早已瓦解。当疫病爆发时，土豆产量极低。此外，种薯受到的病毒感染也是一个问题。

276

　　随着邓小平 1978 年实行社会和经济改革，作为一种可以为国家经济发展做出重大贡献的商品，当政府最终认可土豆的地位时，中国农民很快就开始利用本国政府和国际组织提供的相关建议和物资援助。利用国际土豆中心提供的种子，位于云南昆明的薯类作物研究所的育种员培育出了一种名为"合作 88"（Cooperation 88）的土豆品种，这一名称显然反映了合作在其开发过程中的重要性。这种土豆每公顷单产高达 60 吨，大大超过了"米拉"。在短短几年里，"合作 88"就占据了云南全省土豆种植面积的四分之一，并逐渐向周边省份渗透。此

---

① International Potato Center, 2001.

外，这种土豆的种薯还通过贸易越过边境进入越南和缅甸。

通过向各地农民提供技术建议和专业知识的土豆推广计划，加之市场机会的刺激，中国的土豆栽培面积在 20 年内几乎翻了一番——从 1982 年的 245 万公顷增加到 2002 年的 470 万公顷；同期单产也从每公顷 9.7 吨上升到每公顷 16 吨。到了 1993 年，中国已经成为世界上最大的土豆生产国，并将这种领先地位保持至今。1961 年，中国的土豆产量还不到全世界产量的二十分之一；到了 2005 年，这一数字已经上升为四分之一，年产量超过 7300 万吨。[1] 很大一部分土豆是由那些从未见过土豆田且很少接触生土豆的人消费的，而且这一比例还在不断上升：喜欢快餐和零食的城市居民。

从安第斯山脉的自给食物到美洲和欧洲的产业化商品，土豆的社会、经济和历史地位的变迁跨越了 3 个世纪。而在中国，这一进程仅用了不到 30 年的时间，最终使中国在土豆生产和消费方面成为世界头号大国。在此期间，中国还确立了自己世界工厂的地位，并且逐步开始由大规模生产转向大规模消费。到了 2006 年，中国不仅已经超越美国，成为全世界包括钢铁、铜、铝、手机、化肥、食物等在内的各种商品的最大消费国；而且为了满足国内日益增长的需求，还在全球范围内寻找自己所需的原材料和能源。

从单纯的粮食资源角度来看，一些危言耸听之人预测，在生物燃料的生产本已减少了世界市场粮食供应的情况下，中国不断增长的人口数量和逐渐下降的粮食产量（随着城市逐渐向农业用地扩散）会使

[1] http://faostat.fao.org/site/340/DesktopDefault.aspx?PageID=340.

整个国家过度依赖进口，从而推高全球粮食价格，并对国际关系产生威胁。[①] 中国已经从世界各地进口了不计其数的粮食、大豆、铁矿石、铝、铜、铂、磷酸盐、碳酸钾、石油和天然气，以及用于制作木材和纸张的林业产品，更不必说其独步世界的纺织业所需的棉花。如此大规模的进口使中国成为全球原料经济的中心，不仅提升了商品价格，也增加了运费。

中国的崛起对 21 世纪的全球环境、经济稳定和权力平衡可能产生的不利影响是显而易见的。但是前景并非一片灰暗。生活水平的提高也会产生一种理性的利己主义，这种利己主义会使得受益人做出有利于未来继续享受既得利益的决策 —— 无论在中国还是世界各地。

1990 年代，作为典型的中国家庭主妇，李雯在当地的街区市场购物时，每周开支很少超过 10 英镑。十几年后，她已经在中国南方蓬勃发展的深圳成为一名成功的商人，并且养育着 2 个孩子。购物的场所已经变成了推着手推车穿行的沃尔玛超市，车里堆满的商品也和伦敦或纽约消费者的选择并无明显差别。同时，李雯每周在超市购物时的开销也和伦敦人没有什么区别：100 英镑。李雯和手推车可以被视为中国从一个封闭的农业国家转变为工业巨兽的缩影，而这一转变仅仅用了一代人的时间。

1978 年，当邓小平启动中国的社会和经济改革计划时，深圳还只是一个渔村。时至今日，这里已经变成了一个由摩天大楼、工厂和购物中心构成的自由贸易区。这个城市的人口激增到 1200 万，当地的平均收入水平是全国的 2 倍，许多居民确实非常富有。李雯就是其

----

① 　Lester Brown, 2004.

中之一。她的企业主要从事房地产和股票交易，利润使其可以购买一

278　座三层复式别墅和一辆前往超市购物的大众途锐，还可以每年至少前

往海外旅游 3 次。她还花了很多钱买衣服。她说："和 10 年前相比，

我觉得自己对如何才能过上美好生活了解得更多了。"①

　　在之前数代人经历过贫穷和压迫之后，谁会嫉妒她的美好生活

呢？美好的生活，不仅属于像她这样聪明和进取的个人，而且属于所

有人。

　　爱尔兰作家、热情的社会主义者乔治·萧伯纳（George Bernard

Shaw）曾经说过："如果你在 20 岁时不是共产主义者，那么你就没

有良心；如果你在 30 岁时不是资本主义者，那么你就没有脑子。"确

实如此，尽管年轻人无私的理想主义可能很难在成年人的现实世界中

存活，但资本主义的信条提供了一种可以接受的妥协——实用主义

为追求个人进步可能引发的道德纠结开辟了一条道路；对慈善事业的

支持则缓解了朝气蓬勃的理想主义被搁置一旁所带来的不适。毛泽东

认为中国农民存在"自发的资本主义"的看法并没有错，不仅农民是

自发的资本主义者，我们都是。如今，中国人终于受到积极鼓励，去

追求那些激发了几乎全部人类努力的根本目标：让自己和家庭过上更

好的生活；从土豆田到城市公寓。

　　从辛勤劳作的人们在安第斯的山坡上种植和收获的多节自给作

物，再到品质不断提高的改良品种，土豆也发生了类似的变化——

无论适合不同口味和不同烹饪方式的土豆，还是适合以工业规模生产

炸薯片、冻薯条和淀粉的土豆，一切应有尽有。此外，NASA 培育的

----

① Watts, 2005.

良种土豆已经成为火星航天计划的重要组成部分。土豆的确是一种合适的食物 —— 从安第斯山脉到火星，这种慷慨大方的营养作物始终滋养着人类。这是一段漫长而又艰难的旅程，但对于土豆和我们来说，一切都是值得的。

参考文献

Andrivon, D., 1996. "The origin of *Phytophthora infestans* populations present in Europe in the 1840s: a critical review of historical and scientific evidence", *Plant Pathology*, vol. 45, pp. 1027-1035

Appleby, Andrew B. 1979. "Diet in sixteenth-century England: sources, problems, possibilities", in Webster (ed.), 1979, pp. 97-116

Arber, Agnes 1938 (reissued 1986). *Herbal—Their Origin and Evolution. A Chapter in the History of Botany* (3rd edn), Cambridge, CUP

Augon, Cecile, 1911. *Social France in the XVII Century*, London, Methuen

Bakewell, Peter, 1984. *Miners of the Red Mountain. Indian Labor in Potosi*, 1545-1650, Albuquerque, University of New Mexico Press

Banks, Sir Joseph, 1805. *Transactions of the Horticultural Society*, vol. I, p. 8

Baten, Jörg, and John E. Murray, 2000. "Heights of men and women in 19th-century Bavaria: economic, nutritional, and disease influences", *Explorations in Economic History*, vol. 37; pp. 351-369

Bath, B. H. van Slicher, 1963. *The Agrarian History of Western Europe AD 500-1850*, London, Edward Arnold

Berkeley, the Rev. M. J., 1846. "Observations, botanical and physiological, on the potato murrain", *Journal of the Horticultural Society of London*, vol. 1, pp. 9-34. Reprinted as Phytopathological Classics no. 8, 1948, Lansing, American Phytopathological Society

Berresford-Ellis, P., 1975. *Hell or Connaught, the Cromwellian Colonisation of Ireland 1652-1662*, Hamish Hamilton, London

Boot, H. M., 1984. *The Commercial Crisis of 1847*, Hull University Press, Hull

Bourke, Austin, 1964. "Emergence of potato blight, 1843-1846", *Nature*, vol. 203, no. 4947, pp. 805-808

Bourke, Austin, 1991. "Potato blight in Europe in 1845: the scientific controversy", Pages 12-24 in: Lucas, Shattock, Shaw and Cooke (eds.), pp. 12-24

Bourke, Austin, 1993. *"The visitation of God?" The Potato and the Great Irish Famine*, Dublin; Lilliput Press

Bourke, Michael R, 2001."Intensification of agricultural systems in Papua New Guinea", *Asia Pacific Viewpoint*, vol. 42, nos. 2/3, pp. 219-235

Bradshaw J. E., G. J. Bryan and G. Ramsey, 2006. "Genetic resources and progress in their utilisation in potato breeding", *Potato Research*, vol. 49, pp. 49-65

Brandes, Stanley H., 1975. *Migration, Kinship and Community: Tradition and Transition in a Spanish Village*, New York, Academic Press

Braudel, Fernand (trans. Sian Reynolds), 1973. *The Mediterranean and the Mediterranean in the Age of Philip II*, 2 vols, London, Collins

——, (trans. Sian Reynolds), 1981. *Civilization and Capitalism: 15th-18th Century*, Vol. 1, *The Structures of Everyday Life: The Limits of the Possible*, London, Collins

Brown, Kendall W., 2001. "'Workers' health and colonial mercury mining at Huancavelica, Peru", *The Americas*, vol. 57 (4 April 2001), pp. 467-496

Brown, Lester, 2004. "'China's shrinking grain harvest", Earth Policy Institute, at http//www.earth-policy.org/Updates/Updates 36_printable.htm

Bruford, W. H., 1935. *Germany in the Eighteenth Century*, Cambridge, CUP

Bryan, G. J., et al., 2006. "A single domestication for cultivated potato", *Annual Report* 2004/2005, Invergowrie, Scottish Crop Research Institute, pp. 16-17

Burnett, J., 1969. *A History of the Cost of Living*, Harmondsworth, Penguin Books

Burton, W. G., 1989. *The Potato* (3rd edn), Harlow, Longman Scientific and Technical

Capp, Bernard, 2003. *When Gossips Meet. Women, Family, and Neighbourhood in Early Modern England*, Oxford, OUP

Carlyle, Thomas, 1899. *Critical and Miscellaneous Essays*, 5 vols., London, Chapman and Hall

Chauvin, Lucien O., in Graves (ed.), 2001

Cieza de León, Pedro de, 1553 (trans. C. R. Markham, 1864). *The Travels of Pedro Cieza de Leon*, Hakluyt Society, London, 1st series, vol. 33

Clapham, Sir John, 1944. *The Bank of England, A History*, 2 vols., Cambridge, CUP

Clarkson, L. A., and E. Margaret Crawford, 2001. *Feast and Famine. Food and Nutrition in Ireland 1500-1920*, Oxford, OUP

Coleman, Emily R., 1974. "Infanticide dans le Haut Moyen Age", *Annales ESC*, vol. 29, pp. 315-334, cited in Kellum, 1974, pp. 36-38

Conklin, H. C., 1957. *Hanunoo Agriculture*, Rome, UN Food and Agricultural Organisation

Connell, K. H., 1950. *The Population of Ireland 1750-1845*, Oxford, Clarendon Press

——, 1962. "The potato in Ireland", *Past and Present*, no. 23 (November 1962)

Cook, David Noble, 1981. *Demographic Collapse: Indian Peru, 1520-1620*, Cambridge, CUP

Cox, H., 1846."Prize essay on the potato blight", *Journal of the Royal Agricultural Society*, vol. 7, pp. 486-498

Crawford, E. Margaret (ed.), 1989. *Famine: The Irish Experience 900– 1900. Subsistence Crises and Famines in Ireland*, John Donald, Edinburgh

Cullen, L. M., 1987. *An Economic History of Ireland since 1660* (2nd edn), London, Batsford

Curtis, Helena, and N. Sue Barnes, 1989. *Biology* (5th edn), New York, Worth Publishing Inc.

Darwin, C. R., 1860. *Journal of Researches into the Natural History and Geology of the Countries Visited during the Voyage of H. M. S. Beagle round the World, under the Command of Capt. Fitz Roy R. N.*, London, John Murray. Final text. Available online at: http://darwin-online.org.uk

——, 1868. *The Variation of Animals and Plants under Domestication* (1st edn, 2nd issue), vol. 1, London, John Murray

——, 1871. *The Descent of Man, and Selection in Relation to Sex* (1st edn), London, John Murray

—— to J. S. Henslow, 28 October 1845.The Darwin Correspondence Online Database, at http//darwin.lib.cam.ac.uk

——, 1913. *Journal of Researches into the Natural History and Geology of the Countries Visited during the Voyage round the World of H.M.S. Beagle* (11th edition), London, John Murray

Darwin, E. 1803."The temple of nature or, the origin of society: a poem", London

Davies, Fred T., Jr, Chunajiu He, Ronald E. Lacey, and Que Ngo, 2003."Growing plants for NASA — challenges in lunar and Martian agriculture", *Combined Proceedings International Plant Propagators' Society*, vol. 53, pp. 59-64

de Haan, Stef, Meredith Bonierbale, Gabriella Burgos and Graham Thiele, 2006. *Potato-Based Cropping and Food Systems, Huancavelica Department*, Peru (in press)

Debenham, Frank, 1968. *Discovery and Exploration. An Atlas History of Man's Journeys into the Unknown*, London, Paul Hamlyn

Desmond, Adrian, and James Moore, 1991. *Darwin*, London, Michael Joseph

Dickson, David, 1998. *Arctic Ireland: The Extraordinary Story of the Great Frost and the Forgotten Famine of 1740-41*, Belfast, White Row Press

——, 2000. *New Foundations: Ireland 1660-1800* (2nd edn), Dublin, Irish Academic Press

Dillehay, Thomas D., 2000. *The Settlement of the Americas. A New Prehistory*, New York,

Basic Books

Drake, Michael, 1969. *Population and Society in Norway 1735-1865*, Cambridge, CUP

Drake, Sir Francis, 1628. *The World Encompassed*, London, Hakluyt Society (1854)

Drummond, J. C. and Wilbraham, Anne, 1957. *The Englishman's Food. A History of Five Centuries of English Diet*, London, Jonathan Cape

Dyer, Christopher, 1998. *Standards of Living in the Later Middle Ages. Social Change in England c. 1200-1520*, Cambridge, CUP

Edmondson, Charles, 1977. "The politics of hunger: the Soviet response to the famine, 1921", *Soviet Studies*, vol. 29 (4), pp. 506-518

Edwards, R. D. and T. D. Williams (eds.), 1956. *The Great Famine: Studies in Irish History*, Dublin, Brown and Nolan

Engel, F. A., 1970. "Explorations of the Chilca Canyon, Peru", *Current Anthropology*, vol. 11, pp. 55-58

Engels, Freidrich, 1892. *The Condition of the Working-Class in England in 1844*, London, George Allen & Unwin

Evans, D. Morier, 1849. *The Commercial Crisis, 1847-1848*, London, Letts, Son & Steer

Fitzgerald, E. V. K., 1979. *The Political Economy of Peru 1956-1978. Economic Development and the Restructuring of Capital*, Cambridge, CUP

Fladmark, K. R., 1979. "Routes: alternative migration corridors for early man in North America", *American Antiquity*, vol. 44, pp. 55-69

Fletcher, John, 1617. The Loyal Subject, London

——, 1637. The Elder Brother, London

Forbes, Thomas R., 1979. "By what disease or casualty: the changing face of death in London", in Webster (ed.), 1979, pp. 117-139

Forbes.com 2006. "'China's potato economy", http://www.forbes.com/ 2006/ 10/ 12/china-agriculture-mcdonalds-biz_cx_jc_1012potato_print.html

Ford, Thayne R., 1998. "Stranger in a foreign land: José de Acosta's scientific realizations in sixteenth-century Peru", *Sixteenth-Century Journal*, vol. 29, no. 1, pp. 19-33

Forster, John, 1664. "The politics of potatoes", reprinted in *Ode to the Welsh Leek, and Other 17th-Century Tales*, 2001, Cambridge, Mass., Rhwymbooks

Frank, Robert Worth, Jr, 1995. Cited in Sweeney (ed.), 1995, p. 227

Froude, James A., 1893. *History of England*, vol. 10, London, Longmans, Green

Fry, William E., and Christine D. Smart, 1999. "The return of *Phytophthora infestans*, a potato pathogen that just won't quit", *Potato Research*, vol. 42, pp. 279-282

Fürer-Haimendorf, C. V., 1964. *The Sherpas of Nepal*, Berkeley, University of California Press

Furet, François, 1999. *The Passing of an Illusion: the Idea of Communism in the Twentieth Century* (trans. Deborah Furet), Chicago, University of Chicago Press

Gardeners' Chronicle, 12 September 1845, editorial

Gash, Norman, 1976. *Peel*, London, Longman

Gerard, John, 1931. *Leaves from Gerard's Herball. Arranged for Garden Lovers by Marcus Woodward*, London, Gerald Howe

Glendinning, D. R., 1983."Potato introductions and breeding up to the early 20th century", *New Phytologist*, vol. 94, no. 3 (Jul, 1983), pp. 479-505

Graves, Christine (ed.), 2001. *The Potato, Treasure of the Andes*, Lima, International Potato Center

Gregory, P., 1984."Glycoalkaloid composition of potatoes: diversity and biological implications", *American Potato Journal*, vol. 61, pp. 115-122

Greville, Charles, 1927. *The Greville Diary* (ed. vol. Philip Wilson), 2 vols., London, Heinemann

Häkkinen, Antti (ed.), 1992. *Just a Sack of Potatoes? Crisis Experiences in European Societies, Past and Present*, Helsinki, Studia Historica 44

Hall, Peter, 1998. *Cities in Civilization. Culture, Innovation, and Urban Order*, London, Weidenfeld and Nicolson

Hall, R. L., 1992."Toxicological burden and the shifting burden of toxicology", *Food Technology*, vol. 46, pp. 109-112

Hamilton, E. J., 1934. *American Treasure and the Price Revolution in Spain, 1501-1650*, Harvard Economic Studies, vol. 43

Harbage, A., 1941. *Shakespeare's Audience*, New York, Columbia University Press

Harlan, Jack R., 1992. *Crops and Man* (2nd edn), Madison, Wisc., American Society of Agronomy Inc.

Harris, D. R. and G. C. Hillman (eds.), 1989. *Foraging and Farming. The Evolution of Plant Exploitation*, London, Unwin Hyman

Harris, Graham, and Ngä Poai Pakeha Niha, 1999. *Riwai Mäori – Mäori Potatoes*, Lower Hutt, Open Polytechnic of New Zealand

Harrison, William, 1968. *The Description of England* (ed. Georges Edelen), Ithaca, NY , Cornell University Press

Hawkes, J. G., 1958."Significance of wild species and primitive forms for potato breeding",

Euphytica, vol. 7, pp. 257-270

——, 1966. "Masters Memorial Lecture. The history of the potato", 3 parts, *Journal of the Royal Horticultural Society*, vol. 92, pp. 207-224, 249-292, 288-300

——, 1989. "The domestication of roots and tubers in the American tropics", in Harris and Hillman (eds.), 1989, pp. 481-503

——, 1990. *The Potato. Evolution, Biodiversity and Genetic Resources*, London, Belhaven Press

——, 2003. *Hunting the Wild Potato in the South American Andes*, Botanical and Experimental Garden, University of Nijmegen

Hawkes, J. G. and J. Francisco-Ortega, 1992. "The potato in Spain during the late 16th century", *Economic Botany*, vol. 46 (1), pp. 86-97

——, 1993. "The early history of the potato in Europe", *Euphytica*, vol. 70, pp. 1-7

Heiser, Charles B., Jr, 1969. *Nightshades, the Paradoxical Plants*, San Francisco, W. H. Freeman & Co.

Hemming, John, 1970. *The Conquest of the Incas*, London, Macmillan

Hernández, Dr Francisco (1515-1587), 2000. *The Mexican Treasury. The Writings of Dr Francisco Hernández*, (trans. Rafael Chabrán, Cynthia L. Chamberlain and Simon Varey), ed. Simon Varey, Stanford, Stanford University Press

Hobhouse, Henry, 1999. *Seeds of Change. Six Plants That Transformed Mankind*, London, Macmillan

Humboldt, Alexander von, 1811. *Political Essay on the Kingdom of New Spain*, Black's edn, vol. 2

International Potato Center, 1994. *CIP Annual Report, 1994*, Lima

——, 2001. *CIP Annual Report, 2001*, Lima

——, 2000. "Cooperation pays: CIP supports China's drive to end hunger and poverty", *CIP Annual Report*, Lima

Jacobson, Nils, 1993. Mirages of Transition. *The Peruvian Altiplano 1780-1930*, Berkeley, University of California Press

Jefferson, Thomas, 1781 (ed. Merrill D. Peterson, 1984). *Notes on the State of Virginia*, Library of America, Literary Classics of the United States, New York. Available online at: etext.virginia.edu/jefferson/texts

Johns, Timothy, 1989. "A chemical-ecological model of root and tuber domestication in the Andes", in Harris and Hillman (eds.), 1989, pp. 504-519

Kahn, E. J., Jr, 1984. "The staffs of life. II. Man is what he eats", *New Yorker*, November

1984

Kaplan, Steven L., 1984. *Provisioning Paris*, Ithaca, NY, Cornell University Press

Kellum, Barbara A., 1974."Infanticide in England in the later Middle Ages", *History of Childhood Quarterly*, vol. 1, pp. 367-388

Kime, T., C. 1906. *The Great Potato Boom*, privately printed pamphlet, in the Royal Horticultural Society's Lindley Library, London

Knight, Thomas Andrew, 1805."Introductory remarks", Transactions of the Horticultural Society London, vol. 1 (1807), pp. 1-2

——, 1810."On potatoes", Transactions of the Horticultural Society of London, vol. 1, pp. 187-193

Kolata, A., 1993. *The Tiwanaku: Portrait of an Andean Civilization*, Oxford, Blackwell

Kowaleski, Maryanne, 1995. L*ocal Markets and Regional Trade in Medieval Exeter*, Cambridge, CUP

——, 2000."The expansion of the south-western fisheries in late medieval England", *Economic History Review*, vol. 53 (3), pp. 429-454

Kupperman, Karen O. (ed.), 1995. *America in European Consciousness, 1493-1750*, Williamsburg, University of North Carolina Press

Langer, William L., 1974."Infanticide: a historical survey", *History of Childhood Quarterly*, vol. 1, pp. 353-365

——, 1963."Europe's initial population explosion", *The American Historical Review*, vol. 69, no. 1 (October 1963), pp. 1-17

——, 1975."American foods and Europe's population growth 1750-1850", *Journal of the Society for History*, vol. 8 (winter), pp. 51-66

Large, E. C., 1940. *The Advance of the Fungi*, London, Jonathan Cape

Laski, H. J., 1912."A Mendelian view of racial heredity", *Biometrika*, vol. 8, pp. 424-430

Lee, Richard B., and I. DeVore (eds.), 1968. *Man the Hunter*, Chicago, Aldine

Lee, Richard E., 1968."What hunters do for a living, or, how to make out on scarce resources", in Lee and DeVore (eds.), 1968, pp. 31-48

Lennard, Reginald, 1932."English agriculture under Charles II", *Economic History Review*, vol. IV, p. 23

Lindley, John, 1845. *Gardeners' Chronicle*, 23 August 1845, editorial

——, 1846. *Gardeners' Chronicle*, 26 September 1846, editorial

——, 1848."Notes on the wild potato", *Journal of the Royal Horticultural Society*, vol. 3, pp. 65-72

Lockhart, James, 1972. *The Men of Cajamarca. A Social and Biographical Study of the First Conquerors of Peru*, Austin, University of Texas Press, pp. 41-42

Lowood, Henry, 1995."The New World and the European Catalog of Nature", in Kupperman (ed.), 1995, pp. 295-323

Lucas, Anthony T., 1960."Irish food before the potato", *Gwerin*, vol. 3, pp. 8-43

Lucas, J. A., R. C. Shattock, D. S. Shaw and L. R. Cooke (eds.), 1991. *Phytophthora*, Cambridge, CUP

Lumbreras, Luis G., in Graves (ed.), 2001, pp. 52-53

Lusztig, Michael, 1995."Solving Peel's puzzle. Repeal of the Corn Laws and institutional preservation", *Comparative Politics*, vol. 27 (4), pp. 393-408

Mallon, Florencia E., 1983. *The Defense of Community in Peru's Central Highlands: Peasant Struggle and Capitalist Transition, 1860-1940*, Princeton, Princeton University Press

Malthus, T. R. *Essay on the Principle of Population*, London, Everyman edn (1914)

Maxwell, Constantia, 1954. *The Stranger in Ireland. From the Reign of Elizabeth to the Great Famine*, London, Jonathan Cape

Mayhew, Henry, 1861-1862 (1968). *London Labour and the London Poor*, 4 vols, New York, Dover Publications

McCarthy, Justin, 1879. *A History of Our Own Times*, 4 vols, London, Chatto & Windus

McLean, Ian, and Camilla Bustani, 1999."Irish potatoes and British politics: interests, ideology, heresthetic and the repeal of the Corn Laws", *Political Studies*, vol. 47, pp. 817-836

McNeill, William H., 1999."How the potato changed the world's history", *Social Research*, vol. 66, no. 1 (Spring 1999), pp. 69-83

Meltzer, David J., 1997."Monte Verde and the Pleistocene peopling of the Americas", *Science*, vol. 276, pp. 754-755

Mengshan, Chen, 2004."The present and prospect of potato industrial development in China"; paper presented at the 5th World Potato Congress (2004). Available online at http://www.potato-congress.org

Millardet, Pierre Marie Alexis, 1885. *The Discovery of Bordeaux Mixture*, 3 papers (trans. Felix John Schneiderhan). Reprinted as Phytopathological Classics number 3, 1933, Ithaca, NY ,American Phytopathological Society

Mintz, Sidney, 2002."Heroes sung and unsung", *Nutritional Anthropology*, vol. 25 (2), pp. 3-8

Moore, David, 1846."Experiments on preserving potatoes conducted at the Glasnevin Botanic Garden", *The Phytologist*, vol. 2, pp. 528-537

Morris, Arthur, 1999."The agricultural base of the pre-Incan Andean civilizations", *Geographical Journal*, vol. 165 (3), pp. 286-295

Morton, A. G., 1981. *History of Botanical Science*, London, Academic Press National Archives at http://www.nationalarchives.gov.uk

National Statistical Office of Papua New Guinea, at http://www.nso.gov.pg/Pop_Soc_%20 Stats/popsoc.htm

Netting, Robert McC., 1981. *Balancing on an Alp. Ecological Change and Continuity in a Swiss Mountain Community*, Cambridge, CUP

Niederhauser, J. S., 1991."*Phytophthora infestans*: the Mexican connection", in Lucas, Shattock, Shaw and Cooke (eds.), 1991, pp. 25-45

O Gráda, Cormac, 1992."For Irishmen to forget? Recent research on the Great Irish Famine", in Häkkinen (ed.), 1992, pp. 17-52

——, 1993. *Ireland before and after the Famine. Explorations in Economic History, 1800-1925*, 2nd edn, Manchester, Manchester University Press

O'Flaherty, Roderic, 1684. *A Chorographical Description of West or H-lar Connaught*, ed. James Hardiman, 1846, Dublin

Ochoa, Carlos M., 1990. *The Potatoes of South America: Bolivia* (trans. Donald Ugent), Cambridge, CUP

——, 2001, in Graves (ed.), 2001

Ogilvie, Brian W., 2006. *The Science of Describing. Natural History in Renaissance Europe*, Chicago, University of Chicago Press

Orange, Claudia, 1987. *The Treaty of Waitangi*, Wellington, Allen & Unwin

Overton, Mark, 1996. *Agricultural Revolution in England 1500-1850*, Cambridge, CUP

Papathanasiou, F., S. H. Mitchell and Barbara M. R. Harvey, 1998. "Glycoalkaloid accumulation during early tuber development of early potato cultivars", *Potato Research*, vol. 41, pp. 117-125

Peel, Sir Robert, 1853. *The Speeches of the Late Right Honourable Sir Robert Peel, Bart. Delivered in the House of Commons. 1853*, 4 vols, London, Routledge & Co.

People's Daily, 2005."Farmers' income gains on robust sales of potatoes", at http://english. people.com.cn/200510/19/eng20051019_215385.html

Pessarakli, M. (ed.), 2001. *Handbook of Plant and Crop Physiology*, 2nd edn, New York, Dekker

Poma, Huamán, 1978. *Letter to a King: A Picture-History of the Inca Civilisation by Huamán Poma*, arranged and edited with an introduction by Christopher Dilke, London, Allen & Unwin

Protzen, Jean-Paul, and Stella Nair, 1997."Who taught the Inca stonemasons their skills? A comparison of Tiahuanaco and Inca cut-stone masonry", *Journal of the Society of Architectural Historians*, vol. 56 (2), pp. 146-167

Rackham, Oliver, 1986. *The History of the Countryside*, London, Dent & Sons Ltd

Raven, Charles E., 1980. *English Naturalists from Neckam to Ray*, Cambridge, CUP

Reader, John, 1988. *Man on Earth*, London, Collins

——, 2004. *Cities*, London, William Heinemann

Rickman, Geoffrey E., 1980. *The Corn Supply of Ancient Rome*, Oxford, Clarendon Press

Royal Society, 1955."Salaman, Redcliffe Nathan. 1874-1955", *Biographical Memoirs of Fellows of the Royal Society*, vol. 1 (Nov. 1955), pp. 238-245

Rubies, Joan-Pau, 1991."Hugo Grotius's dissertation on the origin of the American peoples and the use of comparative methods", *Journal of the History of Ideas*, vol. 52 (2), pp. 221-244

Sabine, Joseph, 1822."On the native country of the wild potatoe", Transactions of the Horticultural Society of London, vol. 5 (1824), pp. 249-259

Sahlins, Marshall, 1968."Notes on the original affluent society", in Lee and DeVore (eds.), 1968, pp. 85-89

Salaman, R. N., 1911. *Journal of Genetics*, vol. 1, pp. 278-290

Salaman, Redcliffe N., 1985. *The History and Social Influence of the Potato* (rev. 1949 edn, ed. J. G. Hawkes), Cambridge, CUP

Savage, J., 1807. *Some Account of New Zealand*, London, John Murray

Scottish Crop Research Institute, 2006. *Annual Report 2004/2005*, Invergowrie, Scottish Crop Research Institute

Simmonds, N. W., 1995."Potatoes", in Smart and Simmonds (eds.), 1995, pp. 466-471

Smart J., and N. W. Simmonds (eds.), 1995. *Evolution of Crop Plants*, 2nd edn, Harlow, Longman Scientific and Technical

Smee, Alfred, 1846. *The Potato Plant*, London, Longmans

Smith, Adam, 1776/1853. *An Inquiry into the Nature and Causes of the Wealth of Nations, with a Life of the Author, an Introductory Discourse, Notes, and Supplemental Dissertations by J. R. McCulloch*, 4th edn, London, Longmans

Society of Friends, *Distress in Ireland 1846-1847, Narrative of William Edward Forster's*

Visit to Ireland from the 18th to the 26th January 1847

Spooner, David M., et al., 2005."A single domestication for potato based on multilocus amplified fragment length polymorphism genotyping", *Proceedings of the National Academy of Sciences*, vol. 102, no. 41, pp. 14694-14699

Stakman, E. C., 1958."The role of plant pathology in the scientific and social development of the world", *AIBS*, vol. 8, no. 5 (Nov. 1958)

Stirling, Stuart, 2005. *Pizarro. Conqueror of the Inca*, Stroud, Sutton Publishing

Sturtevant's Notes on Edible Plants (ed. U. P. Hedrick), 1919, New York

Super, John C., 1988. *Food, Conquest, and Colonization in Sixteenth-Century Spanish America*, Albuquerque, University of New Mexico Press

Sweeney, Del (ed.), 1995. *Agriculture in the Middle Ages*, Philadelphia, University of Pennsylvania Press

Tawney, R. H., 1912. *The Agrarian Problem in the Sixteenth Century*, London, Longmans

Thompson, Robert, 1848."Account of experiments made in the garden of the Horticultural Society, in 1847, with reference to the potato disease", *Journal of the Royal Horticultural Society*, vol. 3, p. 46

Trevelyan, Sir Charles, 1880. *The Irish Crisis*, London, Macmillan

Trought, K. E., 2005."Eminent NZ scientists in global push to decipher potato DNA code", at http://www.crop.cri.nz/home/news/ releases/ 1133992658939.jsp

Trow-Smith, Robert, 1957. *A History of British Livestock Husbandry to 1700*, London, Routledge and Kegan Paul

Turner, Michael, 1996. *After the Famine: Irish Agriculture 1850-1914*, Cambridge, CUP

Ugent, D., T. Dillehay and C. Ramirez, 1987."Potato remains from a late Pleistocene settlement in south-central Chile", *Economic Botany*, vol. 4, pp. 17-29

Vance, James E., Jr, 1986, *Capturing the Horizon: The Historical Geography of Transportation since the Transportation Revolution of the Sixteenth Century*, New York, Harper and Row

Vandenbroeke, Chr., 1971."Cultivation and consumption of the potato in the 17th and 18th century", *Acta Historica Nederlandica*, vol. 5, pp. 15-39

Vavilov, N. I., 1997. *Five Continents*, Rome, International Plant Genetic Resources Institute

Vicens Vives, Jaime, 1969. *An Economic History of Spain* (trans. Frances M. López Morillas), Princeton, Princeton University Press

Villiers-Tuthill, Kathleen, 1997. *Patient Endurance. The Great Famine in Connemara*, Dublin, Connemara Girl Publications

Von Hagen, V. W., 1952 (July)."America's oldest roads", *Scientific American*, vol. 187, pp. 17-21

Wang, Qingbin, 2004."China's potato industry and potential impacts on the global markets", *American Journal of Potato Research*, vol. 81 (2), pp. 101-109

Watts, Jonathan, 2005."The new China. A miracle and a menace", *Guardian*, 9, November, London, p. 24

Watts, Sheldon J., 1984. *A Social History of Western Europe 1450-1720. Tensions and Solidarities among Rural People*, London, Hutchinson

Webster, Charles(ed.), 1979. *Health, Medicine and Mortality in the Sixteenth Century*, Cambridge, CUP

Wenke, Robert J., and Deborah J. Olszewski, 2007. *Patterns in Prehistory. Humankind's First Three Million Years*, New York, OUP

Wheeler, R. M., et al., 2001. *Plant Growth and Human Life Support for Space Travel*, in Pessarakli (ed.), 2001, pp. 925-941

Wheeler, Raymond M., 2006."Potato and human exploration of space: some observations from NASA-sponsored controlled environment studies", *Potato Research* vol. 49, pp. 67-90

Whitaker, Arthur Preston, 1941. *The Huancavelica Mercury Mine*, Cambridge, Mass., Harvard University Press

Whittle, Tyler, 1970. *The Plant Hunters*, London, Heinemann

Wilde, William, 1851. Table of Irish Famines, 900-1500, quoted in Crawford (ed.), 1989.

Wilson, Alan, 1993. *The Story of the Potato through Illustrated Varieties*, Alan Wilson

Winterhalder, Bruce, Robert Larsen and R. Brooke Thomas, 1974."Dung as an essential resource in a highland Peruvian community", *Human Ecology*, vol. 2 (2), pp. 89-104

Woodham-Smith, Cecil, 1962. *The Great Hunger. Ireland 1845-1849*, London, New English Library edn (1968)

World Bank, 2001."The costs of attaining the millennium development goals", at http://www.worldbank.org/html/extdr/mdgassessment.pdf

World Bank, 2006. Millennium Development Goals: http://web. worldbank.org/WBSITE/EXTERNAL/EXTABOUTUS/0, contentMDK:2 0104132~menuPK:250991~page PK:43912 ~piPK:44037~theSitePK:29708, 00.html

Wrigley, E. A., 1969. *Population and History*, London, Weidenfeld & Nicolson

www.measuringworth.com

Young, Arthur, 1892. *Tours in Ireland (1776-1779)*, ed. A. W. Hutton, 2 vols., London, George Bell & Sons

索引*

图书在版编目（CIP）数据

土豆的全球之旅：一段不为人知的历史 / （英）约翰·里德著；江林泽译. — 北京：商务印书馆，2022（2023.3重印）

ISBN 978-7-100-19873-8

Ⅰ.①土… Ⅱ.①约… ②江… Ⅲ.①马铃薯－历史－普及读物 Ⅳ.①S532-49

中国版本图书馆CIP数据核字（2022）第036981号

土豆的全球之旅：一段不为人知的历史

〔英〕约翰·里德　著

江林泽　译

商　务　印　书　馆　出　版
（北京王府井大街36号　邮政编码100710）
商　务　印　书　馆　发　行
北京兰星球彩色印刷有限公司印刷
ISBN　978－7－100－19873－8

2022年5月第1版　　开本 880×1230　1/32
2023年3月第2次印刷　　印张 13 7/8

定价：68.00元